미용서비스 산업과
고객의 이원적 충성행동

인적충성과 점포충성을 중심으로

미용서비스 산업과
고객의 이원적 충성행동

인적충성과 점포충성을 중심으로   정현숙 지음

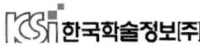한국학술정보㈜

본 연구는 2005년 정부(교육인적자원부)의 재원으로 한국학술진흥재단의 지원을 받아
수행된 연구임(KRF – 2005 – 003 – G00048).

서문

....

　미용산업현장은 내부적 외부적 환경에 의하여 급속히 기업화, 고급화, 표준화 되어가고 있으며 더욱 치열한 경쟁양상이 도래할 것으로 보인다. 또한 1990년대 이후 대학 내 미용관련학과의 개설을 통해 시작된 교육의 양적 증가와 함께 절실히 요구되는 것이 학문적 체계의 확립과 과학적이고 객관적인 교육 자료의 제시라고 볼 수 있다. 그러므로 이러한 미용 산업계와 미용 교육계의 현실에 비추어 볼 때 현 시점은 그 어느 때보다도 미용마케팅 관련연구를 통한 효과적 마케팅 전략의 제시와 이를 통한 학문적 체계수립이 필요한 시기라고 하겠다.

　한편, 서비스 업체들은 소비자들의 서비스 충성의 확보를 통해 수익성을 높일 수 있으므로 고객의 충성행동에 관한 관련 변수와 그들의 영향력을 밝히는 연구는 매우 중요한 의미를 지닌다고 볼 수 있다. 미용서비스의 경우 일반적 서비스가 지니는 유형재와는 다른 특성(무형성, 동시성, 비분리성, 이질성, 소멸성, 변동성)을 가지고 있을 뿐 아니라 일반서비스와는 다른 미용서비스만의 독특한 특성(고객의 위험지각이 매우 높은 고접촉의 개인화, 고객화, 비표준화 서비스영역)을 지닌다. 본서에서는 이러한 미용서비스분야를 개인-개인간 관계형성 즉 인적 충성의 개념을 도입하여 소비자행동을 예측할 최적의 서비스분야로 판단하고, 다차원적 고객 충성의 개념을 도입하여 미용서비스 소비자의 충성행동을 설명할 수 있는 효과적 모델을 제시하고 이를 실증적으로 분석하고자 하였다.

　본서에서는 첫째, 미용서비스산업의 규모와 현황에 관한 통계적 자료들을 고찰하고, 이를 바탕으로 산업의 양적, 질적 변화양상을 제시하고자 하였으며, 둘째, 다차원적 충성의 개념을 도입하여 미용서비스 소비자의 이원적 충성행동을 설명할 수 있는 개념적 모형을 제시하고, 셋째, 이론적으로 도출된 개념적 모형을 실증적으로 분석하고자 하였다.

다차원적 충성의 개념 중 미용서비스산업의 특성상 인적 차원의 중요성이 부각되었으며, 본서에서는 행동적 접근방법과 태도적 접근방법을 통합한 관점을 적용하여 인적충성을 '소비자가 특정 서비스제공요원에 대해 일정기간 동안 보이는 호의적 태도 및 그에 따른 반복구매행동'으로 정의하였다. 또한, 국내 미용산업발달 수준을 고려하여 개인-기업간 두 가지 충성 차원(기업충성, 점포충성) 중 점포충성을 인적충성의 상대되는 개념으로 채택하고 이를 '소비자가 특정점포에 대해 일정기간 동안 보이는 호의적 태도 및 그에 따른 반복구매행동'으로 정의하였다.

본서의 결과를 미용마케팅 적용측면에서 보면, 모든 접점이 고객과의 장기적인 관계를 구축하는데 대등하게 중요한 것이 아니며 모든 기업에 고객관계를 구축하고 유지하는 데 관건이 되는 '핵심접점(Critical Encounter)'이 존재한다고 볼 때, 미용기업들은 소비자의 충성행동에 영향을 미치는 주요 변인들을 파악함으로써 한정된 자원을 효과적으로 사용할 수 있을 것이다. 또한 학문 연구 측면에서 보면 본서는 미용 서비스 분야의 충성 모델을 수립하는데 이론적 틀을 제공할 수 있을 것으로 기대된다고 하겠다.

우여곡절 끝에 출판시기를 놓쳐버린 낡은 자료를 책으로 출간하게 되어 아쉬움과 부끄러움이 앞서지만 많은 후속연구들이 부족한 부분을 멋지게 채워 주리라 기대하며 조심스레 탈고를 한다. 책을 출간할 용기와 결단을 이끌어 준 Mr. Plan 최이배 님, Planner. King 최형호 님, Planner. Queen 최인아 님께 진심으로 감사드린다. 끝으로, 이 책의 출간을 가장 기뻐하여 주셨을 서울대학교 고 이은영 교수님의 영전에 이 작은 결실을 바친다.

2009년 1월

정현숙

목　차

제 1 장

서
론

01

제1절 연구의 필요성 및 의의

산업이 발달하고 생활수준이 높아지면서 미에 대한 인간의 욕구는 더욱 확대되고 다양해졌으며, 특히 최근에는 헤어스타일의 변화를 통해서 얻고자 하는 미에 대한 욕구가 크게 증대되고 있다. 미용에 대한 수요증가는 보다 다양하고 전문화되고 포괄적인 미용서비스를 필요로 하게 되었고, 이러한 추세에 발맞추어 미용산업 및 미용교육업계는 양적, 질적으로 커다란 변화를 겪고 있다.

2004년 기준 화장품산업의 규모는 5조 1천억 원(화장품공업협회, 2005), 2003년 기준 이·미용업과 관련된 서비스산업의 규모는 3조 2천억 원에 이르는 것으로 추정되며 연도별 비교를 통해 매우 빠른 성장세를 확인할 수 있다. 한편, 양적인 규모에서의 성장세뿐 아니라 질적으로도 큰 변화를 겪어, 업종 및 직무에 있어서의 세분화와 전문화, 다양한 교육기관의 개설과 그로 인한 인력의 고급화, 업체 규모의 양극화 현상, 국내 브랜드의 프랜차이즈화, 외국기업의 국내 진출 등이 급속히 진행되고 있다.

따라서 미용산업현장은 내부적 외부적 환경에 의하여 급속히 기업화, 고급화, 표준화되어 가고 있으며 더욱 치열한 경쟁양상이 도래할 것으로 보인다. 이러한 시기적 관점에서 볼 때 미용관련기업들은 과거의 단순기술 위주와 주먹구구식 경영에서 벗어나 기술과 경영을 결합시킨 마케팅개념을 본격 도입해야 하며 소비자행동에 대한 이해를 바탕으로 보다 과학적인 마케팅 전략을 수립해야 할 것으로 보인다. 그러나 소비자행동을 과학적으로 분석하고 이에 근거한 효과적 마케팅 전략을 제시한 관련 연구들이 부족한 실정이다.

이러한 미용관련 산업의 다양한 변화현상 중 미용교육확대에 따른 업계종사 인력의 고급화 현상은 1990년대 대학교육의 도입 즉 대학 내 관련학과의 개설 이라는 분기점을 통해 새로운 전기가 마련되었다고 볼 수 있다. 2004년 현재 국내 미용관련 대학 개설현황을 보면 86개 대학 88개 학과 신입생 정원 11,632 명(연정아, 2004)에 이르며, 2년제 대학을 중심으로 개설되던 것이 최근 3~4년 사이에는 4년제 대학에 급속히 개설되고 있다. 이러한 교육의 양적 증가와 함 께 절실히 요구되는 것이 학문적 체계의 확립과 과학적이고 객관적인 교육 자 료의 제시라고 볼 수 있다. 현재 의류학, 보건학, 경영학 등 미용학과 연관된 인접학문에서 미용학 개념을 도입한 연구들이 일부 진행되고 있기는 하지만, 미용학 관련 연구들이 매우 부족한 것이 현실이라고 하겠다.

한편, 서비스 업체들은 소비자들의 서비스 충성의 확보를 통해 수익성을 높 일 수 있으며 이러한 전략은 신규고객의 확보전략보다 효과적임이 여러 선행연 구들(Henry, 2000; Reichheld와 Sassar, 1990)을 통해 밝혀져 오고 있다. 따라서 고객의 충성행동에 관한 관련 변수와 그들의 영향력을 밝히는 연구는 매우 중 요한 의미를 지닌다고 볼 수 있다.

서비스 충성에 관한 연구들에 있어서 서비스 충성이라는 용어는 서비스 제 공자에 대한 충성을 의미하는 것으로 브랜드 충성과 구분되는 개념으로 사용되 었다. 그런데 여기서 서비스 제공자란 두 가지 의미로 해석될 수 있다. 개인- 기업 간 관계측면에서 보면 서비스 제공자란 서비스를 제공하는 기업이나 점포 가 되겠으나, 개인-개인 간 관계측면에서 보면 서비스 제공자란 직접적 서비 스 제공요원(종업원 내지는 판매원)을 의미하기도 한다. 따라서 서비스 충성이 라는 개념은 관점에 따라 개인-기업 간 관계에 중점을 둔 기업충성 내지 점 포충성과 개인-개인 간 관계에 중점을 둔 종업원충성 내지 판매원충성으로 분 리해 볼 수 있을 것이다. 서비스에 대한 기존의 연구들이 간과하고 있는 주제 중 하나가 바로 서비스 제공요원과 서비스 이용자 즉, 고객-종업원 간의 관계 형성과정이다(안정기 1999, Bove와 Johnson 2000, 박소연 2002). 고객의 충성 형 성에 관한 연구에 있어 개인 간 관계 및 기업수준의 차원들을 통합적 시각으 로 관찰한 다차원적인 연구는 수적으로 부족할 뿐 아니라 그 연구결과도 상이하게 나타나므로, 다양한 상황과 업종에서 연구되어 그 결과를 일반화시킬 필요가 있다. 더욱이 인적요인에 관심을 둔 대부분의 선행연구들이 그 연구맥락을 유형재가 중요시 다루어지는 소매업상황에서 진행되었고, 다른 유통환경 또는 서비스 위주의 영역에서는 다른 결과가 얻어질 수 있을 것이라고 제언하고 있다(Reynolds와 Beatty, 1999).

한편 미용서비스의 경우 일반적 서비스가 지니는 무형성, 생산과 소비의 동시성 및 비분리성, 생산 즉시 소비되는 소멸성, 생산자 및 소비자 그리고 시간과 공간에 따라 이질적인 변동성 등의 특성을 지녀 유형재와는 다른 여러 가지 특징을 나타낼 뿐 아니라(이유재, 1997), 위험지각이 매우 높은 특성, 심미적 요소를 포함하는 특성을 지녀 일반적 서비스와도 다른 특징을 나타내는 서비스 영역이다. 그러므로 근본적으로 접촉강도가 높으며 고객화, 비표준화, 개인화된 서비스를 필요로 하는 미용서비스 분야는 개인-개인 간 관계형성 즉 인적충성의 개념을 도입하여 소비자행동을 예측할 최적의 서비스 분야로 판단해 볼 수 있다.

이러한 연구의 필요성에 따라 본 논문에서는 다차원적 충성의 개념을 도입하여 미용서비스 소비자의 충성행동을 설명할 수 있는 효과적 모델을 제시하고 이를 실증적으로 분석하고자 한다. 또한, 미용서비스 소비자의 인적충성과 점포충성 사이에 어떠한 연관이 있는지 파악하고자 하며, 충성의 선행요인들은 무엇이고 선행요인들이 어떠한 경로를 통해 충성으로 이어지는지 확인하고자 한다.

본 연구에서 다루어질 미용서비스 소비자의 인적충성 및 점포충성에 관한 이원적 충성행동 연구는 다음과 같은 의의를 지닌다고 볼 수 있다. 먼저 미용마케팅 적용 측면에서 보면, 미용기업들은 소비자의 충성행동에 영향을 미치는 주요 변인들을 파악함으로써 한정된 자원을 효과적으로 사용할 수 있을 것이다. 또한, 학문 연구 측면에서 보면 본 연구는 미용서비스 분야의 충성 모델을 수립하는 데 이론적 틀을 제공할 수 있을 것으로 기대된다고 하겠다.

제2절 연구의 목적

본 연구에서는 미용서비스산업의 현황 및 양적, 질적 변화양상을 살펴본 후, 선행연구들에 나타난 다차원적 충성의 개념을 미용서비스산업에 적용하여 미용서비스 소비자의 이원적 충성행동에 관한 개념적 모형을 제시하고, 이를 실증적으로 분석하고자 한다.

본 연구의 구체적인 목적은 다음과 같다.

첫째, 미용서비스산업의 규모와 현황에 관한 통계자료들을 고찰하고, 이를 바탕으로 산업의 양적, 질적 변화양상을 파악하고자 한다.

둘째, 선행연구들을 바탕으로 한 이론적 연구를 통하여 다차원적 충성의 개념을 정리하고, 미용서비스 소비자의 이원적 충성행동을 설명할 수 있는 개념적 모형을 제시한다.

셋째, 이론적 연구를 통해 제시된 모형을 실증적으로 분석한다. 이때, 인적수준의 변인들 및 점포수준의 변인들 간의 차이를 확인하고, 관련 변수들 간의 구조와 영향력을 밝혀 미용서비스 소비자의 이원적 충성행동 모형을 제시한다. 또한, 소비자 특성에 따른 모형의 차이를 검증한다.

이러한 연구목적에 따라 밝혀진 결과들은 미용서비스산업의 방향을 예측하고 계획을 수립하는 데 적절히 활용될 수 있을 것이며, 또한 미용서비스 소비자의 행동을 예측하여 보다 효과적인 마케팅 전략을 수립하는 데 일조할 것으로 기대된다고 하겠다.

제3절 연구의 절차

본 연구의 전체적인 절차는 <그림 1-1>과 같다.

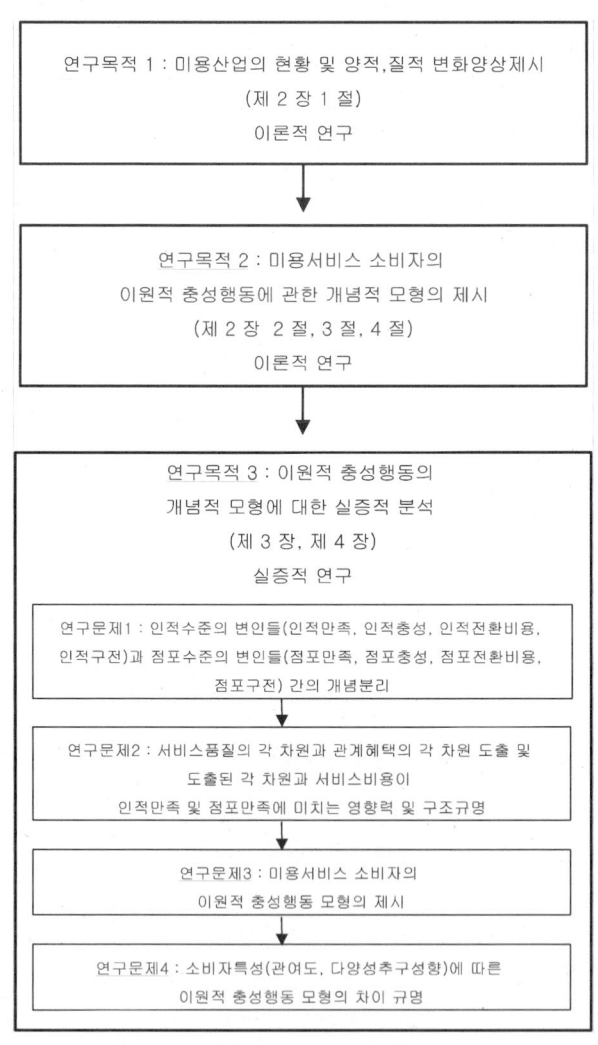

<그림 1-1> 연구의 절차

본 논문은 연구목적에 따라 이론적 연구와 실증적 연구로 나뉘어 진행되었다. 먼저 제2장 1절에서는 첫 번째 연구목적을 달성하기 위하여 신뢰할 만한 기관에서 제공하는 통계자료를 바탕으로 이론적 연구를 진행하였다. 그리고 제2장 2절, 3절, 4절에서는 두 번째 연구목적 달성을 위하여 다차원적 충성의 개념을 다룬 선행연구들을 이론적으로 고찰하고 이를 바탕으로 미용서비스산업에 있어서의 이원적 충성에 관한 개념적 모형을 제시하였다. 제3장과 제4장에서는 세 번째 연구목적을 달성하고자 위에서 제시된 모델을 실증적으로 검증하고 이를 분석하였다.

제 2 장

이론적 연구

02

본 장에서는 먼저 신뢰할 만한 기관에서 제시하는 통계자료들을 바탕으로 미용서비스산업의 현황 및 양적, 질적 변화양상을 살펴보고자 한다. 그리고 선행연구들을 바탕으로 서비스산업에 있어서 다차원적 충성의 개념을 고찰하여 이러한 개념을 미용서비스산업에 적용하고자 한다. 또한, 선행연구 고찰을 통해 충성에 영향을 미치는 변인들을 도출하고, 도출된 변인들을 투입하여 미용서비스 소비자의 이원적 충성행동에 관한 개념적 모형을 제시하고자 한다.

제1절 미용서비스산업의 현황 및 변화추이

물질적 풍요와 여가시간의 증가 및 경쟁의 증가 등 여러 가지 요인에 의하여 미용서비스에 대한 인간의 욕구가 크게 증가하였으며, 이에 따라 미용산업 역시 양적인 증가와 질적인 변화를 겪고 있다. 그러나 미용마케팅 분야의 인식 부족 및 인프라 부족으로 인해 미용산업에 관한 통계자료가 부족한 것이 현실이다. 따라서 본 절에서는 선행연구들에 관한 이론적 고찰에 앞서 미용서비스산업의 규모와 현황에 관한 통계자료들을 고찰하고자 하며, 이와 더불어 산업의 양적, 질적 변화양상을 제시하고자 한다.

1. 산업의 규모 및 증가추이

소비자들의 패션에 대한 욕구가 다양화, 개성화됨에 따라 우리나라 미용산업은 헤어, 메이크업, 피부미용, 네일케어 분야 등으로 전문화, 세분화되면서 패션산업의 주요영역으로 성장하고 있으며 그 규모에 있어서도 괄목할 만한 성장을 보이고 있다. 그러나 구체적인 미용산업의 규모나 증가추이에 대한 통계수치는 제시하는 자료에 따라 크고 작은 편차를 보이고 있다. 따라서 본 절에서는 통계청, 보건복지부 등에서 제시한 통계자료를 바탕으로 미용서비스산업의 규모 및 증가추이를 추정하고자 한다.

(1) 미용산업의 범위 및 미용서비스의 정의

본 절에서는 산업규모의 논의에 앞서 먼저 미용산업의 범위에 대해 살펴보고, 본 연구에 사용될 미용서비스업의 정의를 제시하고자 한다.

'미용'의 사전적 의미를 살펴보면 '퍼머넌트 웨이브, 결발(結髮), 세발(洗髮), 염발(染髮), 염색두피처리, 매니큐어, 미안술 및 화장 등의 방법에 의하여 용모를 아름답게 하는 것'이라고 나타나 있으며, 이를 크게 나누면 두발미용, 얼굴미용, 전신미용(피부관리, 발관리, 네일관리) 등으로 구분할 수 있다(김선옥, 1997).

미용에 관련된 사업영역은 도구나 기구, 화장품을 제조하는 제조업, 이의 유통을 담당하는 유통업, 이를 바탕으로 직접 손님을 대상으로 영업을 담당하는 미용서비스업의 구조로 이루어져 있다고 볼 수 있다(조판래, 2004). 따라서 미용산업에는 두발관련제품의 제조업·유통업·서비스업, 얼굴미용관련제품(화장품)의 제조업·유통업·서비스업, 체형교정 관련제품의 제조업·유통업·서비스업, 네일 아트 및 발관리 제품의 제조업·유통업·서비스업 등 다양한 분야가 모두 포함된다고 하겠다. 이러한 광범위한 미용산업의 영역 중 본 논문에서는 미용관련제품의 제조업이나 유통업이 아닌 주로 미용서비스업으로 논의의 범위를 한정하고자 한다.

일반적으로 미용서비스업이라고 하면, 복식 이외의 여러 가지 방법으로 용모에 물리적, 화학적 기교를 행하여 고객의 얼굴, 머리, 피부 등에 손질을 하여 외모를 아름답게 꾸미는 영업(공중위생법 2조 5항; 김준국, 2003)을 말하며, 여기에는 두발미용서비스, 얼굴미용서비스, 전신미용(피부관리, 발관리, 네일관리)서비스 등이 포함된다고 볼 수 있다. 본 논문에서는 얻을 수 있는 통계자료의 한계(신뢰할 만한 기관에서 제시된 통계자료에는 두발미용, 얼굴미용, 전신미용 등의 분야별 구분이 이루어져 있지 않음)로 인하여, 미용서비스산업의 양적 규모를 논함에 있어서는 두발미용, 얼굴미용, 전신미용 등을 모두 포함하였다. 그러나 이후 질적 변화양상 고찰이나 개념적 모형의 도출 및 실증적 연구에 있어서는 두발미용, 얼굴미용, 전신미용 중 특히 두발미용서비스에 한정하여 논의를 진행하고자 한다. 이는 미용서비스업의 각 영역을 모두 연구에 포함하는 경우 각 영역별로 상이하게 나타나는 소비자행동 특성을 파악하기 어려울 것으로 예상되기 때문이다.

두발미용이란 빗, 브러시, 가위, 레이저, 헤어아이론 등의 도구를 사용하고, 헤어드라이어, 히팅캡, 헤어스티머 등의 미용기기를 사용하여 미용실에서 머리에 행해지는 행동으로 정의되며(김선옥, 1997), 두발미용서비스의 업무범위에는 샴푸(머리감기기), 커트(머리자르기), 퍼머넌트, 컬러링(염색하기), 드라이(머리형 만들기), 모발 및 두피관리, 업스타일 및 특수머리하기, 접객서비스, 고객컨설팅 및 마케팅, 헤어디자인 트렌드 및 스타일 제안 등이 포함된다(정현숙, 2004)고 하겠다.

(2) 연간 이·미용서비스 소비액 추정치

본 절에서는 매년 실시되는 통계청 가계수지자료에 근거하여 이·미용에 지출되는 월평균 가계소비액의 변화추이를 고찰하고 이를 근거로 국내 연간 이·미용서비스 소비액을 추정하고자 한다.

① 월평균 이·미용 소비지출액 변화추이 고찰

통계청에서 발행되는 가계수지자료에는 월평균소득, 지출, 자산증가 등 다양한 항목이 포함되는데, 그중 기타소비지출항목의 하위항목인 이·미용항목에는 이·미용용품(칫솔, 치약, 화장비누, 샴푸, 화장품, 전기 이·미용기구, 기타 이·미용용품)항목과 이·미용서비스(이용료, 미용료, 목욕료, 기타 이·미용서비스)항목이 포함된다.

전술하였듯이, 미용산업에는 두발관련제품 제조 및 유통산업, 화장품관련제품 제조 및 유통산업, 체형교정 관련제품 제조 및 유통산업, 네일 아트 및 발관리제품 제조 및 유통산업, 미용기기 관련 산업, 서비스 관련 산업 등 다양한 분야가 포함되어 있다. 이 중 화장품관련 시장은 약 5조 1천억 원(화장품공업협회, 2005), 그리고 두발관련시장은 약 4조 원(조판래, 2003)에서 5조 원(윤천성, 2004)으로 보고되고 있으나, 산출근거나 세부항목들에 대한 제시는 부족한 실정이다.

본 논문에서는 미용서비스산업 분야에 한정하여 논의를 진행하고자 하며, 이에 있어 통계청에서 제시하는 이·미용관련항목 중 이·미용서비스항목 그중에서도 이용료와 미용료를 중심으로 소비액의 변화를 고찰하고자 한다.

이·미용항목에 대한 통계청의 자료조사가 시작된 1982년 이후부터 2003년까지의 월평균 소비지출총액과 월평균 이용료, 미용료, 기타 이·미용서비스료의 지출액은 <표 2-1>에 제시된 바와 같다. <표 2-1>에 있어서 2003년도 이용료와 미용료가 결측 값으로 처리된 이유는, 2002년까지 이용료와 미용료로 각각 조사되던 것이 2003년부터는 이·미용료로 통합 조사되었기 때문이다. 이러한 조사방향은 현재 남성전용 미용실의 등장 등으로 인해 이·미용업소 간의 장벽이 급속히 붕괴되고 있는 현실을 반영한 결과로 보인다.

<표 2-1>을 그래프로 나타내면 <그림 2-1>와 같다. <그림 2-1>에서는 소비지출총액추이와 이·미용서비스 소비액 추이를 비교하기 위하여 소비지출총액의 단위를 보조 축을 사용하여 구성하였다. 먼저, 노란색의 이용료 그래프와 분홍색의 미용료 그래프를 비교해 보면 1997년 IMF경제위기 이후의 양상에 있어 확연한 차이가 있음을 확인할 수 있다. 미용업체들의 경우 IMF이후 프랜차이즈화, 전문화, 세분화 등이 급속히 진행하여 고객의 욕구에 부합하는 결과를 가져

온 반면, 이용업체들의 경우 기존고객까지 남성전용 미용업체에 잠식당하는 등 성장세가 매우 둔화되었다고 볼 수 있다. 한편 자주색의 기타 이·미용서비스 항목은 그래프상 매우 미미하기는 하나 액수로 볼 때 1000억 이상(2003년 기준 약 1,019원으로 추정, 추정근거는 다음 절에서 제시)의 규모이며 매우 급격한 상승을 나타내고 있음에 주목할 필요가 있겠다. 특히 2003년에는 전년대비 3배 이상의 성장을 하고 있는 것으로 나타나고 있다. 통계청 조사담당직원과의 인터 뷰를 통하여 기타 이·미용서비스에는 네일 아트, 안마, 병원에서 행하여지지 않 는 피부관리 및 비만관리, 가발 및 용품수리 비용 등이 포함됨을 확인하였다.

〈표 2-1〉 우리나라 월평균 가계소비지출총액 및 이·미용료 지출현황

(단위: 원)

년도＼항목	소비지출 총액	이용료	미용료	이용료+ 미용료 합	기타 이·미용 서비스료
1982	248,977	501	838	1,339	7
1983	271,015	464	1,019	1,483	6
1984	294,396	492	1,216	1,708	3
1985	317,025	530	1,371	1,901	3
1986	348,193	618	1,536	2,154	2
1987	400,031	774	1,847	2,621	6
1988	467,636	911	2,310	3,221	4
1989	594,287	1,258	2,881	4,139	30
1990	685,662	1,700	3,335	5,035	21
1991	818,340	2,153	3,922	6,075	21
1992	941,949	2,752	4,707	7,459	49
1993	1,020,953	3,298	5,198	8,496	33

년도 \ 항목	소비지출 총액	이용료	미용료	이용료+ 미용료 합	기타 이·미용 서비스료
1994	1,140,432	4,032	5,880	9,912	34
1995	1,265,890	4,839	6,868	11,707	32
1996	1,426,853	5,500	7,767	13,267	32
1997	1,489,541	6,138	7,868	14,006	67
1998	1,316,222	5,908	6,949	12,857	44
1999	1,478,876	5,989	7,525	13,514	21
2000	1,632,298	6,253	8,576	14,829	88
2001	1,762,124	6,111	9,645	15,756	172
2002	1,834,812	6,031	10,767	16,798	162
2003	1,922,851			16,795	555

(자료: 통계청)

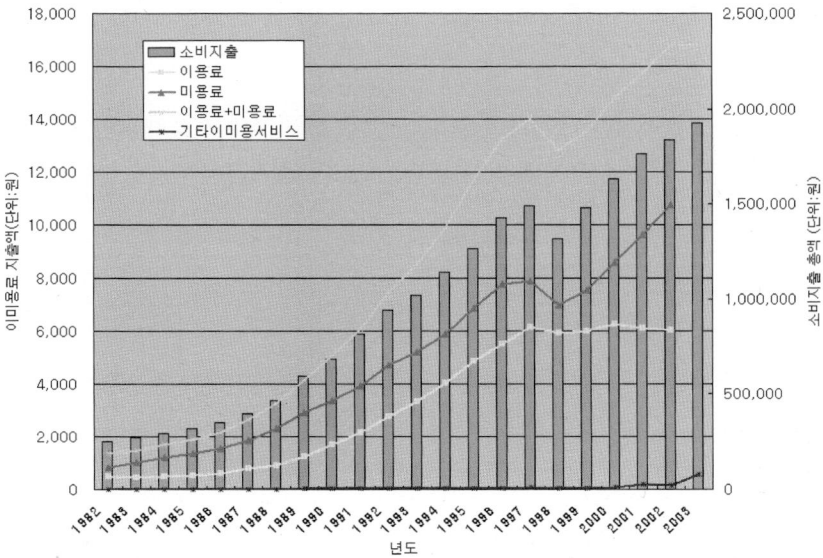

〈그림 2-1〉 우리나라 월평균 가계소비지출총액 및 이·미용료 지출현황 그래프

<그림 2-1>의 하늘색 그래프에 나타난 2002년까지의 값은 이용료와 미용료의 항목을 합산한 것이며 2003년의 값은 이용료와 미용료가 통합되어 단일항목으로 측정된 값을 나타낸다. 여기서 하늘색 그래프의 변화추이와 소비지출총액의 변화추이에 주목하여 보면 두 그래프의 상승 및 하강 추이가 매우 정확히 일치함을 확인할 수 있다.

이러한 추세를 여타 다른 소비지출항목들과 비교하고자 가계수지자료의 소비지출항목들 중 식료품료, 피복 및 신발료를 추가로 추출하였으며, 그 결과는 <표 2-2>에 나타난 것과 같다.

<그림 2-2>, <그림 2-3>, <그림 2-4>는 <표 2-2>를 다시 세부항목별 그래프로 나타낸 것이다. 세 그림을 비교하여 분석하면 <그림 2-2>의 이·미용료의 경우 월평균가계소비지출의 증감 경향을 그대로 나타내고 있다는 점을 확인할 수 있는데, 이는 <그림 2-3>의 식료품의 경우에서도 동일하게 나타난다. 따라서 이·미용료의 경우 소비지출의 일정비율을 차지하는 생활필수적 소비품목의 성향을 띤다고 판단해 볼 수 있다. 한편, 장기적 관점에서 <그림 2-2>를 <그림 2-3>, <그림 2-4>와 비교해 보면, 이·미용료의 경우 식료품 품목, 피복 및 신발 품목에 비해 소비지출총액 대비 소비율의 증가폭이 지속적으로 상승함을 알 수 있고, 이를 통해 미용서비스산업의 상승세도 예측할 수 있겠다. 다만, 2003년에 나타난 상승세의 둔화는 소비지출총액의 상승세와는 일치하지 않는 경향으로 이후의 변화에 대하여 관심 있게 지켜볼 필요가 있다고 하겠다.

〈표 2-2〉 우리나라 월평균 가계소비지출총액 및 이·미용서비스료, 식료품료, 피복 및 신발료 지출현황

(단위: 원)

항목 년도	소비지출 총액	이·미용료 (이용료+미용료)	식료품소비액	피복 및 신발 소비액
1982	248,977	1,339	101,652	19,907
1983	271,015	1,483	106,859	22,038
1984	294,396	1,708	112,627	22,839
1985	317,025	1,901	118,898	23,939
1986	348,193	2,154	126,658	26,273
1987	400,031	2,621	141,216	30,815
1988	467,636	3,221	162,827	38,355
1989	594,287	4,139	189,532	49,542
1990	685,662	5,035	220,834	56,009
1991	818,340	6,075	258,610	65,130
1992	941,949	7,459	285,726	73,239
1993	1,020,953	8,496	301,675	75,672
1994	1,140,432	9,912	341,574	85,239
1995	1,265,890	11,707	367,080	97,474
1996	1,426,853	13,267	409,502	104,896
1997	1,489,541	14,006	427,458	97,824
1998	1,316,222	12,857	365,859	69,750
1999	1,478,876	13,514	412,056	80,223
2000	1,632,298	14,829	447,018	91,785
2001	1,762,124	15,756	463,582	98,140
2002	1,834,812	16,798	481,049	101,980
2003	1,922,851	16,795	509,649	106,861

(자료: 통계청)

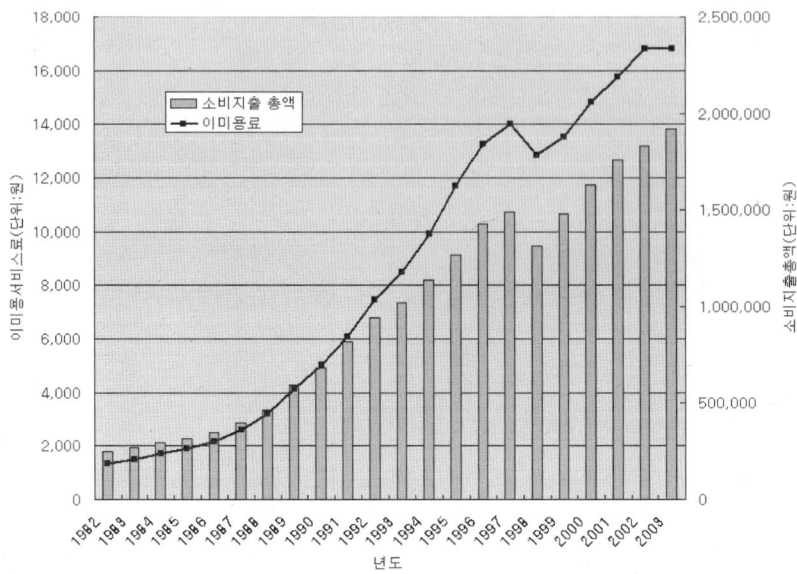

〈그림 2-2〉 월평균 가계소비지출총액 증감과 이·미용료 증감 비교

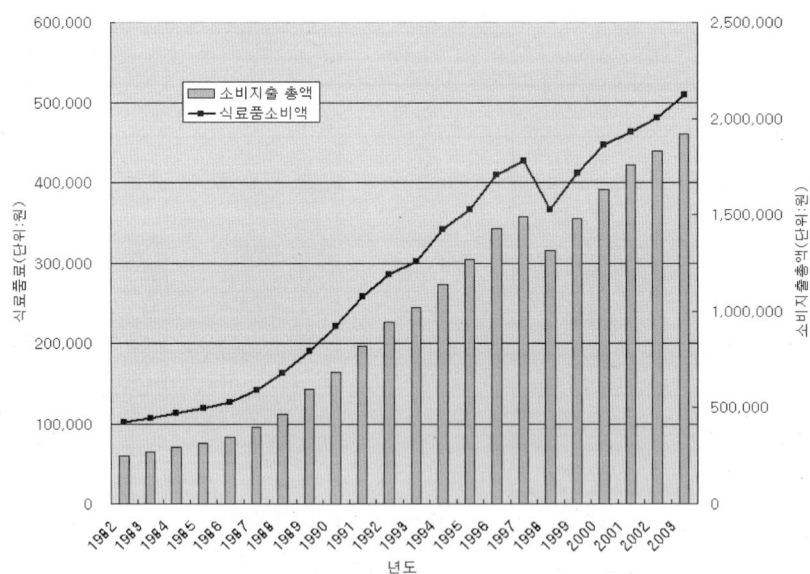

〈그림 2-3〉 월평균 가계소비지출총액 증감과 식료품료 증감 비교

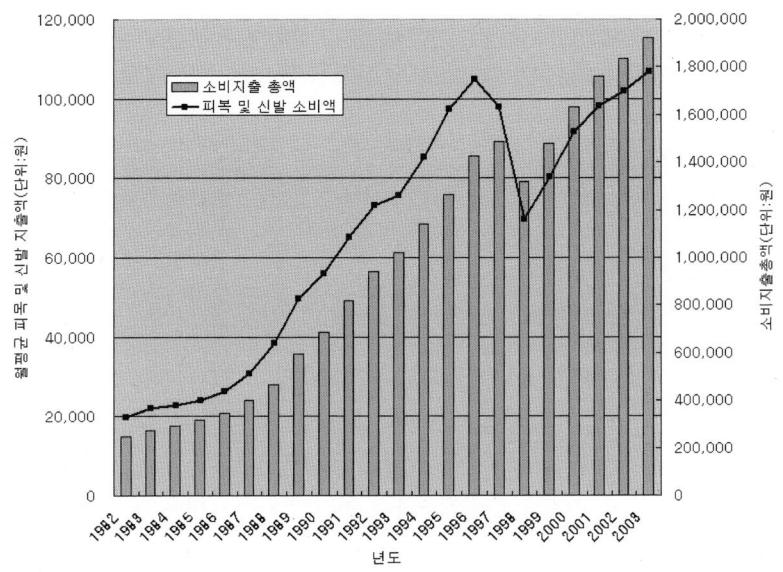

〈그림 2-4〉 월평균 가계소비지출총액 증감과 피복 및 신발료 증감 비교

<그림 2-3>에 관하여 간략히 살펴보면, 식료품의 경우 그 증감의 추세가 소비지출총액의 증감추세와 정확히 일치하는 경향을 보여, 경기변동에 따른 소비지출총액 변화의 영향을 그대로 반영한다고 볼 수 있겠다. <그림 2-4>의 피복 및 신발의 경우를 살펴보면, 소비지출총액, 이·미용료, 식료품료 등이 1998년 한 해만 하강곡선을 그었던 것과 달리 피복 및 신발료는 IMF위기상황기인 1997년부터 곧바로 감소하였으며 1998년까지 연속 2해 큰 폭의 감소세를 나타냄을 확인할 수 있다. 1999년 이후 서서히 소비액이 증가하기는 하였으나 그 성장세가 매우 둔화되어 2003년에 이르러서야 1996년 수준으로 회복된 것으로 파악된다.

② 가계소비지출액에 근거한 국내 연간 미용서비스산업규모 추정

본 절에서는 앞 장에서 제시한 월평균 가계 이·미용서비스료를 기준으로 국내 연간 이·미용서비스산업의 규모를 추정하고자 한다. <표 2-1>에 나타난 이·미용서비스료는 가구당 표본 조사치이므로 이를 우리나라 전체 가구 수로 곱하여 나온 수치에 다시 12(1년은 12개월)를 곱하여 이를 국내 연간 이·미용

료로 산출하였다. 결과는 <표 2-3>와 같으며, 이때 국내 연간 이·미용료 추정액과 국내 연간 기타 이·미용서비스료 추정액을 합산한 값을 국내 연간 이·미용서비스산업규모로 추정하였다.

산출 공식 1:
  국내 연간 이·미용료 추정액=
  가계 월간 이·미용료 × 국내 전체 가구 수 × 12

산출 공식 2:
  국내 연간 이·미용서비스산업규모 추정액=
  국내 연간 이·미용료 추정액+국내 연간 기타 이·미용서비스료 추정액

이러한 방식으로 추정한 결과 국내 연간 이·미용서비스산업규모는 2003년 말 기준 약 3조 1천 8백 5십억 규모로 추산된다. <표 2-3>을 그래프로 나타내면 <그림 2-5>과 같으며, 가구 수의 증가가 완만함에도 불구하고 이·미용서비스산업의 규모는 지속적으로 성장하고 있음을 확인할 수 있다. 1985년 2천 1백억 규모였던 이·미용서비스산업이 1990년 6천 8백억, 1995년 1조 8천억을 거쳐 2000년에는 2조 5천억 규모로 성장하였으며, 2003년에 이르러서는 3조 2천억에 육박하는 시장으로 급격하게 성장하고 있음을 확인할 수 있다.

2003년부터 이·미용료가 통합되어 조사되고 있으므로 이를 각각 이용서비스산업규모와 미용서비스산업규모로 나누는 것은 불가능하나, 2002년까지는 자료가 분리되어 있어 각각의 추이를 확인할 수 있다. 2002년 시점의 이용서비스산업의 규모와 미용서비스산업의 규모는 각각 약 1조 9백억, 1조 9천 4백억으로 추정되며, 이는 연구방법에 따라 미용서비스산업의 규모를 1조에서부터 많게는 3조까지 추정하였던 범주 안에 들어가는 수치이다. 한편, <그림 2-5>에서 보이듯이 이용산업의 경우 2000년 이후의 성장세가 멈추었으나 미용산업의 경우 지속적으로 증가하여 전체 이·미용산업 성장의 주요원인을 제공하고 있음을 확인할 수 있다. 또한, 전술하였듯이 기타 이·미용서비스시장의 급격한 성장세 또한 확인할 수 있겠다.

〈표 2-3〉 국내 연간 미용서비스관련 소비액 및 산업규모 추정치

(단위: 가구 수-호/그 외-백만 원)

항목 \ 년도		1985	1990	1995	2000	2001	2002	2003
가구 수		9,571,361 (전수조사)	11,354,540 (전수조사)	12,958,181 (전수조사)	14,392,374 (전수조사)	14,834,242 (추정치)	15,063,671 (추정치)	15,297,892 (추정치)
국내 연간 이·미 용료추 정액	이용료	60,874	231,633	752,456	1,079,946	1,087,825	1,090,188	
	미용료	157,468	454,409	1,067,961	1,481,148	1,716,915	1,946,287	
	계	218,342	686,041	1,820,417	2,561,094	2,804,740	3,036,475	3,083,137
국내 연간 기타 이·미용서비스 료추정액		345	2,861	4,976	15,198	30,618	29,284	101,884
국내 연간 이·미용서비스 산업규모 추정액		218,686	688,903	1,825,393	2,576,293	2,835,358	3,065,758	3,185,021

(자료: 통계청)

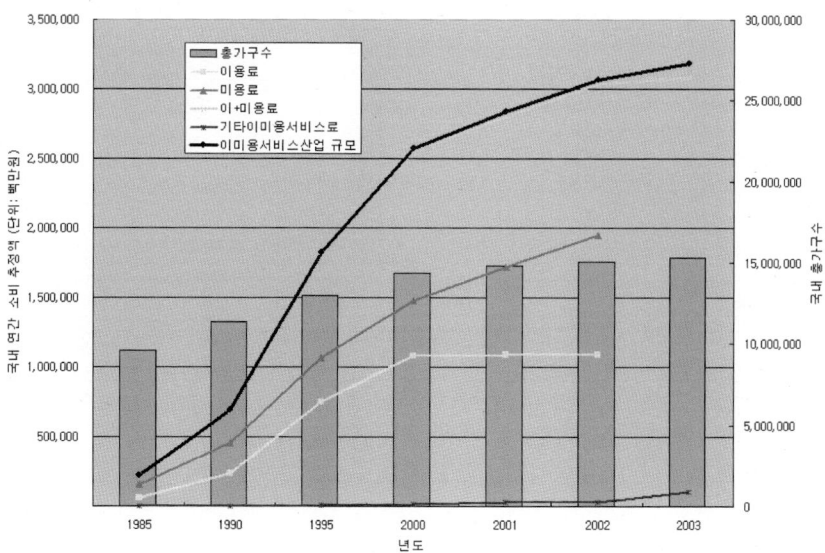

〈그림 2-5〉 국내 연간 미용서비스관련 소비액 및 산업규모 추정치 그래프

(3) 소비액 추정치 및 업소 수에 근거한 업소 현황 파악

본 절에서는 먼저 연도별 이·미용업체 수 변화에 관한 통계자료를 살펴보고 이를 앞 장에서 제시한 연간 소비액 추정치와 비교하여 개별 업소 현황을 파악하고자 한다.

① 연도별 이·미용업체 수 변화추이

보건복지부에서 제시하고 있는 보건복지 통계연보(2000년, 2001년, 2002년, 2003년, 2004년)에 근거하여 연도별 국내 이·미용업체 수 변화를 살펴보면 <표 2-4>와 같으며, 이를 그래프로 나타내면 <그림 2-6>과 같다. <표 2-4>와 <그림 2-6>을 통하여 이용업체의 경우 1985년 이후 20여 년간 수적 성장이 거의 멈추었으며, 반면 미용업체의 경우 약 2배가량 늘어났음을 알 수 있다.

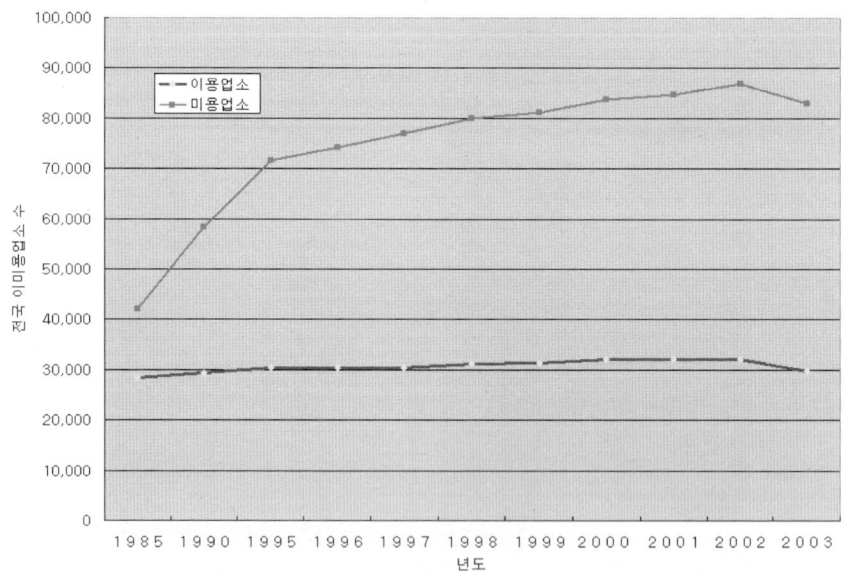

〈그림 2-6〉 국내 연도별 이·미용업체 수 변화 그래프

〈표 2-4〉 국내 연도별 이·미용업체 수 변화

년도＼구분	이용업소	미용업소	합 계
1985	28,298	42,081	70,379
1990	29,283	58,376	87,659
1995	30,441	71,613	102,054
1996	30,380	74,192	104,572
1997	30,394	76,936	107,330
1998	31,140	80,018	111,158
1999	31,283	81,089	112,372
2000	32,237	83,780	116,017
2001	32,135	84,786	116,921
2002	32,180	86,878	119,058
2003	29,845	82,896	112,741

(자료: 보건복지 통계연보)

〈표 2-5〉 국내 지역별 이용업체 수 변화

	1999년	2000년	2001년	2002년	2003년
서 울	6,651	6,745	6,517	6,498	5,530
부 산	2,719	2,751	2,814	2,790	2,467
대 구	1,628	1,692	1,708	1,729	1,642
인 천	1,632	1,826	1,747	1,778	1,813
광 주	982	1,044	944	999	903
대 전	915	889	903	855	820
울 산	740	726	723	701	656
경 기	4,913	5,319	5,415	5,452	5,257
강 원	1,094	1,120	1,122	1,137	1,016
충 북	971	998	986	983	902
충 남	1,449	1,438	1,436	1,438	1,357
전 북	1,396	1,429	1,463	1,457	1,385
전 남	1,624	1,626	1,623	1,616	1,587
경 북	1,948	1,972	2,007	1,990	1,861
경 남	2,225	2,264	2,309	2,324	2,266
제 주	396	398	418	433	383

(자료: 보건복지 통계연보)

한편, 국내 이·미용업체 수 변화를 지역별로 살펴보면 <표 2-5>, <표 2-6>과 같은데, 여기서 2003년 서울지역과 부산지역의 급격한 이·미용업체의 수 감소가 두드러지게 나타난다. 이러한 현상이 대도시 중심으로 일어나는 것은 미용산업의 양극화 현상 즉, 대형규모와 소형규모로의 재편이라는 질적 변화양상과 맥을 같이하는 것으로 판단된다.

<표 2-6> 국내 지역별 미용업체 수 변화

	1999년	2000년	2001년	2002년	2003년
서 울	16,385	16,716	16,640	17,431	14,943
부 산	6,819	7,016	7,066	6,939	6,605
대 구	5,061	5,306	5,334	5,588	5,274
인 천	4,640	4,678	4,772	4,839	5,000
광 주	2,955	3,010	2,634	3,098	2,920
대 전	2,727	2,851	2,849	2,773	2,719
울 산	1,985	2,022	2,019	2,010	2,050
경 기	13,507	14,115	14,543	15,136	15,430
강 원	2,857	2,980	2,921	2,966	2,835
충 북	2,372	2,489	2,571	2,676	2,575
충 남	3,207	3,312	3,495	3,393	3,197
전 북	3,931	4,176	4,147	4,207	3,998
전 남	3,542	3,663	3,760	3,803	3,656
경 북	4,909	4,950	5,128	5,047	5,003
경 남	5,110	5,376	5,720	5,775	5,526
제 주	1,082	1,120	1,187	1,197	1,165

(자료: 보건복지 통계연보)

② 소비액 추정치 및 업소 수에 근거한 업소 현황 파악

본 절에서는 앞 절에서 제시한 국내 연간 이·미용서비스 소비액 추정치와 국내 업소 수를 바탕으로 개별 업소당 연간 매출액 및 월간 매출액 그리고 평

균 고객 수를 추정해 보고자 한다.

각각의 계산에 있어 2002년까지는 이용업체와 미용업체로 분리하여 분석하였고, 이를 다시 이·미용업체 통합으로 구성하여 2003년 자료를 추가하였다. 먼저 업소당 연간 매출액은 전체 연간 매출 추정액을 업체의 수로 나누어 구하였으며, 월간 매출액은 이를 다시 12로 나누어 산출하였다. 평균 고객 수는 우리나라 전체 인구가 모두 이·미용업체를 이용한다는 가정하에 전체 인구수를 전체 이·미용업체의 수로 나누어 구하였다. 그 결과는 이용업체, 미용업체, 이·미용통합별로 각각 <표 2-7>, <표 2-8>, <표 2-9>와 같다.

산출 공식 3:

업체당 연평균매출＝국내 연간 소비액 추정치 ÷ 업체 수

산출 공식 4:

업체당 월평균매출＝업체당 연평균매출 ÷ 12

산출 공식 5:

업체당 평균 고객 수＝국내 총 인구수 ÷ 국내 업체 수

〈표 2-7〉 국내 이용업체 업소당 매출 현황

구분\n년도	이용업체 수	국내 연간 이용료 추정액\n(단위: 천원)	업소당 매출 추정액\n(단위: 천원)	
			연평균매출	월평균매출
1985	28,298	60,873,856	2,151	179
1990	29,283	231,632,616	7,910	659
1995	30,441	752,455,654	24,718	2,060
2000	32,237	1,079,946,175	33,500	2,792
2001	32,135	1,087,824,634	33,852	2,821
2002	32,180	1,090,187,998	33,878	2,823

〈표 2-8〉 국내 미용업체 업소당 매출 현황

구분 년도	미용업체 수	국내 연간 미용료 추정액 (단위: 천원)	업소당 매출 추정액 (단위: 천원)	
			연평균매출	월평균매출
1985	42,081	157,468,031	3,742	312
1990	58,376	454,408,691	7,784	649
1995	71,613	1,067,961,445	14,913	1,243
2000	83,780	1,481,147,993	17,679	1,473
2001	84,786	1,716,915,169	20,250	1,687
2002	86,878	1,946,286,548	22,403	1,867

〈표 2-9〉 국내 이·미용업체 업소당 매출 및 평균 고객 수 현황

구분 년도	이·미용 업체 수 합계	국내 연간 이·미용료 추정액(단위: 천원)	업소당 매출 추정액 (단위: 천원)		총인구수	업소당 평균 고객 수
			연평균 매출	월평균 매출		
1985	70,379	218,341,887	3,102	259	40,448,486	575
1990	87,659	686,041,307	7,826	652	43,410,899	495
1995	102,054	1,820,417,100	17,838	1,486	44,608,726	437
2000	116,017	2,561,094,169	22,075	1,840	46,136,101	398
2001	116,921	2,804,739,803	23,988	1,999	48,289,173	413
2002	119,058	3,036,474,545	25,504	2,125	48,517,871	408
2003	112,741	3,083,137,154	27,347	2,279	48,823,837	433

<표 2-7>의 국내 이용업체 업소당 연평균매출과 <표 2-8>의 국내 미용업체 업소당 연평균매출을 비교하여 보면 1990년에 비슷한 수준을 보이던 것이 1995년에는 미용업체의 연평균매출이 이용업체의 연평균매출의 60.3%에 그치는 것으로 분석된다. 미용업체의 평균매출이 이용업체의 평균매출보다 낮은 원인은 급격히 늘어난 미용업체 수에서 그 원인을 찾아볼 수 있을 것이다. 한편, 이러한 격차는 2000년에 더욱 벌어지다가 2001년 이후 차츰 회복되는 것으로

확인되고 있다. <그림 2-7>은 <표 2-7>, <표 2-8>, <표 2-9>의 음영부분을 그래프로 나타낸 것으로, 이용업체의 연평균매출은 2000년도부터 2002년까지 비슷한 수준을 보이고 있으며, 미용업체의 연평균매출은 1995년 이후 지속적으로 성장하고 있는 것으로 보인다. 이러한 상황을 해석해 보면 미용업체의 수가 늘어나면서 연평균매출 등 수지현황이 일시적으로 낮아졌으나 경쟁 환경에 나름대로 적응한 결과 운영여건이 호전되고 있다고 볼 수 있겠다. 미용산업의 경우 2002년에서 2003년으로 이어지는 경기 하강국면에도 불구하고 지속적 상승 곡선을 나타내고 있음을 확인할 수 있다.

이·미용산업 전체로 볼 때 업체당 연평균매출은 약 2천7백만 원, 월평균매출은 약 2백2십만 원으로 추정되는데 이는 기타서비스업 전체 연평균매출 추정치인 약 4천7십만 원에 비해 매우 열악한 수준이다. 따라서 최근 진행되고 있는 미용업체의 기업화 대형화 추세가 지속될 경우 상당수의 영세업체들이 정리되는 구조조정을 겪을 것으로 보인다.

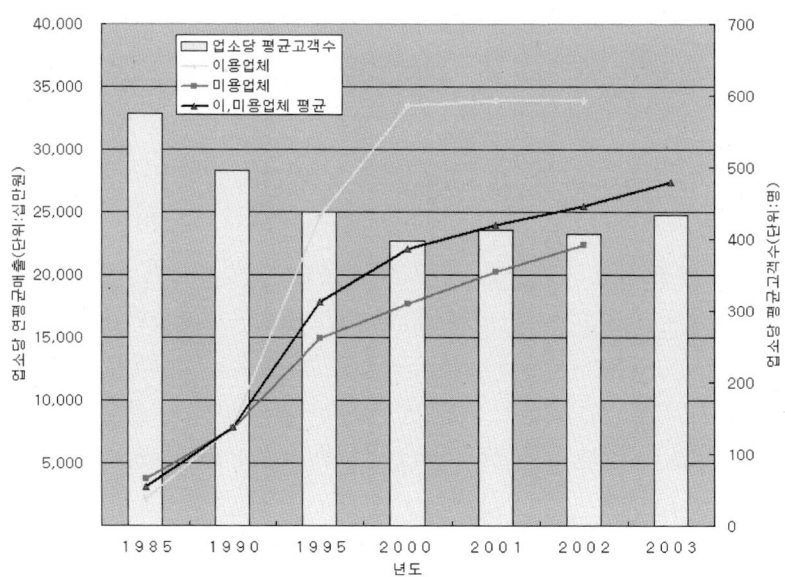

〈그림 2-7〉 국내 이·미용업체 업소당 연평균매출 및
평균 고객 수 연도별 추이 그래프

또한, <표 2-9>에 나타난 업소당 평균 고객 수는 1985년 575명이던 것이 지속적으로 감소하여 2000년 398명으로 최하를 기록한 후 조금씩 증가하는 것으로 파악된다. 2003년 기준 업체당 평균 고객 수는 약 433명으로 이는 일본 900명, 미국 1700명, 유럽 1800명(윤천성, 2004)에 비하여 매우 낮은 수치이다. 따라서 업체 규모에 있어 선진국에 비하여 영세하다는 것을 알 수 있으며, 시장규모에 비해 업체 수가 과다하다고 볼 수 있겠다. 이러한 현실을 감안할 때 현재 진행되고 있는 대규모 구조조정 및 경쟁과열현상은 이미 여러 가지 수치로 예견되었었다고 볼 수 있겠다.

(4) 소득계층에 따른 월평균 이·미용 소비액 차이 고찰

본 절에서는 계층에 따른 이·미용 소비액 차이를 고찰하고 이를 근거로 계층별 소비양상을 파악하고자 한다.

매년 발표되는 통계청의 월평균 가계수지자료는 소득분위별로도 제시되고 있으므로, 이를 근거로 소득계층별로 이·미용관련 소비액에 차이가 나타나는지 확인할 수 있을 것이다. 그런데 전술한 바와 같이 이·미용항목은 이·미용용품항목과 이·미용서비스항목으로 분리되어 조사되나 계층별 발표 자료에는 세부항목별로 제시되지 않고 이·미용항목 전체로 제시되고 있으므로 본 조사에서는 이·미용전체항목을 자료로 소득계층별 차이를 파악하고자 한다.

<표 2-10>은 가계 소득금액을 기준으로 1분위, 3분위, 5분위, 8분위, 10분위의 1979년에서 2003년까지 연도별 월평균 이·미용항목 지출추이를 나타낸 것이다. 여기서 소득분위란 통계청에서 국민 전체의 소득을 10단계로 나누어 최저계층을 1분위로, 최고계층을 10분위로 제시한 것을 말한다. 소득 10분위 중 대표성을 띤다고 판단되는 1분위, 3분위, 5분위, 8분위, 10분위만의 자료를 추출하여 분석하였다.

<표 2-11>은 <표 2-10>의 내용 중 최근의 자료인 1993년에서 2003년까지의 내용을 이·미용서비스료 관련 물가지수를 고려하여 환산한 것이며, 이를 그래프로 표시하면 <그림 2-8>과 같다.

〈표 2-10〉 소득계층별 월평균 이·미용항목 지출추이(1979〜2003)

(단위: 원)

년도 소득계층	1분위	3분위	5분위	8분위	10분위
1979	1,738	2,598	3,435	4,174	5,953
1980	2,196	3,022	4,246	5,011	7,537
1981	2,707	3,652	4,919	5,982	8,355
1982	2,110	2,992	3,954	4,535	6,431
1983	2,186	3,446	4,327	5,210	7,293
1984	2,749	3,730	4,985	5,667	8,091
1985	2,969	4,347	5,522	6,639	9,037
1986	3,989	5,204	6,571	7,449	10,535
1987	4,410	6,182	7,752	8,963	12,634
1988	5,570	7,473	9,541	10,688	16,031
1989	7,045	10,117	12,247	13,760	20,550
1990	9,079	12,072	14,727	16,913	23,596
1991	11,098	15,335	18,104	20,633	26,636
1992	14,134	17,323	21,230	24,712	32,077
1993	16,502	21,601	25,222	27,654	38,018
1994	18,397	23,128	28,676	33,078	42,783
1995	20,064	27,641	33,259	37,744	50,197
1996	22,321	31,485	37,910	43,651	57,199
1997	25,136	33,776	40,613	47,607	59,597
1998	22,634	30,687	37,836	44,239	56,676
1999	22,797	34,132	40,791	45,871	59,891
2000	25,624	37,900	45,549	50,935	66,593
2001	28,688	41,475	49,446	56,171	75,010
2002	30,255	42,150	52,130	58,235	79,908
2003	28,679	40,533	50,820	60,281	81,806

(자료: 통계청)

〈표 2-11〉 소비자물가지수로 환산한 소득계층별 월평균 이·미용항목 지출추이(1993~2003)

(단위: 원)

년도 \ 소비자물가지수 \ 소득계층	소비자물가지수	1분위	3분위	5분위	8분위	10분위
1993	72.3	22,822	29.8741	34,882	38,245	52,579
1994	75.6	24,339	30,598	37,938	43,762	56,602
1995	78.8	25,461	35,076	42,206	47,897	63,700
1996	83.8	26,629	37,562	45,227	52,076	68,238
1997	88.3	28,479	38,268	46,015	53,939	67,523
1998	97.7	23,177	31,423	38,744	45,301	58,036
1999	97.6	23,367	34,985	41,811	47,018	61,388
2000	100.0	25,624	37,900	45,549	50,935	66,593
2001	103.4	27,741	40,106	47,814	54,317	72,535
2002	105.2	28,773	40,085	49,576	55,381	75,993
2003	107.0	26,758	37,817	47,415	56,242	76,326

(자료: 통계청, 소비자물가월보(2005))
*참고: 소비자물가지수의 경우 이·미용서비스료항목 관련 지수이며, 2000년도=100기준임

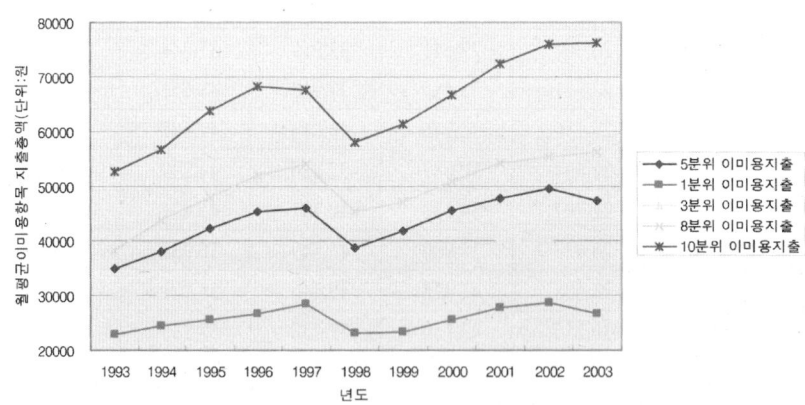

〈그림 2-8〉 소비자물가지수로 환산한 소득계층별 월평균 이·미용항목 지출추이 그래프(1993~2003)

<그림 2-8>에서 보면, 1분위의 경우 조사된 10년간 지출액이 17.2% 상승한 반면 10분위의 경우 45.2% 상승하는 등 소득계층별로 지출액 격차가 점차 심화됨을 알 수 있다. 이러한 현상은 미용산업의 질적 변화인 양극화 현상과 맥을 같이한다고 볼 수 있겠다. 또한, 1997년 이후 경제 하강국면에 있어 전 계층이 함께 하강곡선을 그었던 것과는 달리 2003년에는 소득계층별 차이를 보이고 있는데, 소득금액이 높은 계층은 지속적으로 상승곡선을 나타내는 반면 소득금액이 낮은 계층은 하강곡선을 나타내고 있다. 이러한 현상은 이후 관심 있게 지켜볼 필요가 있다고 보이며, 소득계층별로 시장을 세분화하여 마케팅 전략을 수립할 경우 효과적으로 적용될 수 있을 것이다. 또한, 이러한 현상은 이후의 미용서비스산업의 질적 변화양상에 있어서 고급화 양상의 근본적인 원인이 된다고 하겠다.

이상에서 살펴본 미용서비스산업의 양적 증가추이를 정리하여 보면, 먼저 이·미용료의 경우 식료품 품목, 피복 및 신발 품목에 비해 소비지출총액 대비 소비율의 증가폭이 지속적으로 상승하였으므로 이를 통해 미용서비스산업의 상승세를 예측할 수 있다. 또한, 이·미용서비스산업의 규모를 월평균가계수지자료 및 이·미용업체 수, 인구수 등 신뢰할 만한 기관의 통계자료를 바탕으로 추정한 결과 국내 연간 소비액은 2003년 기준 3조 2천억 원이었다. 업체당 매출을 추정한 결과 연평균매출은 약 2천 7백만 원, 월평균매출은 약 2백 3십만 원으로 추정되어 타 산업에 비하여 열악한 현실을 보여 주었다. 또한, 2003년을 기준으로 업체당 평균 고객 수는 약 433명으로 파악되어 업체 규모에 있어 선진국에 비하여 영세하고 시장규모에 비해 업체 수가 과다하다고 판단되었다. 이러한 현실을 감안할 때 현재 진행되고 있는 대규모 구조조정 및 경쟁과열현상은 이미 여러 가지 수치로 예견되었었다고 볼 수 있겠다. 또한, 소득계층에 따른 이·미용 소비액 차이 고찰을 통해 1분위의 경우 조사된 10년간 지출액이 17.2% 상승한 반면 10분위의 경우 45.2% 상승하는 등 소득계층별로 지출액 격차가 점차 심화됨을 알 수 있었다.

2. 미용서비스산업의 질적 변화양상

앞 장에서 전술하였듯이 미용산업은 양적 규모 면에서 볼 때 급격히 성장하고 있음에도 불구하고 업체 수 과다 등으로 인해 경쟁이 매우 심화되고 있는 실정이다. 더불어 고객의 요구수준이 점차로 높아지고 있으므로 미용기업들의 질적 변화는 필연적 결과라고 볼 수 있겠다. 본 장에서는 현재 진행되고 있는 미용산업의 질적 변화양상들을 크게 기업화, 고급화, 표준화로 요약하고 이러한 징후를 나타내는 양상들을 정리하고자 한다.

(1) 기업화 현상

1994년 외국기업의 국내 상륙을 촉매로 국내 미용업소는 급속히 대형화되기 시작하였다. WTO가입에 따른 미용서비스시장의 개방으로 외국미용업체의 국내 진출이 가속화되기 시작하였으며 이미 프랑스, 미국, 일본 등 10여 개의 외국계 미용업체가 우리나라에 프랜차이즈 형태의 체인망을 구축하여 성공적으로 정착하고 있다(윤천성, 2004). 이렇듯 많은 외국계 프랜차이즈가 한국 시장 진출을 모색하고 있는 상황은 국내 미용업체들로 하여금 발 빠른 대응전략을 수립하도록 하는 촉매제 역할을 하였다.

이러한 외부적 환경으로 인하여 중소형규모가 주류였던 미용업체들이 급속히 신축 및 개축하면서 인테리어와 편의시설 등에 막대한 투자를 하게 되고, 이러한 현상은 국내 미용업체의 대형화 현상을 가져오게 되었다고 볼 수 있다. 국내 미용업체들은 자체업소의 규모를 확장하였을 뿐만 아니라 시작점포의 성공적 운영을 바탕으로 급속히 브랜드화하기에 이른다.

국내 미용기업의 기업화 과정을 살펴보면, 대부분 자신의 이름을 내건 미용점포의 성공적 운영을 시발로 이를 프랜차이즈화하며 규모의 성장을 이루는 메커니즘을 보인다. 따라서 프랜차이즈는 미용산업의 큰 질적 변화 중 하나인 기업화를 논하는 데 있어 매우 중요한 의미를 지닌다고 하겠다. 현재 활발하게 프랜차이즈를 전개하며 기업화하고 있는 대표적인 미용업체들로는 박준 뷰티랩, 박승철 헤어스튜디오, 블루클럽, 이가자 헤어비스, 이철 헤어커커, 나이스 가이 등이며 이들 모기업은 각각 2003년 8월 현재 박준 뷰티랩 95개, 박승철 헤어스튜디오 110개, 블루클럽 660개, 나이스 가이 100개의 프랜차이즈 점포를 운영 중 인 것으로 보고되고 있다(산업자원부 등, 2004).

이러한 프랜차이즈 미용점포의 확대는 기존의 단독 미용업체에도 영향을 미쳐, 기존의 단독점포가 매장을 리뉴얼하여 인력, 교육, 공동마케팅 등 경영 시스템에 대한 지원이 따르는 프랜차이즈 가맹점으로 전향하여 재오픈하는 사례가 늘고 있다. 이 같은 사업을 주도적으로 펼치고 있는 기업은 미용실 원장을 주축으로 공동 브랜드화 작업을 이룬 (주)미창조 리안을 비롯하여, (주)미랑컬의 美& Curl, (주)헤어커커의 프레시헤어 등이며 최근 쟈끄데상쥬 코리아의 까미유 알반도 주택가를 중심으로 한 지역밀착형 사업을 전개하며 리뉴얼 작업을 주도하고 있다. 2005년 현재 전국 80개의 리안 매장을 운영하고 있는 미창조의 경우 2004년을 기준으로 오픈한 매장의 70~80%가 리뉴얼 점포인 것으로 알려지고 있다(스토리샵, 2005).

프랜차이즈를 기반으로 급속히 성장한 모 점포들은 인력, 교육, 공동마케팅이라는 각 가맹점들의 요구에 부응하기 위하여 본사 산하에 교육기관을 두어 인력 공급 및 교육에 주력할 뿐 아니라 별도의 마케팅 부서를 운영하여 브랜드 이미지 상승 및 가맹점들에 대한 지원을 하면서 명실상부한 기업으로 성장하기에 이른다. 국내 대표적인 미용기업 소속 교육기관들로는 박승철 헤어스튜디오의 TITI(Total Image Training Institute), 박준 뷰티랩의 박준 아카데미, 이가자 헤어비스의 LKJ뷰티랩 등이 있다. 산하 교육기관 설치, 마케팅 부서의 확충 등으로 기업의 형태를 갖추기 시작한 미용업체들은, 전문경영인 영입, 최신마케팅기법과 고객관리(CRM)기법 도입, 직원 수의 증대, 주 5일 근무제 도입 등을 추진하며 명실상부한 미용기업으로 성장하고 있다(매일신문, 2005). 또한 최근 들어서는 세컨드 브랜드 출시, 활발한 해외진출 등으로 기업화에 박차를 가하고 있다. 이철 헤어커커에서 출발한 (주)헤어커커의 프레시헤어출시, 쟈끄데상쥬코리아의 까미유알반 출시 등이 세컨드 브랜드 출시의 대표적 예이며, 해외로 활발하게

프랜차이즈를 전개하고 있는 기업들로는 2002년 중국 시장 진출을 비롯해 2005
년 5월 영국 뉴몰던시(市)에 영국 체인 1호점(45평·12석 규모)을 연 박승철 헤어
스튜디오, 베이징(2002년 오픈)과 칭다오(2004년 오픈)에 직영매장을 열고 2004
년 베이징에 미용아카데미를 개설한 이가자 헤어비스 등을 들 수 있다(한국경제,
2005). 또한, 세계 최대 미용실 프랜차이즈로 기네스북에 등재된 박준 뷰티랩은
국내를 비롯하여 뉴욕, 런던, 시카고, 벤쿠버, LA, 프랑크푸르트, 파리, 상해까지
가맹점을 보유하고 있다(산업자원부 등, 2004).

또한, 미용산업의 기업화 현상으로 꼽을 수 있는 중요한 현상 중의 하나가
기술과 경영의 분리현상이다. 과거 기술과 경영을 동시에 가진 원장위주로 운
영되던 미용점포가 디자이너를 고용하게 되고 기술을 가지지 않은 전문경영인
제를 도입하는 등 급속히 구조변혁을 하고 있다. 예로, 프랜차이즈를 성공적으
로 운영하고 있는 국내 미용업체 중 하나인 '준오헤어'는 기술과 경영의 분리
개념을 도입하여 신입사원 선발 시 디자이너직군과 샵매니저 직군으로 분리 선
발하고 있다.

이상에서 논의하였듯이 외국계미용기업의 국내 진출, 국내 미용업체의 대형
화 및 프랜차이즈화, 기술과 경영의 분리현상 등은 국내 미용업체들이 기업화
하면서 나타나는 현상들로 파악된다.

(2) 고급화 현상

최근 들어 나타난 국내 미용업계의 두드러진 현상은 업체 규모의 양극화 현
상이다. 최근 국내 미용업계는 업체의 규모를 극대화하고 서비스품질을 끌어올
려 소비자의 상승된 욕구를 만족시키려는 고급점포, 혹은 필수적 욕구만을 해
결하려는 고객을 대상으로 한 저가의 소규모 점포로 급속히 양극화되고 있으
며, 중형규모의 업체들은 정리되고 있는 실정이다.

이러한 양극화 현상은 소득계층에 따른 이·미용료 지출액 차이에서도 살펴
보았듯이 고소득계층의 고급화된 욕구에서 그 원인을 찾을 수 있을 것이다. 원

스톱 개념의 토털 뷰티샵의 등장, 웰빙개념을 도입한 헤나 등 천연염모제시장의 확대, 모발케어시장의 급성장 등은 높아진 고객 수준에 부응하기 위한 고급화 현상들로 판단된다. 고가시장 고급화 전략의 예로 박준 뷰티랩의 '헤드 스파 살롱'의 경우, 최고의 인테리어와 고품격 이미지를 살려 전문적인 교육을 받은 전문가들이 철저한 예약제로 고객들에게 맞춤서비스를 제공하며, VIP를 위한 전용 룸을 설치하여 헤어서비스를 하는 등 초고급화 전략을 구사하고 있다(박준 뷰티랩 홈페이지, 2005).

한편 저가시장 역시 소비자 욕구에 맞추어 고급화 전략들을 도입하고 있는데, 이는 소비자들이 날로 지식수준이 높아져 자신들의 권리를 주장하고 지불한 대가에 대한 가치획득을 원하는 데 따른 것으로 풀이된다고 하겠다. 예를 들어 저가 미용점포의 대표적인 업체인 블루클럽은 지난해부터 8천 원짜리 커트 상품을 내놓고 샴푸 등의 서비스를 제공하는가 하면, 탈모·비듬·염색 등 헤어 클리닉을 도입하는 등 저가형 고급화를 꾀하고 있다(한겨레, 2005).

한편, 미용교육확대에 따른 업계종사인력의 고급화 현상 또한 미용업계의 중요한 변화 중 하나이다. 국내 미용교육은 1990년대 대학 내 관련학과의 개설과 더불어 급격하게 변화하였으며, 이와 더불어 재교육기관의 확대, 미용관련 해외 유학파의 증가 등이 두드러진 특징이라고 볼 수 있다. 2004년 현재 국내 미용 관련 대학 개설현황을 보면 86개 대학 88개 학과 신입생 정원 11,632명(연정아, 2004)에 이르며, 2년제 대학을 중심으로 개설되던 것이 최근 3~4년 사이에는 4년제 대학에 급속히 개설되고 있다. 또한, 재교육기관의 확대 및 기업화된 미용업체들의 자체교육 증가로 미용업체 종사자들의 기술 및 인성 수준이 날로 고급화되어 가고 있다. 기업화된 미용업체의 경우 자체적 교육시스템을 운영하여 단계별 교육 및 테스트를 거쳐 디자이너 승급을 시키는 등 인력의 고급화에 기여하고 있으며, 미용업체 지원자들도 이러한 교육시스템을 입사업체 선택 시 중요한 요소로 고려하고 있다.

이상에서 살펴보았듯이 미용산업의 질적인 변화양상 중 고급화에는 점포시설 및 마케팅 전략의 고급화 현상과 업계 인적자원의 고급화 현상 등이 포함된다고 하겠다.

(3) 표준화 현상

전술하였듯이 국내 미용점포들은 프랜차이즈를 바탕으로 대형화, 기업화하기에 이르렀으므로 이 과정에서 빼놓을 수 없는 부분이 바로 표준화라고 할 수 있다. 따라서 미용기업들이 기업화되면서 필연적으로 표준화에 대한 다양한 시도를 하게 된다고 볼 수 있으며, 그 양상은 시설표준화와 서비스 표준화를 근간으로 진행되고 있다고 하겠다. 프랜차이즈 본사는 시설 표준화를 통해서 각 가맹점들이 동일하게 브랜드 이미지를 유지할 수 있도록 할 수 있을 뿐 아니라 서비스 표준화를 통해서 동일한 서비스를 소비자들에게 제공할 수 있기 때문이다.

미용기업들은 시설 표준화를 위하여 가맹점 설치 시 일정 규모 이상으로 제한하고 또한 초기 인테리어를 본사의 규정에 맞추도록 하고 있다. 국내외 프랜차이즈미용실의 창업 시 대략 인테리어비는 평당 200~250만 원 정도가 소요되며 점포 면적은 40~50평 이상 규모로 규정하고 있다(윤천성, 2004).

시설표준화가 본사와 프랜차이즈 가맹점 사이의 몇 가지 계약 규정들을 통해 비교적 높은 수준으로 이루어지는 반면, 서비스 표준화는 지속적인 노력과 노하우가 바탕이 되어야 성공적으로 이루어진다. 이때 서비스 표준화란 점포 내 접객 서비스 표준화뿐 아니라 미용서비스 기술의 표준화를 포함하는 용어이다. 미용기업들의 서비스 표준화를 위하여 매뉴얼을 작성하고 교육기관을 별도로 설치하여 장기적이고 지속적인 노력을 기울이고 있다. 2001년 (주)정우 인터내셔널에서 출시한 남성전용 미용실 나이스 가이의 경우, 연령 및 얼굴별로 12가지 헤어스타일을 개발하여 커트시간을 최대한 단축하여 서비스를 제공하는 내용을 포함한 매뉴얼을 가맹점에 제공하고 있다. 또한 박승철 헤어스튜디오의 경우 체계적 교육시스템인 TITI 시스템을 운영하여 기술교육, 서비스, 인성교육을 실시하며, 이 시스템을 통하면 누구나 일정 수준 이상의 서비스 능력을 갖추도록 하고 있다. 박준 뷰티랩의 경우도 박준 아카데미를 통해 헤어디자이너, 스텝, 중간관리자, 원장, 카운터, 주차요원 등 각 직급별로 체계적인 교육을 통해 서비스 표준화를 이루어 가고 있다. 이러한 표준화를 위한 교육은 대부분 무료거나 저가의 교육비를 받고 진행되며 가맹점 계약 시 필수적인 사항으로 되어 있다(산업자원부 등, 2004). 한편, 준오헤어의 경우 프랜차이즈화하지 않고 2005년 9월 현재 전국의 38개 매장을 1천2백여 명의 직원들로 직영하고 있는데(조선일보, 2005), 이는 가맹점의 표준화 정도가 직영점의 표준화 정도에 비하여 미약하리라는 우려에 따른 것으로 판단된다.

이상과 같이 미용점포의 기업화 과정에서 필연적으로 표준화에 대한 시도들이 나타나며 표준화의 성공적 운영은 미용기업 성장의 핵심적 요소라고 판단된다. 이러한 표준화 양상 중 시설표준화는 이후에 논의될 점포차원과 관련이 있고, 서비스 표준화는 인적 차원과 관련이 있다고 볼 수 있겠다.

이상에서 살펴보았듯이 미용산업의 질적 양상 변화는 크게 기업화와 고급화, 표준화로 정리될 수 있으며 이상의 결과들은 앞 절에서 살펴본 양적 변화양상에서의 업체 수의 변화, 소득계층별 미용서비스 소비액의 변화에서도 예견된 바와 같다고 하겠다. <그림 2-9>는 본 절의 내용을 그림으로 요약한 것이다.

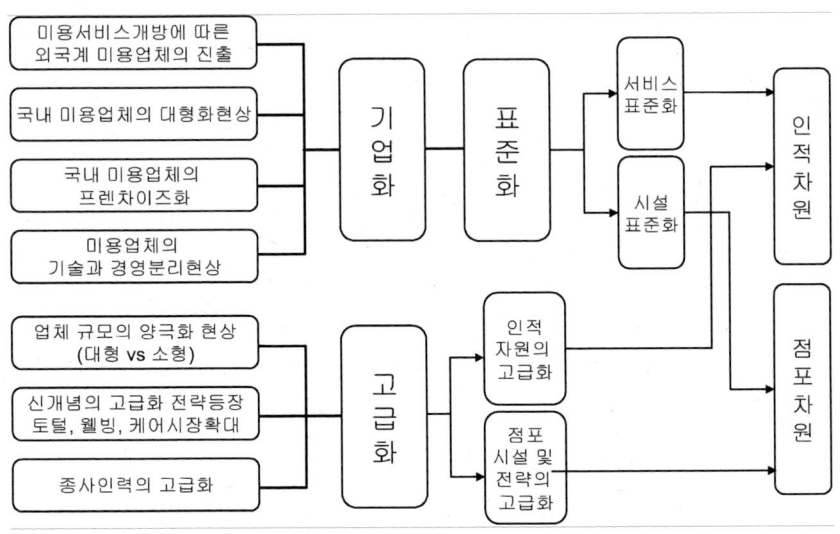

〈그림 2-9〉 미용서비스산업의 질적 변화양상

이상에서 미용서비스산업의 양적 규모와 질적 변화양상에 대하여 간략히 살펴보았다. 전술한 바와 같이 미용산업에서의 급속한 변화는 업계의 경쟁이 더욱 치열해지는 방향으로 전개되고 있다. 이러한 시기적 관점에서 볼 때 미용관련기업들은 마케팅개념을 본격 도입해야 할 것으로 보이며 소비자행동에 대한 이해를 바탕으로 보다 차별화되고 경쟁력 있는 마케팅 전략을 수립해야 할 것으로 보인다. 이후에서는 마케팅개념의 도입이 절실한 현 상황에서 기업의 이윤에 크게 기여할 고객의 충성적 행동에 대하여 본격적으로 논의하고자 한다.

제2절 서비스산업에서 고객의 다차원적 충성

본 절에서는 서비스마케팅에서 사용되는 서비스 충성의 개념을 소개하고, 서비스 충성에서 나타나는 이원적 충성의 개념을 고찰하고자 한다.

1. 서비스산업에서 충성의 개념 및 중요성

서비스산업이 국가경제에서 차지하는 비중은 날로 높아져, 이미 미국이나 일본과 같은 선진국의 GNP에서 서비스업이 차지하는 비중은 70%를 상회하고 있으며(박소연, 2002), 우리나라의 경우도 통계청의 산업별 인구구성 자료에 따르면 2004년 4/4분기 현재 1차 산업(농업 및 어업)에 전 인구의 7.9%, 2차 산업(광공업 및 제조업)에 19.0%, 3차 산업(사회간접자본 및 기타서비스업)에 73.2%가 종사하고 있는 것으로 분석되었다(경제활동인구연보, 2005). 또한 소비자들은 가계지출의 상당한 부분을 서비스와 같은 3차 산업에 지출하고 있다.

마케팅 분야 역시 이러한 시장흐름에 발맞추어 과거 수십 년 동안 많은 변

화를 거쳤다. 1950년대와 1960년대는 소비자마케팅 및 산업마케팅이 그리고 1970
년대는 비영리 및 사회마케팅이 주요 관심이었으나(서문식, 2003), 유형재에 주
로 관심이 집중되었던 학계의 흐름은 Shostack이 1977년에 유형재와 서비스의
차이를 언급한 연구를 시발점으로 서비스 마케팅에 대한 관심증가 양상을 보이
게 되었다(박소연, 2002). 또한, 1990년대 이후 관계마케팅의 부상과 함께 최근
에는 서비스업에서의 관계의 중요성을 다룬 서비스 관계마케팅이 대두되고 있
다(강명수, 2004).

서비스업에 적용되는 관계마케팅 컨셉은 기존고객을 대상으로 지속적인 애
호도 및 충성을 이끌어 내고자 하는 데 초점을 맞추고 있다. 서비스 업체들은
소비자들의 서비스 충성의 확보를 통해 수익성을 높일 수 있으며 이러한 전략
은 신규고객의 확보전략보다 효과적일 수 있기 때문이다(Henry, 2000). 소매업
등 12개 업종을 대상으로 한 Reichheld와 Sassar(1990)의 연구에 의하면 고객 이
탈률을 5% 줄이면 기업의 수익률은 25~85% 증가시킬 수 있고, 고객이전율의
5% 감소에 따른 순이익 상승효과는 서비스산업에 따라 차이가 있다고 하였다.
예를 들어 자동차 수리 서비스 업체의 경우에는 순이익 30% 상승, 보험회사의
경우에는 50% 상승, 은행의 경우에는 85% 상승 등의 결과를 보여 주었다.

이러한 충성도 효과의 원인에 대하여 이문규(1998)는 첫째, 한 서비스 기업을
꾸준히 이용해 온 단골고객들은 가격상승에 대하여 비교적 덜 민감할 것이고, 둘
째, 기업입장에서 보면 단골고객을 상대하는 것이 새로운 고객을 끌어들이는 일
보다 비용부담이 훨씬 덜할 것이며, 셋째, 단골고객들은 그들이 이용하는 기업에
대해 긍정적 구전을 하기 때문이라고 하였다. 또한, Reynolds와 Arnold(2000)는 충
성의 결과는 구전, 구매율상승, 경쟁 환경에 대한 저항으로 나타난다고 하였는데,
여기서 경쟁 환경에 대한 저항이란 다른 점포의 가격이 더 낮더라도 타 점포에서
쇼핑하지 않거나 충성점포에 브랜드/스타일/사이즈가 없을 경우 쇼핑을 하지 않
는 경향을 말한다. Bove와 Johnson(2000) 역시 고객이 충성도를 가지게 되면 그들
이 겪게 되는 사소한 실수나 불일치에 대해 관대해진다고 하였다.

그러나 이처럼 서비스 충성의 개념적 중요성에도 불구하고 서비스 충성을
개념화하고 그 선행요인들을 분석한 연구들은 지금까지 그다지 많지 않았으며

연구결과 또한 만족스럽지 못하였다(김철민, 2002). 그 이유는 첫째, 기존의 서비스 마케팅 분야에서의 많은 연구들이 핵심적인 연구 변수로서 주로 서비스 만족과 서비스품질 등의 연구에 관심을 집중한 반면, 서비스 충성에 관한 관심은 상대적으로 적었기 때문이라 할 수 있다(Nguyen과 Leblanc 1998, Oliver 1999). Oliver(1999)는 이러한 문제점을 지적하면서 기업의 전략적 목표로서의 기본적 패러다임이 '만족'으로부터 '충성'으로 전환되어야 함을 주장하고 있다. 둘째, 서비스 충성의 개념 및 정의에 관한 합의가 연구자들 상호 간에 이루어지지 못하여 연구자들마다 그 개념을 서로 다르게 정의하고 있다는 점이다. 셋째, 충성에 관한 기존의 문헌들은 주로 제품충성에 편중되어 연구됨으로써(Dick과 Basu, 1994) 서비스 충성에 관한 연구는 상대적으로 미흡하였다. 그러나 최근 서비스산업의 급격한 성장으로 인해 서비스산업의 규모는 지속적으로 확대되고 있어 서비스 충성에 관한 연구의 필요성은 매우 높다고 할 수 있다.

서비스 충성의 개념화에 관한 관점과 그 정의는 학자들마다 다양하게 제시되고 있지만 크게 행위적 관점, 태도적 관점, 통합적 관점으로 정리될 수 있다(Dick과 Basu, 1994).

먼저, 행위적 관점의 연구들에서는 고객이 지출하는 금액으로서 서비스 충성도를 측정하려는 방법과 동일점포를 고객이 재방문하는 빈도로서 서비스 충성도를 측정하는 두 가지 방법이 제시되고 있는데, 두 가지 방법 간에는 상호 밀접한 정(+)의 관계가 있다는 점 때문에, 최근의 연구들에서는 측정이 상대적으로 쉬운 서비스 재이용빈도로서 측정하는 경향이 높게 나타나고 있다(Flavian 등, 2001).

한편, 행위적 관점이 서비스이용의 우연성을 배제할 수 없다는 견해 때문에, 보다 많은 연구들에서 태도적 관점으로 서비스 충성 정도를 측정하고 있는데, Gerpott(2001)는 재구매의도와 추천으로, Lee와 Cunningham(2001)은 고객의 충성의지로, Lee 등(2001)은 재구매의도, 거래선 전환기피 및 추천의도로, Mittal과 Lassar(1998)는 비전환의지로, Nguyen과 Leblanc(1998)은 추천과 선호경향으로, Shirohi(1998)은 재구매의도 등으로 측정하고 있다. 태도적 관점에서의 서비스 충성 정의를 살펴보면, 이문규(1998)는 "서비스 충성이란 고객이 과거의 경험과 미래에 대한 기대에 기초하여 현재의 서비스 제공자를 다음번에도 다시 이용하고자 하는 의도를 말한다."고 하였으며, Czepiel과 Gilmore(1987)는 서비스 충성을 '과거경험에 기반을 두고 교환관계를 지속시키는 특정한 태도'로 정의하고 있다. Oliver(1997) 역시 충성이란 '선호하는 제품이나 서비스를 미래에도 지속적으로 재구매하고 재애고하려는 깊은 몰입을 가지는 것'으로 정의하고 있다.

이러한 두 가지 관점에 대하여 Dick과 Basu(1994)는 충성에 관한 개념적 연구를 통해 충성도는 측정 제품 및 서비스에 대한 우호적 태도와 반복구매성향 모두에 의해 측정하여야 한다고 주장하였으며, 이 관점은 기존의 행위적 관점과 태도적 관점을 종합한 것으로서 매우 바람직한 관점으로 평가되고 있다. 그러나 구체적인 측정지표는 학자들 간에 일치된 견해가 제시되지 못하고 있다. Macintosh와 Lockshin(1997)은 소비자들의 태도, 재구매의도 및 구매비율로, Bowen과 Chen(2001)은 우호적 태도, 제품/서비스에 대한 재구매의도 및 타인에 대한 추천으로, Ruyter 등(1998)은 선호적 충성, 가격무차별적 충성 및 불만족 행동 등으로 다르게 측정하였다. Gremler(1995)는 태도적 측면과 행위적 측면을 모두 반영하여 서비스 충성도를 '고객의 특정 서비스 제공자에 대하여 반복적인 구매행동을 보이거나, 특정 서비스 제공자에 대해 정(+)의 태도적 경향을 가지거나, 동일한 서비스가 필요한 경우 특정 공급자만을 이용하는 정도'라고 정의하였다. 조광행과 박봉규(1999) 역시 서비스 충성을 '일정기간 동안 보이는 호의적 태도 및 그에 따른 반복구매행동을 보이는 성향'으로 정의하였고, Wong과 Sohal(2003)은 충성을 '제품이나 서비스에 대한 장기적 반복구매 그리고 제품 및 서비스에 대하여 제품이나 서비스를 제공하는 기업에 대하여 호의적 태도를 가지는 것'이라고 정의하였다.

한편, Dick과 Basu(1994)는 또한 반복애고행동과 상대적 태도(잠재적 대안과 비교 시에 높은 호의적 태도)를 두 축으로 충성의 4차원 즉, 진정한 충성(반복애고-높음/상대적 태도-높음), 잠재적 충성(반복애고-낮음/상대적 태도-높음), 의사충성(반복애고-높음/상대적 태도-낮음), 무 충성(반복애고-낮음/상대적 태도-낮음)을 제시하였다. Oliver(1999)는 제품충성에 관한 기존연구들을 분석하여 충성이 인지적 충성, 감정적 충성, 행동의도적 충성, 행위적 충성의 4

단계로 순차적으로 진행된다고 하였고, 김철민(2002)은 이러한 Oliver의 연구를 서비스 충성에 적용시켜 서비스 충성 4단계의 단계별 측정지표를 제시하였다.

2. 다차원적 충성 및 이원적 충성의 개념

본 절에서는 관계의 다양한 차원들을 고객충성에 적용하여 다차원적 충성의 개념을 설명하고, 이중 개인-개인 간 관계 및 개인-기업 간의 관계를 중심으로 이원적 충성의 개념을 고찰하고자 한다.

(1) 다차원적 충성의 개념

고객의 충성은 관계마케팅 대두 이전에도 마케팅의 주요 관심사였으며, 특히 유형재연구에 있어서는 기업의 효익에 직접적으로 관련된 브랜드 충성 및 점포 충성을 중심으로 활발한 연구가 진행되어 왔다. 고객의 입장에서 충성이란 다양하게 형성될 수 있는 다차원적 개념이다. 예를 들어, 은행서비스의 경우 고객은 특정은행 브랜드(예, 국민은행)에 충성을 보일 수도 있고, 특정 점포(예, 국민은행 마포지점)에 충성을 가질 수도 있으며, 특정인(예, 국민은행 마포지점 정과장)에게 충성을 나타낼 수도 있다.

Lacobucci 등(1996)은 소매관계에 관한 연구에서 충성의 차이점을 분석한 결과 개인과 개인(individual-to-individual), 개인과 기업(individual-to-firm), 기업과 기업들(firm-to-firm) 간의 관계에는 차이가 있음을 발견하였다. 또한, 고객을 중심으로 한 관계연구들(Clark과 Martin, 1994; McAlexander 등, 2002)에 있어서 관계의 차원에는 고객-기업 간(customer-to-firm), 고객-브랜드 간(customer-to-brand), 고객-제품 및 서비스 간((customer-to-product / service), 고객-종업원 간(customer- to-employee), 고객-고객 간(customer-to-customer) 관계 등 다양한 관계가 성립됨이 확인되었다.

이러한, 다양한 관계차원들을 충성에 적용하면, 고객충성(customer loyalty)은 브랜드 충성(brand loyalty), 납품업체 충성(vendor loyalty), 서비스 충성(service loyalty), 점포충성(store loyalty) 등으로 분류해 볼 수 있으며(Dick과 Basu 1994, 박민아 2002), 이 밖에도 소매업에 있어서는 특정업태(예, 할인점, 백화점)에 충성을 보이는 업태충성을 가질 수 있다. <그림 2-10>에는 서비스산업에 있어 고객충성의 다차원성을 요약하여 그림으로 나타냈다.

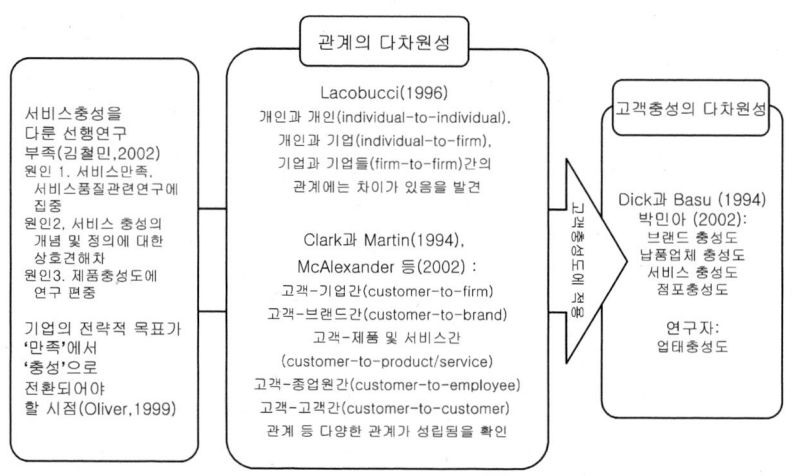

〈그림 2-10〉 서비스산업에 있어 충성의 다차원성

(2) 이원적 충성의 개념

초기의 서비스 충성에 관한 연구들에 있어서 서비스 충성이라는 용어는 서비스 제공자에 대한 충성을 의미하는 것으로 브랜드 충성과 구분되는 개념으로 사용되었다. 그런데 여기서 서비스 제공자란 두 가지 의미로 해석될 수 있다. 개인－기업 간 관계측면에서 보면 서비스 제공자란 서비스를 제공하는 기업이나 점포가 되겠으나, 개인－개인 간 관계측면에서 보면 서비스 제공자란 직접적 서비스 제공요원(종업원 내지는 판매원)을 의미하기도 한다.

서비스에 대한 기존의 연구들이 간과하고 있는 주제 중 하나가 바로 서비스 제공요원과 서비스 이용자 즉, 고객－종업원 간의 관계형성과정이다(안정기 1999,

박소연 2002). 서비스는 서비스 제공요원과 이용자 간에 현장에서 직접적인 교환이 이루어지는 특성상 유형재에 비하여 관계지향적이다. 서비스는 유형적인 재화를 제공하는 것이 아니라 고객과 서비스종업원 간의 상호관계로부터 나오는 생산물이므로, 서비스의 주요가치는 서비스를 제공하는 종업원과 고객이 상호 작용하는 가운데서 생산된다(최수경, 2002)고 하겠다.

Oliver(1997)는 개인 간 충성(Interpersonal Royalty)은 브랜드 또는 기업충성보다 더 중요하다고 하면서, 이것은 개인 간 수준에서의 충성은 인간관계에서 더 많은 깊이를 나타내는 신뢰, 애착, 몰입의 기초를 구축하게 되기 때문이라고 하였다. 이런 관점에서 종업원에 대한 충성도가 강한 고객들은 종업원이 해당기업 또는 점포를 떠나게 될 경우, 제품이 유사하다고 판단하면 종업원을 쫓아서 점포를 전환하는 행위를 볼 수 있다. 이러한 이유로 Macintosh와 Lockshin(1997)은 종업원과 기업에 대한 충성은 구별되는 개념이라고 하였다.

따라서 서비스 충성이라는 개념은 관점에 따라 개인-기업 간 관계에 중점을 둔 기업충성 및 점포충성, 그리고 개인-개인 간 관계에 중점을 둔 종업원충성 및 판매원충성으로 분리해 볼 수 있을 것이다. <그림 1-11>에는 서비스 산업에 있어 이원적 충성의 개념을 요약하여 그림으로 나타냈다.

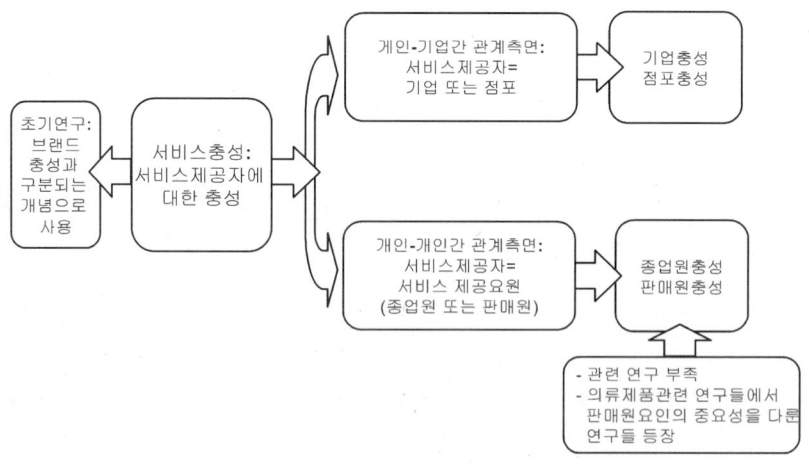

〈그림 2-11〉 이원적 충성(인적충성 및 기업충성)의 개념

　　고객-종업원과 고객-기업 관계 간에 차이가 존재한다는 주장에 근거하여, 인적만족 및 인적충성개념을 도입한 몇몇 연구들에 있어서 그 용어는 각 연구 상황에 맞게 변형되어 사용되었다. <표 2-12>는 선행연구에 나타난 다양한 인적 용어들을 정리한 것이다. <표 2-12>에 제시된 연구들은 NDSL과 국회도서관, 학술정보원 등에서 '서비스 제공자(service provider), 인적(interpersonal, personal), 종업원(employee), 판매원(salesperson), 관계(relationships)'를 검색어로 검색한 논문 중 인적요인을 변수로 투입한 논문들은 정리한 것이다. 소매상황에서는 주로 판매원충성이라는 용어가 사용되었고, 서비스 상황에서는 주로 종업원충성이라는 용어가 사용되었다. 인적요인과 대비되는 용어 역시 상황에 따라 기업충성 내지는 점포충성으로 사용되었다. Bove와 Johnson(2000)은 고객충성(customer loyalty)이 서비스 제공 기업에 있는 경우를 서비스 충성(service loyalty)이라고 정의하였고, 충성이 특정한 서비스요원에게 형성된 경우를 인적충성(personal loyalty)이라고 정의하였다. 이때 인적충성(personal royalty)을 종업원에 대한 일치감, 믿음, 관계지속 욕구 등으로, 특정 종업원과의 관계를 계속해서 유지할 뿐만 아니라 많은 종업원들 중에서 고객이 특별히 믿음이나 일치감들이 뒷받침되어 특별한 서비스 상황에서 특정 종업원의 서비스를 원하는 것이라고 설명하였다. 한편, Reynolds와 Arnold(2000)는 판매원충성(salesperson loyalty)을 특정 판매요원과 거래를 계속할 몰입과 의도로 정의하였고, 점포충성(store loyalty)을 특정한 점포와 거래를 계속할 몰입과 의도로 정의하였다.

〈표 2-12〉 인적요인변수를 사용한 충성관련 선행연구 및 관련용어 일람

연구자	인적요인 사용용어	용어의 정의	개인-기업 간 관계용어
Beatty 등(1996)	판매원충성	정의 제시되지 않음	기업충성
Macintosh와 Lockshin (1997)	판매원신뢰 판매원몰입	신뢰: 교환에 있어서 상대방의 신뢰성과 성실성에 관한 확신 몰입: 가치있는 관계를 유지하고자 하는 지속적인 욕망	점포만족, 점포신뢰
Reynolds와 Beatty (1999)	판매원만족 판매원충성	정의 제시되지 않음	회사만족 회사충성
Reynolds와 Arnold(2000)	판매원충성	특정판매원과 거래를 계속할 몰입과 의도	점포충성
조은영과 구양숙(2002)	판매원에 대한 만족 판매원충성	판매원충성: 소비자가 제품의 구매를 위한 조언을 얻기 위해 동일한 판매원을 계속 찾게 되는 행동	점포에 대한 만족 점포충성
조은영(2003)	판매원에 대한 만족 판매원충성	판매원충성: 소비자가 제품의 구매를 위한 조언을 얻기 위해 동일한 판매원을 계속 찾게 되는 행동	점포에 대한 만족 점포충성
이용기 등(2002)	종업원 만족	정의 제시되지 않음	식음료업장 만족
최수경(2002)	종업원충성	특정조업원에 대한 지속적 이용으로 나타나는 간접적결과 및 개별 서비스에 대해 고객이 가지는 높은 인적충성	기업충성
안우규(2003)	종업원에 대한 만족 종업원에 대한 신뢰	정의 제시되지 않음	레스토랑에 대한 만족 레스토랑에 대한 신뢰
최영식(2003)	종업원에 대한 만족	종업원을 알게 된 것에 대한 만족(흡족함, 유쾌함, 즐거움, 기쁨, 만족 정도)	기업에 대한 만족
Wong과 Sohal(2003)	종업원충성	충성에 관한 일반적 정의만 제시	회사충성
Guenzi와 Pelloni(2004)	종업원에 대한 인적충성의도 타 고객에 대한 인적충성의도	개인 간 수준에서의 충성행동적 측면을 제외한 의지적 측면만을 다룸	행동적 충성, 충성의도
Bove 와 Johnson(2000)	서비스요원에 대한 인적충성	특정한 서비스요원에게 형성된 충성	서비스기업에 대한 진정한 충성

한편, 국내의 의류제품관련 연구들에서도 판매원요인의 중요성에 대한 연구들이 다루어졌다. 김윤희와 김미영(2001)은 의류점포의 서비스개념체계와 관련한 연구에서 소비자들은 물적 서비스, 정책적 서비스보다 인적 서비스를 가장 중요시함을 밝혔으며, 의류점포에서는 점포구성원의 전문지식 및 업무수행

능력 등의 신뢰도, 친절·성실도, 업무수행과 상황처리의 신속도, 옷차림과 인상의 호감도, 인사성 등을 향상시키는 것이 중요하다고 하였다. 김은정과 이선재(2002)는 의류점포 판매원의 속성이 고객과의 관계구축 및 관계유지에 중요한 역할을 한다고 하였으며 고객과의 관계유지가 기업의 성과를 향상시키는 데 있어서 중요한 요소라고 하였다. 주성래와 정명선(2002)은 판매원과 고객과의 관계라는 관계의 질에 주목하여 연구를 진행하였다. 또한 박수경과 임숙자(1996)는 판매원의 친절요인이 환경요인 다음으로 구매에 영향을 미치는 요인임을 밝힌 바 있다. 홍금희(2002)는 점포만족도에 대한 서비스품질의 영향을 점포정책, 판매원의 확신성, 매장의 분위기, 매장의 VMD 순으로 제시하면서 판매원의 확신성을 높이는 정책들을 제안하였다.

(3) 기업충성과 인적충성의 관련성

마케팅을 담당하고 효과적 전략을 제시해야 하는 책임을 맡고 있는 기업의 입장에서 보면 개인에게 형성된 인적충성이 기업에 어떠한 영향을 주는가 하는 것은 매우 중요한 문제이다.

많은 연구자들(Doney와 Cannon 1997, Dorsch 등 1998, Swan 등 1999)은 한편으로는 판매원에게 또 다른 한편으로는 기업에게 형성된 두 가지 신뢰 및 충성에는 분명한 차이가 있으나 서로 상관이 있다고 하였다. 많은 선행연구들이 개인-개인 간 관계가 개인-기업 간 관계에 비해 좀 더 선행하여 일어나고, 결과적으로 그 관계가 개인-기업 간의 관계로 전이된다고 제시하고 있다.

먼저, 개인-개인 간 관계가 개인-기업 간 관계에 비해 좀 더 선행하여 일어난다는 연구를 살펴보면, Frazier(1983)는 서비스의 관점에서 고객과 직원 간의 인적관계에 의해서 재방문의도가 결정된다고 하였으며, Macintosh와 Lockshin(1997), Lacobucci와 Ostrom(1996)은 개인-개인 간 관계가 더욱 깊고 농도가 진하고 가까운 반면 개인-회사 간 관계는 깊이가 낮으며 좀 더 멀다고 하였다. Reynolds와 Arnold(2000) 역시, 고객은 먼저 유형성이 있고 가시적인 서비스 측면(예, 판매원) 등에 먼저 충성을 형성하고 궁극적으로 좀 더 추상적이고 무형적 측면(예, 점포)에 결속을 형성하게 된다는 것을 확인하였으며, Beatty 등 (1996)도 소비자의 충성은 점포수준이 아니라 판매요원수준에서 먼저 형성된다고 하였다.

개인-개인 간 관계가 결과적으로 개인-기업 간의 관계로 전이됨을 밝힌 연구들을 살펴보면, Macintosh와 Lockshin(1997)은 종업원충성이 점포충성의 선행요인이라고 하면서, 종업원에 대한 긍정적 감정은 기업에 대한 감정에 영향을 미친다고 하였다. Barns(1997)도 고객이 지각하는 고객-종업원 간 관계친밀도가 클수록, 회사에 대한 전반적 만족의 수준이 높다고 하였다. 또한, Bove와 Johnson(2000) 역시 인적충성도가 기업충성도을 높일 것이라는 연구모델을 제시하였다. Reynolds와 Beatty(1999a)도 백화점 고객을 대상으로 한 연구에서 종업원에 대한 충성도가 점포충성도에 영향을 미친다는 것을 실증적으로 증명하였다. 한편, Reynolds and Arnold(2000)는 그러한 관계가 선행연구들에서처럼 단순히 전이되는 것이 아닌 직접적이고 강력한 영향을 미친다고 하였다.

그러나 인적충성과 점포충성과의 관련성에 관한 이상의 연구결과와는 다른 연구결과들도 제시되었다. Reynolds와 Beatty(1999a)가 비록 판매원에 대한 충성 그리고 점포에 대한 충성이 서로 관련은 있지만 이들을 다른 구성개념으로 생각할 수 있다고 하였고, 조은영(2003)의 의류점포를 대상으로 한 연구에서 점포에 대한 만족과 판매원충성도는 점포충성도에 영향을 주었으나, 판매원만족은 점포충성도에 영향을 주지 못하는 것으로 나타났고, 점포만족 역시 판매원충성도에 영향을 미치지 못하는 것으로 나타났다. 안우규(2003) 역시 호텔을 대상으로 한 실증적 연구에서 종업원 신뢰가 충성도로 연결되지 못한다는 것을 밝혔다.

이상과 같이 인적충성과 점포충성의 상관방향과 상관 정도에 관한 연구는 수적으로 매우 부족한 실정이고 그 연구결과도 상이하게 나타나므로, 다양한 상황과 업종에서 연구되어 그 결과를 일반화시킬 필요가 있다고 하겠다.

한편, 일부 선행연구들에서 인적충성이 기업충성으로 전이된다는 결과를 밝혔음에도 불구하고, 현상학적으로는 인적충성이 기업에 불리하게 작용하는 경우들이 관찰되어 인적충성의 부정적 측면들로 지적되고 있다.

Wong과 Sohal(2003)은 백화점 쇼핑객을 대상으로 서비스혜택과 종업원충성도 및 회사충성도의 관련성을 알아본 그의 연구(<그림 2-12>)에서 종업원충성도 문항평균값은 4.53, 회사충성도에 대한 평균값은 4.19로 종업원충성도가 더욱 큼을 알 수 있다고 하였다. 앞서 제시하였듯이 개인-개인 간 관계는 개인-기업 간 관계에 비하여 더욱 깊고 농도가 진하고 가까운 특성을 지니는 데서 종업원충성도의 평균값이 큰 것을 설명할 수 있다.

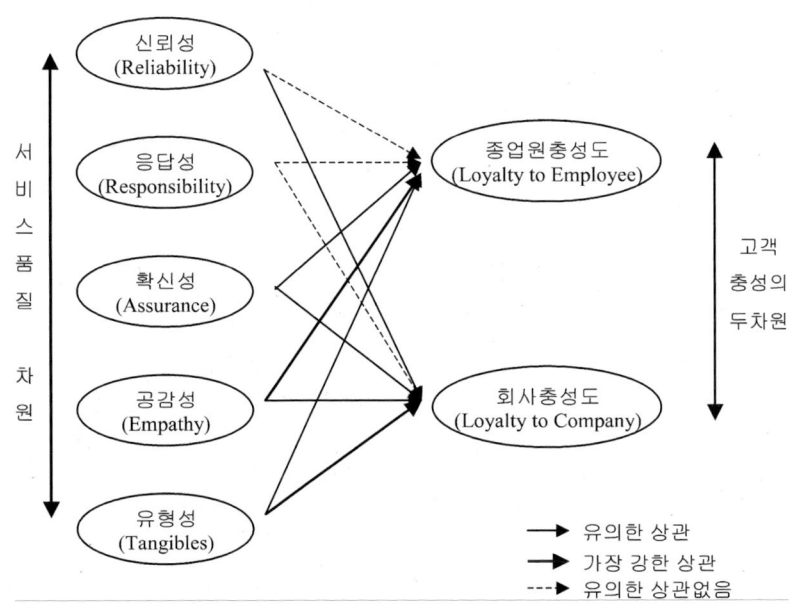

(출처: Wong과 Sohal (2003)의 연구모델로부터 재구성)

〈그림 2-12〉 소매업에 있어서 충성의 두 차원

고객의 종업원 및 판매원에 대한 이러한 높은 충성도는 일부 선행연구들이 제시한 결과처럼 '개인 간 충성도가 기업수준으로 그대로 전이된다'면 기업에 있어 매우 유리하게 작용할 수 있다. 그러나 고객들은 모든 상황과 사업에서 인적충성을 기업충성으로 전이시키는 것은 결코 아닌 것으로 보인다. 즉, 종업원을 회사의 일부로 지각하지 않는 경향들이 조사되었다.

Guenzi와 Pelloni(2004)는 고객-종업원 간 관계친밀도와 고객-타 고객 간 관계친밀도를 중심으로 한 그들의 연구에서 고객-종업원 간 관계친밀도는 고객만족, 행동적, 의도적 충성에 정적 상관을 보여 기업의 입장에 긍정적 기여를 하는 한편 부정적인 면이 존재한다고 하였다. 이러한 부정적 측면에 대한 언급은 Beatty 등(1996), Bove와 Johnson(2000), Caldow 등(2000) 등의 연구에서도 제기되고 있다. 즉, 서비스 종업원이 회사를 떠날 경우, 고객-종업원 간 관계와 특정한 개인에게 형성되었던 인적충성은 기업충성 및 기업-개인 간 관계에 부정적으로 영향을 미치게 된다. Reynolds와 Arnold(2000) 소매기업들이 판매원-고객 간의 관계로부터 얻어지는 점포수준의 이점들은 판매원이 소매점에 머물러 있을 동안에만 유효함을 지적하였다. Bove와 Johnson(2000)은 서비스요원이 다른 회사로 이전하게 될 경우 인적충성이 큰 고객들은 자신들의 충성을 유지하고자 서비스 업체를 바꿀 가능성이 있고 이에 따라 서비스기업은 매우 큰 위험을 안게 된다고 하였다. 또한, 자신들이 충성을 나타내는 서비스요원을 따라가는 것이 불가능하여 남게 되는 경우에도 고객의 충성수준이 의사충성도로 하향 조정된다고 하였다. 또한, 자신들이 충성하는 서비스요원이 서비스를 제공할 수 없게 되는 상황(예. 출장, 휴무일)에서 서비스를 유보하거나 포기하게 되는 것 역시 기업으로서는 손실요인이 된다.

이러한 인적충성의 부정적 측면은 실증적 연구가 뒷받침되지 않고 단지 현상학적인 면만이 제시된 것으로 대부분 연구의 제언부분에 제시된 내용들이다. 따라서 인적충성과 기업충성과의 관련성 및 기타 충성에 영향을 미치는 변수들은 서비스요원이 기업과 분리된 상황까지를 감안하여, 보다 면밀히 검토되어야 할 필요가 있다고 하겠다.

제3절 미용서비스 소비자의 이원적 충성

본 절에서는 여타의 서비스와는 다른 미용서비스만이 지닌 특징을 살펴보고, 이러한 서비스 특성에 따라 소비자행동에 나타나는 이원적 충성현상 및 인적측면의 중요성을 고찰하고자 한다.

1. 미용서비스의 특징

먼저 서비스의 일반적 특징을 살펴보면, 서비스는 유형의 제품과 비교할 때 다음과 같은 특징을 가지고 있다(이유재, 1997). 첫째, 무형성으로 서비스는 고객이 이를 직접 구매하지 않고는 서비스를 보고, 느끼고, 듣고, 맛보고, 냄새맡을 수 없기 때문에 구매하기 전에 서비스를 객관적으로 평가하기가 어렵다. 둘째, 생산과 소비의 동시성으로 이러한 특성은 서비스 전달과정 및 전달 이후에도 소비자가 서비스품질에 대해 평가를 하게 하는 중요한 요인으로 작용한다. 셋째, 소멸성으로 서비스는 생산되는 즉시 소비되므로 사용하고 나면 자체는 사라져 저장이 불가능하다. 넷째, 이질성으로 서비스에 인간적인 요소가 포함되어 있어서 제품과 같이 표준화하기 어렵고 실제 성과의 표준을 개발하기도 쉽지 않다, 특히 서비스품질은 생산자에 따라, 고객에 따라, 그리고 시간과 공간에 따라 변동될 수 있는 특성이 있다. 이러한 특징들로 인하여 서비스 환경은 유형재 환경에 비하여 관계지향적인 성격이 강하며, 소비자들이 유형재에 비하여 서비스 구매 시 불확실성을 높게 지각한다(박소연, 2002).

그동안 서비스 연구 분야에서는 개념적 혹은 실증적으로 여러 가지 분류체계가 개발되어 왔다. 개념적인 분류체계는 Shostack(1977)과 Zeithaml(1981), 그리고 Lovelock(1983)의 것이 대표적이고, 이러한 개념적인 분류체계를 실증적인 자료를 이용하여 검증한 연구로서는 Bowen(1990)과 Cunningham 등(1997)의 연구가 있다(박소연, 2002). 이 중 Bowen(1990)은 서비스 제공자의 중요성, 무형의 정도, 고객화의 정도, 서비스 이전 가능성, 서비스 제공자와의 접촉도, 서비스가 유지되는 시간, 서비스가 사람이나 사물에 영향을 미치는지 여부, 서비스의 차별화 정도, 고객의 참여 정도 등을 기준으로 10개의 서비스를 1186명의 소비자 설문을 통해 3개 그룹으로 분류하였다.

서비스분류에 관한 연구에 있어서 몇몇 선행연구들이 미용서비스를 대상서비스 중 하나로 선택하여 연구를 진행하였다. Lacobucci와 Ostrom(1996)는 소매관계에 관한 연구에서 충성의 차이점을 분석한 결과 미용사와 고객의 관계를 개인-개인 간의 관계라고 규정하고 다차원척도법으로 서비스 유형을 분류한 결과 목사/신앙고백자와 같은 사분면에 위치한다고 하였다. Gwinner(1998)는 설문 집단을 세 집단으로 구분하여 제1집단은 높은 접촉과 고객화되며 개인화된 서비스를 나타내는 재무컨설팅, 병원, 여행사, 이용실 응답자를 포함시켰고, 제2집단은 중간접촉, 준고객화, 비개인적 서비스를 나타내는 신발수리점, 은행, 해충퇴치점, 수영장 관리서비스를. 그리고 제3집단은 중간접촉이며, 표준화된 서비스의 항공사, 영화관, 카페테리아, 잡화점 서비스를 이용한 응답자들을 포함시켰다. Lewis(1976)는 30개의 제품들을 순수서비스, 유형제품과 서비스의 결합, 순수유형제품 등의 세 범주들 중 어느 하나로 분류하고, 변호사, 공인회계사, 부동산중개사, 의사, 세탁소경영자, 보험대리인, 대학 강사, 이·미용사 등으로부터 제공받는 서비스를 전문서비스라고 하였다(김종신, 1999). 한편, 안정기(1999)는 <표 2-13>과 같이 서비스의 직접적 대상이 사물이 아닌 인간의 신체이고 서비스행위의 성격이 유형적 행동이라는 점을 들어 미장원을 병원, 여객수송, 호텔, 식당과 같은 영역으로 분류하였다.

한편, 미용서비스는 서비스로서 가지는 고유한 특성을 가지고 있으며, 특히 다른 서비스 유형과는 달리 인간의 심미적 요구를 충족시키는 패션산업에 속함으로써 다른 서비스 유형과도 구별되는 독특한 특성을 가지고 있다(황선아와 황선진 2001, 박은주와 장영용 2002).

<표 2-13> 서비스행위의 성격에 따른 분류

서비스행위의 성격	서비스의 직접적 대상	
	사 람	사 물
유형적 행동	사람의 신체에 대한 서비스 예) 병원, 여객운송, **미장원**, 호텔, 식당 등	제품이나 소유물에 대한 서비스 예) 화물운송, 잔디관리, 수리 센터, 세탁소 등
무형적 행동	사람의 정신에 대한 서비스 예) 광고, 컨설팅, 교육, 방 송, 정보서비스, 극장 등	무형자산에 대한 서비스 예) 은행, 법률서비스, 회계법인, 증 권, 보험서비스 등

(출처: 안정기(1999) p.16)

먼저, 일반적인 서비스의 특성을 기초로 하여 미용서비스의 특성을 정리하면 다음과 같다(오경숙과 박은주, 2004). 첫째, 미용서비스의 근본적인 특성은 무형의 인적 서비스요소와 결합함으로써 제품화되기 때문에 서비스의 중요성이 더욱 크다고 할 수 있다. 둘째, 미용서비스는 고객이 서비스 생산과정에 참여한다는 점에서 생산, 소비의 동시성과 비분리성을 가지고 있다. 즉, 미용실에서 고객들은 주문과 함께 자신의 신체를 생산 활동에 제공하게 되므로 서비스의 질은 제공자의 능력과 서비스 제공자와 고객 사이의 상호작용의 질에 크게 의존한다(이중섭 2000, 원윤경 1999, Kurtz와 Clow 1998). 셋째, 미용서비스에서 이질성이란 동일한 서비스를 누가, 언제, 어디서 제공하느냐에 따라 그리고 서비스를 제공받는 고객의 특성에 따라 제공되는 서비스의 품질이나 성과가 다르게 평가된다는 것을 말한다. 이 때문에 미용서비스에서 서비스를 쉽게 표준화할 수 없다는 특징이 있다(박흥식 1993, Stanton 1984). 넷째, 미용서비스는 소멸성과 수요의 변동성이라는 특징을 지니고 있다. 또한 미용서비스는 소멸성이 매우 강하며 저장될 수 없고, 서비스의 수요는 매시간, 매일, 매 계절마다 변동하는 특징을 지닌다(Stanton, 1984).

다음으로, 미용서비스가 일반서비스와는 다른 몇 가지 독특한 특성은 다음과 같다. 첫째, 미용서비스의 대상은 다른 서비스와는 달리 고객의 신체이다. 대부분의 상품과 서비스는 고객의 신체 외부에 존재하므로 고객이 주어진 그것을 오감을 통해 느끼는 것으로 만족감을 얻어 평가가 이루어지지만, 미용서비스는 고객이 자기 자신의 사회적인 특징형성의 일부를 미용서비스 직원에게 위임하는 경향이 있다(정훈, 2000). 둘째, 다른 서비스와 달리 비회복성을 지닌다. 이는 잘못된 서비스에 대하여 수정하여 받을 수 있는 가능성이 적거나 원래의 상태로 회복이 불가능함을 말한다(예, 잘려 나간 머리, 손상된 모발). 이러한 두 가지의 이유로 미용서비스는 고객의 위험지각이 매우 높은 서비스영역에 속한다. 셋째, 미용서비스는 심미적 요소를 포함한다는 점에서 그 결과적 측면이 패션제품과 유사한 측면이 있을 것으로 판단된다.

2. 미용서비스의 특징에 따른 고객의 이원적 충성행동

앞 장에서 제시한 미용서비스만의 독특한 특성을 고려할 때, 모든 서비스 범주나 혹은 제품에 공통적으로 나타나는 소비자행동을 그대로 적용하기보다는 미용서비스에 관련된 소비자행동으로 한정시켜 연구를 진행할 필요가 있다. 서비스에 대한 대다수의 선행연구들이 Zeithaml(1981), 그리고 Lovelock(1983)의 분류체계를 이용하여 2~3개의 서비스를 대상으로 연구를 시행하여 왔으나, Ruyter 등(1998)의 연구에 따르면 서비스 신뢰나 충성의 연구에 있어서 연구대상이 되는 서비스 종류가 중요한 조정변수 역할을 하는 것으로 나타났다. 따라서 특정 서비스 2~3개를 대상으로 한 기존연구들의 결과를 전 서비스에 일반화하는 데에는 한계가 있다(박소연, 2002)고 하겠다. Reynolds와 Arnold(2000)도 충성 및 그 결과 나타나는 효과들은 그들이 대상으로 했던 고급백화점이 아닌 다른 환경과 맥락에서 조사가 이루어질 경우 다른 결과를 나타낼 것이라고 하였다. 더욱이 안정기(1999)의 경우, 외식산업과 미용서비스를 조사하였으나 분석에는 외식서비스결과만을 채택하면서 서비스별로 차이가 있음을 피력하였다.

따라서 많은 서비스 충성관련 선행연구들은 일반화를 위해 각 카테고리에 속하는 서비스를 혼합하여 연구를 진행하였으나, 일반화가 어느 정도 진행된 현시점에서는 분류상 같은 범주 내에 있는 서비스업들 혹은 개별 서비스업에 대하여 세부적 연구가 진행될 필요가 있다고 하겠다.

　Bove와 Johnson(2000)은 서비스가 그것을 제공하는 개인과 분리될 수 없는 접촉강도가 높은 서비스산업의 경우, 고객과 서비스요원과의 상호작용을 통해 기업은 고객의 진정한 충성(여기서의 진정한 충성이란 인적충성에 대조된 용어로 사용된 기업충성을 의미한다)을 얻어야 한다고 하였다. 특히, 서비스 진행 중 참여자들의 높은 상호작용이 필요한 상황에서는 서비스요원의 중요성이 더욱 큼에도 불구하고 이 부분에 대한 실증적 자료가 매우 부족하고, 연구자의 관심이 적었다고 지적하고 있다. 여기서, 접촉강도란 접촉의 빈도, 공간적 친밀도, 접점에 머무르는 시간으로 구성된다고 하면서, 의료행위, 뷰티테라피, 마사지, 헤어스타일링 등에서 당연히 고객-종업원 간 관계가 형성될 것을 예측할 수 있다고 하였다. Reynolds와 Arnold(2000)도 역시 개인 간 관계는 고객이 개인화된 서비스를 원하는 소매상황에서 더욱 중요하다고 하였으며, 관계혜택은 접촉강도가 높고, 고객화된 개인서비스의 경우 중요성이 더욱 크다고 하였다. 안정기(1999)는 고객과 서비스 제공자 사이의 비분리성이 존재하여 밀접한 관계형성-전환이 어렵게 되며, 헤어살롱의 경우 고객과 미용사와의 밀접한 관계가 반복구매의 주요원인이라고 하였다. Jones 등 (2003)은 비표준화, 개인화 서비스(예, 미용서비스)에서는 종업원이 매우 중요하여, 종업원요소 중 지식과 태도가 핵심적으로 중요하다고 하였다. 준-고객화 비-개인화된 서비스(예, 은행)에서는 좀 더 표준화되어 있으므로 종업원-고객 간 접촉강도가 낮아, 예를 들어 지리적 편의성 등은 은행서비스선택에 있어 중요한 요소로 작용한다. 그러나 미용서비스선택에 있어 지리적 편의성은 전환장벽으로 작용하지 않으므로 편리한 위치에 투자하기보다는 종업원훈련과 신기술 습득이 고객유지에 중요하다고 하였다.

　따라서 미용서비스는 근본적으로 접촉강도가 높고 고객화, 비표준화, 개인화된 서비스를 필요로 하는 영역이므로 앞서 제시한 개인-개인 간 관계형성 즉 인적충성의 개념을 도입하여 소비자행동을 예측할 최적의 서비스 분야로 판단해 볼 수 있다.

　본 연구에서는 선행연구들에서 제시한 인적요인 관련용어들 중 미용서비스 분야의 특성상 판매원내지는 종업원이라는 용어보다는-이러한 용어는 소매업

내지는 유형제품을 제공하는 서비스업 관련 연구에 더욱 적합한 용어로 판단된다―'인적충성(personal loyalty)'이라는 용어를 사용하고자 한다. 이러한, 용어의 설정자체가 소매업상황보다는 더욱 강한 개인―개인 간 관계가 형성되리라는 예상을 포함하고 있다. 이러한 예상은 현실적으로 외모관리자나 미용사 같은 개인서비스종사자들, 의사, 상담원, 변호사 같은 전문서비스 종사자들은 경쟁업체로 이적하며 자신들의 우수고객들을 함께 데리고 가는 경우가 보고되고 있기 때문이다(Bove와 Johnson, 2000). 즉, 본 연구에서는 인적충성을 기업충성의 선행요인으로 투입하기보다는 기업충성과 대등한 개념으로 설정하여 두 가지 충성의 강도와 상호관계를 규명하고자 한다.

따라서 본 연구에서는 행동적 접근방법과 태도적 접근방법을 통합한 관점을 적용하여 인적충성을 '소비자가 특정 서비스 제공요원에 대해 일정기간 동안 보이는 호의적 태도 및 그에 따른 반복구매행동'으로 정의하고자 한다.

한편, 개인―기업 간 관계에 있어서 형성되는 서비스 충성은 서비스를 제공하는 모 기업에 형성되는 기업충성(예, 박준 뷰티랩, 쟈끄데샹쥬)과 특정한 점포에 형성되는 점포충성(예, 박준 뷰티랩 삼성점)으로 분리할 수 있다. 그러나 국내 미용산업발달 수준은 프랜차이즈 보급의 초기단계로 기업수준에서보다는 점포수준에서 소비자인식이 형성된 경우가 많은 상황이므로, 이 점을 감안하여 개인―기업 간 두 가지 충성 차원 중 점포충성을 인적충성의 상대되는 개념으로 채택하고자 한다. 따라서 본 연구에서는 점포충성을 '소비자가 특정 점포에 대해 일정기간 동안 보이는 호의적 태도 및 그에 따른 반복구매행동'으로 정의하고자 하며, 고객의 충성을 좀 더 다차원적 차원으로 분리한 연구(예, 기업충성, 점포충성, 인적충성)는 후속연구로 제언하고자 한다.

전술한 바와 같이 몇몇 선행연구들에서 종업원에 대한 충성이 점포충성을 강화(즉, 종업원이 회사의 일부라고 생각)할 것이라는 연구결과를 제시하였고, 다른 몇몇 연구들에서는 상이한 결과들이 도출되었다. 본 연구에서는 과연 이러한 결과들이 미용서비스 맥락에서도 적용될 것인지 또한 그 강도와 방향에는 어떠한 차이가 있는지 등을 실증적 연구를 통해 규명하고자 한다.

<그림 2-13>에는 미용서비스의 특징과 이에 따른 고객의 이원적 충성행동

을 요약하여 그림으로 나타냈다.

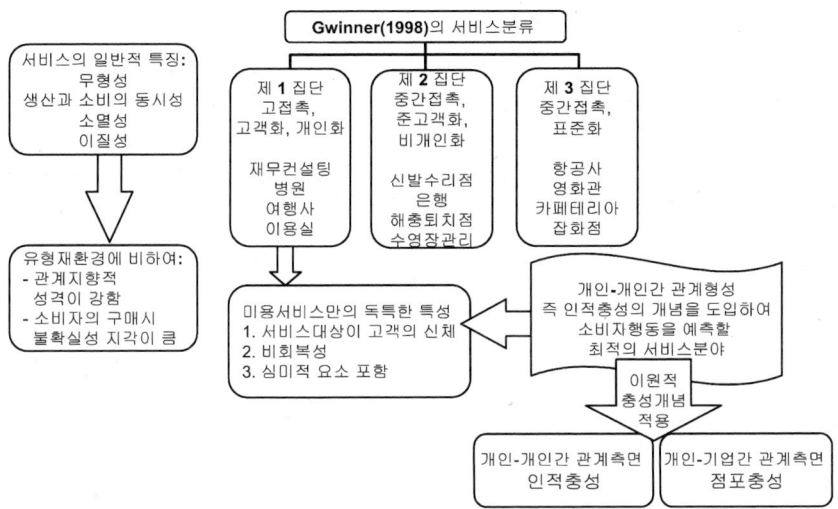

〈그림 2-13〉 미용서비스의 특징과 이에 따른 고객의 이원적 충성행동

3. 미용서비스 분야 충성관련 선행연구 고찰 및 분석

미용서비스 분야는 전술한 바와 같이 독특한 몇 가지 특성으로 인하여, 마케팅 분야 특히 서비스마케팅 연구 분야에 있어서 서비스의 여러 차원 중 하나로 연구대상에 포함된 사실을 발견할 수 있다.

특히, 서비스 분류에 관한 연구에 있어서 많은 연구들이 미용서비스를 포함시켜 다양한 서비스들을 분류하고 있다. 전술하였듯이 Lacobucci와 Ostrom(1996)은 미용사와 고객의 관계를 개인-개인 간의 관계라고 규정하였고, 많은 후속 연구들에 인용되고 있는 Gwinner(1998)의 연구에서도 이용실을 높은 접촉과 고객화되며 개인화된 서비스를 제공하는 서비스영역으로 분류하고 있다. Lewis(1976)는 30개의 제품들을 순수서비스, 유형제품과 서비스의 결합, 순수유형제품 등의 세 범주들 중 어느 하나로 분류하고 이·미용사 등으로부터 제공받는 서비스를 전문서비스라고 하였다(김종신, 1999).

〈표 2-14〉 미용서비스를 연구대상으로 설정한 충성관련 선행연구 고찰

연구자	연구대상	인적요인 투입여부	선행변수	매개변수	결과변수	분석방법 및 특이사항
이문규 (1998)	음식점, 이·미용실, 개인 내과병원		서비스 특성변수(혜택, 비용, 명성) 시장특성변수(대체가능성, 정보탐색비용) 소비자 특성변수(위험지각, 다양성 추구성향, 서비스 관여도)		서비스 충성도	회귀분석: 서비스혜택은 업종에 관계없이 충성도에 유의한 영향을 미침
안정기(1999)	패밀리레스토랑, 음식점, 이·미용실		서비스품질, 서비스비용	서비스 애호도, 의사 애호도	재구매의도 긍정적 구전	구조방정식 모형 (LISREL 8.30): 이·미용실 관련 내용은 분석에서 제외
이은미(1999)	미용실		자아이미지와 점포이미지의 일치성, 지각된 서비스품질	고객몰입	구매 의도	회귀분석
Shamdasani와 Balakrishnan (2000).	이·미용실		접촉직원특성, 물리적 환경, 고객 환경	신뢰, 만족	충성도	다중회귀분석, t-test; 접촉직원 특성 중 고객에 관한 지식, 친근감 변수가 가장 핵심변수임
Patterson 과 Smith(2001)	이·미용실, 병원,자동차 정비소,여행사,보험사		관계혜택 (사회적 혜택, 특별대우혜택, 확신적 혜택)		만족, 서비스 충성도, 몰입	상관계수: 고접촉, 고객화, 개인화 서비스인 이·미용실의 경우, 관계혜택 평균치가 유의하게 다른 서비스영역보다 높음
박소연(2002)	음식서비스, 이·미용, 사진현상, 세탁, 의료, 금융,		서비스품질, (전문성, 인간성) 명성, 서비스 제공자의 복구능력, 소비자의 만족, 과거서비스경험, 환경의 불확실성	서비스 신뢰, 서비스 제공자의 관계위험지각, 서비스비용	서비스 충성도	정성적 분석: 심층면접
김철민 (2002)	미용원		상품가치, 서비스품질, 대안매력도, 개인 간 관계, 다양성 추구성향	서비스 만족, 전환비용	인지적 충성도, 감정적 충성도, 의도적 충성도, 행위적 충성도	구조방정식 모형 (LISREL 8.30): 대안매력도, 다양성 추구성향은 유의한 영향이 나타나지 않음
최수경 (2002)	미용실, 미용사	○	관계효익, 지각된 위험, 고객지향성	신뢰, 몰입	종업원 충성도, 기업충성도	구조방정식 모형 LISREL: 신뢰는 기업 충성도에 유의한 영향을 미치지 않음 태도적 관점의 충성도 측정

연구자	연구 대상	인적요인 투입여부	선행변수	매개변수	결과 변수	분석방법 및 특이사항
Jones 등 (2003)	미용사, 은행		만족	전환장벽 (지리적 편의성)	재구매의도	회귀분석: 미용사선택에 있어서 지리적 편의성이 전환장벽으로 작요하지 않음
조판래 (2003)	미용실		점포속성 (기술적요인, 물리적 요인, 마케팅 요인) 소비자속성 (관여도, 쇼핑성향)		점포 선택 행동 (점포애고)	회귀분석: 점포선택에 있어 고관여집단에서는 마케팅요인, 물리적 요인, 기술적요인 모두유의, 저관여집단에서는 기술적 요인만이 유의
한경아 (2003)	피부 관리실, 헤어실		미용서비스품질	지각된 서비스품질, 만족, 인구통계적 특성	재이용의도	분산분석, 단순회귀분석: 헤어실의 경우 만족에 대한 영향력이 반응성, 접근성, 유형성의 순으로 나타남
김진숙 (2003)	미용실		점포이미지	서비스가치, 고객만족	점포 애고 행동	구조방정식모형: 만족이 점포애고행동과 비유의적인 결과를 나타냄
김준국 (2003)	미용실		고객가치 서비스명성 다양성 추구	고객만족 전환비용	재방문의도	구조방정식 모형(AMOS 4.0); 고객가치가 재방문의도에 가장 영향력이 큼
김은희 (2004)	미용실		서비스품질 (물리적, 미용실직 원관련서비스, 정책 관련, 미용기술관련)	신뢰, 몰입, 만족	관계 지속 의도 (재이용, 추천)	다중회귀, 상관관계: 관계지속의도에 신뢰도, 만족도, 몰입의 순으로 영향을 미침

이러한 서비스분류에 따라 연구대상 서비스로 이·미용서비스와 기타 서비스를 동시에 선택하여 진행한 연구들로는 <표 2-14>에 제시된 바와 같이 이문규(1998), 안정기(1999), Patterson과 Smith(2001), 박소연(2002), Jones등 (2003)의 연구가 있다. 이러한 연구들은 미용서비스 충성 연구에 있어서 중요한 변수들을 제공하기는 하지만, 일반화를 위하여 대상서비스를 다수로 채택하였기에 미용서비스의 독특성을 간과하는 결과를 보여 주었다. 예로, 안정기(1999)의 경우 패밀리 레스토랑, 음식점, 이·미용실을 대상으로 연구를 진행하였으나, 분석에 있어서는 이·미용실을 제외하면서 각 서비스 분야별 연구의 필요성과 중요성을 시사하였다. Shamdasani와 Balakrishnan(2000)의 연구는 탐색 가능한 국외 문

헌들 중 이·미용실만을 대상으로 충성을 밝힌 유일한 논문으로, 신뢰와 만족을 주요선행변수로 보고 서비스료(고가와 중저가) 지출에 따라 고객을 분류하여 집단별 차이를 분석하였다. 고가의 서비스료를 지불하는 고객들은 신뢰-충성의 경로에 강한 상관을 보였으며, 저가의 서비스료를 지불하는 고객들은 만족-충성의 경로에 강한 상관을 나타내는 것으로 분석되었다. 그러나 Shamdasani와 Balakrishnan(2000)의 연구에서는 전술한 인적충성의 개념은 도입되지 않았다.

한편, 국내 연구에 있어 대학에서의 미용교육과 더불어 많은 연구인력들이 양성되기 시작하였고, 이에 따라 미용서비스를 대상으로 한 연구들이 다양하게 진행되고 있다. 특히 최근에는 서비스품질과 소비자 만족에 관한 연구들이 활발히 이루어지고 있다(김선옥 1997, 김재경 1998, 심인섭 1998, 이은미 1999, 황선아와 황선진 2001, 제미경과 김효정 2000, 박은주와 장영용 2002, 오경숙과 박은주 2004, 한경아 2003). 이와 같이 미용업에서의 서비스품질 및 만족에 대한 관심의 증가는 다양한 소비자들의 욕구를 충족시켜 주는 소비자와의 관계마케팅 사고를 증대시키면서, 1960년대와 1970년대 같은 기술주도형의 미용업 또는 1980년대와 1990년대 초와 같은 영업위주의 미용업이 아닌 마케팅 중심의 고객만족으로 미용산업의 관심과 전략을 바꾸는 데 일정 정도 기여하고 있다 (오경숙과 박은주, 2004).

그러나 상대적으로 충성에 대한 연구는 활성화되고 있지 못하여 서비스마케팅의 관점에서 적합한 변수를 도출하기보다는 유형제품의 충성의 상황을 차용하여 연구를 진행하는 경우가 많았고, 연구결과에 있어서도 상이한 결론을 나타내는 경우가 많았다. 예로, 김진숙(2003)의 연구는 만족이 재방문의도에 유의한 영향을 미치지 않는다고 한 반면 다른 연구들(김철민 2002, 한경아 2003, 김준국 2003)에서는 만족을 재이용의도 및 충성의 중요한 변수로 보고 있다. 또한, 프랜차이즈미용실 고객이 일반미용실의 고객에 비해 만족도에 있어서 낮은 값을 나타낸다는 오경숙과 박은주(2004)의 연구결과는 황선아(2000)의 연구결과와 상반된 결과이다. 한편, 최수경(2002)의 연구는 유일하게 미용사와 미용실을 분리하고 종업원충성의 개념을 도입한 연구로 관계강도(신뢰, 몰입)가 종업원충성도 및 기업충성도에 미치는 영향력을 파악하였다. 연구결과 몰입은 종업원충성도와 기업충성도에 유의한 영향을 미쳤으나, 신뢰는 종업원충성도, 기업충성도 모두에 영향을 미치지 않는 것으로 분석되었다. 이는 신뢰에 관한 Shamdasani와 Balakrishnan(2000), 김은희(2004) 등의 연구결과와 일치하지 않는 결론으로 충성의 결정적 변인인 만족, 전환장벽 등의 변수가 생략되었기 때문으로 풀이된다.

미용서비스 분야의 충성에 관한 이러한 상반된 연구결과들은 중요변수의 누락 등에서 그 원인을 찾아볼 수 있을 것이며, 최종적으로 고객의 충성이 어디에 형성되느냐 하는 대전제에 대한 논의가 먼저 이루어져야 할 것으로 보인다. 따라서 다음 장에서는 고객의 이원적 충성 형성이라는 대전제하에, 충성에 관련된 선행연구들을 투입변수 중심으로 고찰한 후보다 정교하고 설명력 높은 모델을 제시하고자 한다.

제4절 미용서비스 소비자의 이원적 충성에 관한 개념적 모형

본 절에서는 충성과 관련된 선행연구 고찰을 통하여 모델에 투입할 변수들을 추출하고, 이를 바탕으로 미용서비스 소비자의 이원적 충성행동에 관한 개념적 모형을 제시하고자 한다.

1. 서비스 충성관련 선행연구 변인고찰

앞 절에서 인적충성과 점포충성의 개념을 확인하였으므로, 본 장에서는 기존의 단일차원 서비스 충성과 이원적 서비스 충성관련 선행연구들을 분석하여 개념적 모형에 구성할 변수들을 추출하고자 한다. 이를 위해 서비스산업을 연구 맥락으로 충성행동을 다룬 연구들, 인적요인을 투입하여 충성행동을 다룬 연구 들, 미용서비스를 연구대상으로 한 충성관련 연구들을 구체적으로 검토하고 연 구들에 사용된 변수들을 정리하고자 한다.

먼저, <표 2-15>에서는 서비스영역에서 고객의 충성행동을 다룬 대표적 연 구들을 대략적으로 정리하였다. <표 2-15>에 정리된 연구들은 '충성'이라는 용어를 명시적으로 사용한 실증적 연구들 중 타 문헌에 인용되어 비교적 대표 성을 띤다고 판단되는 연구들 중심으로 선별되었다(김철민, 2002 재인용).

〈표 2-15〉 서비스영역 충성에 관한 선행연구들

연구자	연구대상	선행변수	매개변수	결과변수	분석방법 및 특이사항
Mittal과 Lassar (1998)	의료서비스, 자동차수리	서비스품질, (기술적, 기능적)	소비자만족	서비스 충성도	판별분석: 기술적 품질은 기능적 품질보다 충성도에 큰 영향을 미침
Andreassen 과 Lindestad (1998)	여행업	가치, 품질	기업이미지 고객만족	고객 충성도	구조적 방정식 모형: 기업이 미지는 고객만족보다 충성도에 보다 큰 영향을 미침.
Bloemer와 Ruyter (1998)	스위스백화점	점포이미지	점포만족	점포 충성도	회귀분석: 점포이미지는 만족을 통해 간접적으로 점포충성도에 영향을 미침.
Ruyter 등 (1998)	헬스센터, 극장, 패스트푸드, 슈퍼마켓, 놀이공원	서비스품질,	전환비용	서비스 충성도	회귀분석: 서비스품질은 충성도에 영향. 낮은 전환비용하의 산업에서 품질과 선호충성도 간의 관계가 보다 약하게 발생함
Sirohi 등 (1998)	슈퍼마켓	품질, 가치, 가격	판매촉진	점포 충성도	구조방정식 모형: 점포충성도는 서비스품질와 상품품질에 의존함
조광행과 박봉규 (1999)	부산롯데 백화점	점포이미지	고객만족 전환장벽	점포 충성도	구조방정식 모형: 고객만족 및 전환장벽은 점포충성도에 영향을 미침(64%설명)
지헌주 (1999)	은 행	관계적 판매 행위, 전문지식, 고객지향성	관계의질(신뢰, 만족, 결속 고객만족, 전환장벽	점포 충성도	회귀분석

연구자	연구대상	선행변수	매개변수	결과변수	분석방법 및 특이사항
Sivadas와 Baker-PreWitt (2000)	백화점	서비스품질	상대적 태도, 만족, 추천, 재구매	점포 충성도	구조방정식 모형: 서비스 질은 만족에, 구매의도는 점포 충성도에 영향을 미치며, 만족과 상대적 태도는 점포충성도에 영향을 미치지 못함
Bowen과 Chen (2001)	보스톤의 Renox호텔	고객만족		고객 충성도	빈도분석: 고객만족은 충성도에 긍정적 영향을 미침
Gerpott 등 (2001)	독일의 이동 통신 이용자	고객만족	경쟁사 이미지	고객 충성도 (추천, 재구매의도)	구조방정식 모형: 만족(β=75), 경쟁업체의 이미지(β=-0.24)는 충성도에 유의한 영향
Lee 등 (2001)	프랑스의 휴대폰 서비스	만족	전환비용	고객 충성도	희귀분석: 전환비용이 만족과 충성도관의 조절변수 역할을 함
Lee와 Cunningh-am (2001)	헬스센터, 극장, 패스트푸드, 슈퍼마켓, 놀이공원	서비스품질	경제적 비용, 취급비용, 전환비용	서비스 충성도	서비스품질은 충성도에 긍정적 영향, 대체 가능성은 부정적 영향을 미침
Barbara 등 (2001)	헬스센터, 극장, 패스트푸드, 슈퍼마켓, 놀이공원	서비스품질	소비자만족, 가치, 분위기	서비스 충성도	
박민아 (2002)	인터넷 쇼핑몰	명성, 머천다이즈가치, 정보품질, 지각된 시스템품질, 상호작용성, 홈페이지 심미성	실용가치 만족, 전반적 만족, 과정만족, 전환장벽	서비스 충성도	구조방정식 모형: 전환장벽은 충성도에 유의한 영향을 미치지 못함

자료: 김철민(2002)논문, 박소연(2002), 연구자가 추가 및 재작성

다음으로 인적요인을 투입하여 점포충성을 고찰한 선행연구들에 투입된 변수들을 고찰하면 <표 2-16>과 같다. <표 2-16>는 <표 2-12>에 제시된 연구들을 변수와 상관관계 중심으로 다시 정리한 것이다. 개인-개인 간 관계를 중요한 변수로 하여 충성을 설명하고자 한 연구특성상 관계혜택, 고객지향성, 신뢰, 몰입 등이 중요한 변수로 연구되고 있다.

〈표 2-16〉 인적요인에 대한 변수를 사용한 충성관련 선행연구 일람

연구자	인적요인 사용용어	연구대상	선행변수	매개변수	결과변수	분석방법
Beatty 등 (1996)	판매원 충성도	백화점 의 복신발코너 (판매사원 11명과 그 들의 고객	회사상황 - 최고경영층의 고객지향성 - 종업원의 고 객지향성 - 관계지향적 고객	관계형성, 관계증진	종업원측면(사 기진작, 충성심), 고객측면(판매 원충성도, 기 업충성도)	정성적 연구: 판매 사원, 고객, 기업문화 심층면접 – 소매환경 에서의 조사, 서비스 환경에서의 조사 제안
Macintosh 와 Lockshin (1997)	판매원 신 뢰, 판매 원 몰입	와인소비자	판매원신뢰, 점포만족, 점포신뢰	판매원몰입	점포태도, 구매 의도, 구매율	구조방정식 모형 LISREL: 판매원몰입 은 구매의도에 영향 을 미쳤으나, 점포신 뢰는 구매의도에 영 향을 미치지 못함
Reynolds 와 Beatty, (1999)	판 매 원 만족, 판 매원충성 도	백화점/액 세서리 구 입자	사회적 혜택, 기능적 혜택	판매원만족 회사만족	판매원충성도, 회사충성도, 판매원 구전, 구매율, 회사 구전	구조방정식 모형 LISREL: 회사만족은 회사구전에 유의한 영향을 나타내지 않음
Bove와 Johnson (2000)	서비스요 원에 대 한 인적 충성도	이론적 연구	혜택, 관계년수, 접촉강도, 위험 지각, 대인관계 성향, 고객지향성	서비스요원 한명과의 관 계강도, 여 러 명의 서 비스요원과의 관계강도	서비스요원에 대한 충성도, 서비스 기업에 대한 진정한 충성도	이론적 연구: 여러 명의 서비스요원에게 형성된 충성도를 진 정한 기업에 대한 충성도로 봄
Reynolds 와 Arnold, (2000)	판매원 충성도	고급 백화점	소매만족	판매원 충성도, 점포충성도	구전, 구매율, 경쟁상황 저항	구조방정식 모형 LISREL: 제시한 모 델 변수 간 모두 유 의한 상관
이용기 등 (2002)	종 업 원 만족	식음료업장	사회적 혜택, 심리적 혜택, 고객화 혜택	종업원 만 족, 식음료 업장 만족	고객충성도	측정모형분석, 상관관 계 분석; 사회적 혜택 은 만족에 유의한 영 향을 미치지 않았음
최수경 (2002)	종업원 충성도	미용실, 미용사	관계효익, 지각된 위험, 고객지향성	신뢰, 몰입	종업원충성도, 기업충성도	구조방정식 모형 LISREL; 신뢰는 충 성도에 유의한 영향 을 미치지 않음 태도적 관점의 단일항 목으로 충성도 측정

연구자	인적요인 사용용어	연구대상	선행변수	매개변수	결과변수	분석방법
조은영과 구양숙 (2002)	판매원에 대한 고객만족, 판매원충성도	의류제품	판매지향, 고객지향 전문성, 유사성, 기능적 편익, 사회적 편익	판매원에 대한 고객만족, 점포에 대한 고객만족, 판매원에 대한 충성도	점포충성도, 구전활동, 정보탐색	구조방정식모형, LISREL. 점포에 대한 만족은 점포충성도나 구전활동에 유의한 영향을 미치지 않음
안우규 (2003)	종업원에 대한 만족, 종업원에 대한 신뢰	호텔 레스토랑	관계혜택	만족(종업원, 레스토랑) 신뢰(종업원, 레스토랑) 지각된 전환비용 대안매력도	고객충성도	구조방정식 모형 LISREL 관계혜택은 충성도에 유의한 영향을 미치지 않았음
조은영 (2003)	판매원에 대한 만족, 판매원충성도	의류제품	판매지향, 고객지향	판매원만족 점포만족	판매원충성도, 고객충성도	상관계수: 점포만족은 판매원충성도에 판매원만족은 점포충성도와 상관관계 없음
최영식 (2003)	종업원에 대한 만족	정수기 사용자	기능적 혜택, 심리적 혜택, 사회적 혜택	종업원에 대한 만족, 기업에 대한 만족	고객충성도, 구전효과	회귀분석: 종업원만족이 기업충성도에 미치는 직접효과 설정치 않음
Wong과 Sohal (2003)	종업원 충성도	백화점	서비스품질 차원 (신뢰성, 응답성, 확신성, 공감성, 유형성)		종업원충성도, 회사충성도	기술통계, 경로분석
Guenzi 와 Pelloni (2004)	종업원에 대한 인적 충성의도, 타 고객에 대한 인적 충성의도	휘트니스 센터	고객 – 종업원 간 관계친밀도, 고객 – 고객 간 관계친밀도	전반적 고객만족	인적충성의도 (종업원 및 타 고객) 행동적 충성도 충성의도(재구매, 추천)	상관관계, 다중회귀 분석

이제 개념적 모형에 투입할 변수를 추출하기 위하여 <표 2-14>, <표 2-15>, <표 2-16>의 핵심변수들을 일괄적으로 정리하여 가장 빈번하게 등장하는 변수들을 살펴보고자 한다. <표 2-14>은 미용서비스를 대상으로 한 충성관련 선행연구들이며, <표 2-15>는 서비스영역에서 충성을 다룬 대표적 선행연구들이고, 또한 <표 2-16>는 인적요인을 변수로 투입하여 충성을 다룬 연구들이다. 따라

서 이러한 연구들을 바탕으로 설명력 높은 변수들이 추출될 것으로 기대해 볼 수 있다.

다음에 제시하는 <표 2-17>, <표 2-18>, <표 2-19>는 <표 2-14>, <표 2-15>, <표 2-16>에 제시된 연구들을 2회 이상 투입된 변수 중심으로 재구성한 것이다.

먼저 <표 2-17>에 따르면, 미용서비스를 연구대상으로 충성을 고찰한 선행연구에서는 만족이 9회, 서비스품질이 6회, 서비스가치 및 비용이 6회, 점포이미지가 3회, 관계혜택이 3회, 고객지향성이 1회, 신뢰가 4회, 몰입이 4회, 전환장벽 및 비용이 3회, 구전 및 명성이 3회 변수로 투입된 것으로 분석되었다. 변수의 투입 횟수로 볼 때 미용서비스 분야 연구자들은 충성의 가장 영향력 있는 선행변수로 소비자 만족을 들고 있는 것으로 파악할 수 있다. 이 밖에도 소비자 특성변수로서 위험지각, 다양성, 관여도 등이 사용되었다.

<표 2-18>에 따르면, 서비스영역 충성에 관한 선행연구에서는 만족이 10회, 서비스품질이 8회, 서비스가치 및 비용이 5회, 점포이미지가 5회, 고객지향성이 1회, 전환장벽 및 비용이 5회, 구전 및 명성이 3회 변수로 투입된 것으로 분석되었다. 변수의 투입 횟수로 볼 때 본 영역의 선행연구자들 역시 충성의 가장 영향력 있는 선행변수로 소비자 만족을, 그 다음 영향력 있는 변수로 서비스품질을 들고 있는 것으로 파악할 수 있다. 본 분석에 사용된 연구들은 2002년 이전의 연구들이고 서비스 충성관련 연구들은 그 수가 매우 많으므로 분석대상의 대표성을 신뢰하기 어렵다. 그러나 본 과정은 나타난 빈도에 따라 변수들의 영향력의 강도를 부여하는 것이 아닌 충성관련 변수들을 추출하기 위한 과정이므로 나타난 변수들을 빈도에 상관없이 관심 있게 다루고자 한다.

한편 <표 2-19>에 따르면, 인적요인 변수를 투입한 충성관련 선행연구들에서는 만족이 9회, 서비스품질이 1회, 관계혜택이 6회, 고객지향성이 4회, 신뢰가 2회, 몰입이 1회, 전환장벽 및 비용이 1회, 구전 및 명성이 5회 변수로 투입된 것으로 분석되었다. 변수의 투입 횟수로 볼 때 인적요인에 관심을 둔 연구자들 역시 가장 영향력 있는 선행변수로 소비자 만족을 들고 있는 것으로 파악할 수 있다. 이 밖에도 소비자 특성변수로서 대인관계성향, 위험지각 등이 사

용되었다. 인적요인에 관한 연구들은 대부분 개인—개인 간 관계 및 개인—기업 간의 관계에 초점을 맞추어 연구를 진행하였으므로 관계혜택요인, 접점요원의 고객지향성 등의 변수가 빈번하게 등장하고 있다.

이상의 결과를 종합하여 2회 이상 변수로 투입된 변수를 추출하여 보면, 서비스산업에 있어서 충성에 영향을 미치는 변수들로 만족, 서비스품질, 서비스가치 및 비용, 점포이미지, 관계혜택, 관계지향성, 신뢰, 몰입, 전환비용(전환장벽), 구전, 소비자 특성변수(관여, 다양성 추구성향, 위험지각) 등 11개의 관련 변수들이 추출된다. 본 결과는 대표성에 있어서 신뢰가 떨어지는 <표 2-18>을 제외한 경우에도 동일하게 나타난다.

이러한 선행연구들을 종합하면, 미용서비스산업에 있어서 충성은 단기적 만족과 장기적 관계(만족, 신뢰, 몰입) 등에 의해 형성되며, 전환장벽이 높을 경우 충성이 더욱 커질 것이라고 예측할 수 있다. 한편, 단기적 만족에는 서비스품질, 서비스비용, 점포이미지 등이 결정적인 변수가 될 것이며, 장기적 관계에는 관계혜택, 고객지향성 등이 결정적 변수가 될 것으로 보인다. 또한, 소비자행동 특성(관여도, 위험지각, 다양성 추구성향)에 따라 각 변수의 영향력에 차이가 나타날 것이며, 구전활동은 기업 활동에 강력한 영향력을 주는 변수로 제시될 수 있을 것이다.

〈표 2-17〉 미용서비스를 연구대상으로 한 충성관련 연구 변수추출

연구자	만족	서비스품질	서비스가치및비용	점포이미지	관계혜택	고객지향성	신뢰	몰입	전환장벽,전환비용	구전명성	소비자특성변수	기타변수
이문규 (1998)			○		○				○		위험지각, 다양성 추구성향, 관여도	
안정기(1999)		○	○							○		
이은미(1999)		○		○			○					
Shamdasani와 Balakrishnan (2000).	○						○					접촉직원 특성 물리적 환경, 고객 환경
Patterson 과 Smith(2001)	○				○		○					
박소연(2002)	○	○	○				○			○	위험지각 과거서비스경험	서비스 제공자복구능력, 환경의 불확실성
김철민(2002)	○	○	○									개인간 관계
최수경(2002)					○	○	○	○			위험지각	
Jones 등 (2003)	○								○			
조판래(2003)				○							관여, 쇼핑 성향	
한경아(2003)	○	○										인구통계적 특성
김진숙(2003)	○		○	○								
김준국(2003)	○		○						○	○	다양성 추구	
김은희(2004)	○	○					○	○				

〈표 2-18〉 서비스영역 충성에 관한 선행연구들 변수추출

연구자	만족	서비스품질	서비스가치 및 비용	점포이미지	관계혜택	고객지향성	신뢰	몰입	전환장벽, 전환비용	구전, 명성	소비자특성변수	기타변수
Mittal과 Lassar (1998)	○	○										
Andreassen과 Lindestad (1998)	○	○	○	○ (기업이미지)								
Bloemer와 Ruyter(1998)	○			○								
Ruyter 등 (1998)		○								○		
Sirohi 등 (1998)		○	○									판매촉진
조광행과 박봉규(1999)	○			○						○		
지헌주(1999)	○					○				○		관계적 판매행위, 전문성
Sivadas와 Baker-PreWitt (2000)	○	○									○	
Bowen과 Chen (2001)	○											
Gerpott 등 (2001)	○			○ (경쟁사 이미지)							○	
Lee 등 (2001)	○									○		
Lee와 Cunningham (2001)		○	○							○		
Barbara 등(2001)	○	○	○	○ (분위기)								
박민아(2002)		○	○								○	상호 작용성, 홈페이지심미성

<표 2-19> 인적요인변수를 투입한 충성관련 선행연구 변수추출
(최수경(2000)의 연구는 <표 2-17>에 중복되므로 제외)

연구자	만족	서비스 품질	서비스 가치 및 비용	점포이 미지	관계 혜택	고객지 향성	신뢰	몰입	전화장벽, 전환비용	구전, 명성	소비자 특성 변수	기타 변수
Beatty 등(1996)						○					관계 지향적	
Macintosh와 Lockshin (1997)	○						○	○				
Reynolds와 Beatty (1999)	○				○					○		
Bove와 Johnson (2000)					○	○					대인관계 성향, 위험지각	
Reynolds와 Arnold, (2000)	○									○		
이용기 등 (2002)	○				○							
조은영과 구양숙(2002)	○				○	○				○	정보탐색	전문성, 유사성
안우규(2003)	○				○		○		○			대안 매력도
조은영(2003)	○					○						
최영식(2003)	○				○					○		
Wong과 Sohal(2003)		○										
Guenzi와 Pelloni(2004)	○									○		관계 친밀도

2. 모형 내 투입변수 고찰

본 절에서는 위에서 제시된 11개의 변수들을 좀 더 구체적으로 고찰하여 개념적 모형에의 투입 여부를 논한 후, 각 변수들 간의 관련성을 제시하고자 한다. 이때 논의의 순서는 선행연구들에의 투입 빈도가 높아 가장 중요한 변수로 여겨지는 고객만족을 시작으로 이에 영향을 미친다고 판단되는 서비스품질, 서비스비용, 관계혜택 순으로 진행하고자 한다. 또한 만족 이외에 점포충성의 핵심변수로 여겨지는 전환비용에 관하여 논한 후, 충성 후에 발생하는 소비자행동인 구전에 대해 논하고자 한다. 또한 전체모형에 변화를 일으키는 소비자 특성변수에 관하여 논하고자 하며, 끝으로 선행연구 분석결과 추출되기는 하였으나 본 연구에 투입되지 않은 변수들(점포이미지, 고객지향성, 신뢰, 몰입)에 대하여도 별도로 그 원인을 설명하고자 한다.

(1) 고객만족

① 고객만족의 정의와 측정

소비자 만족에 대한 정의는 학자들 간에 의견의 일치를 보지 못하고 있으나 일반적으로 인지 차원 혹은 감정 차원으로 보는 견해보다는 인지와 감정의 결합으로 보아야 한다는 견해가 우세하다(박은주와 장영용, 2002). 소비자 만족을 인지와 감정의 결합으로 보아야 한다는 견해에 있어서 Westbrook(1980)과 Swan(1982)은 소비자 만족이 기본적으로 소비자의 감정적 영향의 함수이지만 부분적으로는 인지적 요인들 즉 기대불일치의 함수라고 하였으며, 박명호와 조형지(1999)는 선행연구를 검토하여 소비자 만족의 개념을 인지적 차원인 충족이란 개념과 정서적 차원인 소비관련정서라는 두 개념이 결합된 것으로 정의하고 있다.

또한, 소비자들의 평가과정에 중점을 두어야 한다는 견해 또한 지지되고 있는데(박은주와 장영용, 2002), Tse와 Wilton(1988)은 소비자 만족이 사전적 기대

와 소비 후 지각된 제품성과 사이의 차이에 대해 보이는 소비자 반응이라고
하였으며, 홍금희(1992)는 의류제품에 대하여 소비자 만족이란 구매 시의 기대
와 입고 난 뒤 실제 성과와의 상위의 인지적 평가로 인한 긍정적 정서를 말한
다고 하였다. 이유재(2000)는 평가과정에 기초한 접근이 소비자 만족의 형성을
위한 지각적, 평가적, 심리적 과정들의 종합적 시야를 제시한다는 이점을 가지
고 있다고 하였다.

따라서 미용서비스에 대한 소비자 만족은 미용서비스에 대하여 구매 전에 가졌
던 기대와 구매 후 성과와의 불일치에 대한 인지적 평가로, 비교과정은 인지적
과정이지만 그때의 반응은 감정으로 나타나는 만족을 말한다(박은주 외, 2002).

② 고객만족과 충성

많은 연구들이 고객만족으로 서비스 충성을 설명하려는 관점을 채택하고 있
다. 즉, 점포만족이란 점포경험에 대한 소비자의 전반적인 평가로 정의되며, 점
포만족은 점포충성을 이끈다는 견해이다. Reynolds와 Arnold(2000)는 많은 선행
연구들(Bitner 등, 1990)에서 구매 후 태도와 행동의도의 형성에 있어 만족이 중
요한 선행변수가 됨을 입증하였다고 하면서 만족을 충성의 선행변수로 설정하
였고, 이러한 관계는 다른 많은 연구들(조광행과 박봉규 1999, 지헌주 1999, 김
철민 2002, Andressen과 Lindestad 1998, Bloemer와 Kasper 1995, Bloemer와 Ruyter
1998, Bowen과 Chen 2001, Gerpott 등 2001, Machintosh와 Lockshin 1997,
Nguyen 1998, Sivadas 등 2000, Yoon과 Kim 2000, Mittal과 Lassar 1998, Ryan등
1999, Jones등 2000)에서 입증되고 있다.

이처럼, 만족이 충성의 결정적 변인이라는 데는 많은 연구자들이 의견을 같
이하고 있지만, 그 상관 정도와 포함관계는 연구맥락에 따라 다르게 나타난다.

<그림 2-14>은 선행연구에서 제시되었던 만족과 충성의 관계가 일관적으로
정리되어 있지 않은 점에 착안하여 그동안 연구된 만족과 충성의 관계를 6가지
로 분류하여 정리한 것이다(Oliver, 1999).

<그림 2-14>에서 (1)의 경우는 만족과 충성이 같은 개념임을 명시하는 기본
가정으로 초기 Total Quality Managemant 주창자들이 품질과 만족을 동일개념으

로 평가했던 것과 같다. (2)그림은 만족이 충성의 핵심개념으로 만족이 충성을
이끄는 축의 구실을 하게 됨을 나타낸다. (3)의 경우에서는 만족이 충성을 구성
하고 있는 한 성분으로 보고 있는 것으로 (2)에서 만족이 충성의 핵의 구실을
한 것과는 다름을 나타낸다. 다시 말하면 만족하지 않아도 충성이 형성될 수
있다는 것으로 고착의 경우가 이에 해당한다고 볼 수 있다. (4)의 경우 최종적
으로 충성에 존재하는 두 개 요소를 만족과 단순충성으로 보고 있는 것이다.
(5)의 경우 만족은 충성의 전 단계에서 충성을 이끌어 내는 것으로 볼 수 있다.
즉 만족이 충성을 구축하는 기초요인인 된다는 것이다. (6)의 경우 만족은 누적
적으로 증가하고 변화하여 단계적 충성을 구성함을 나타낸다.

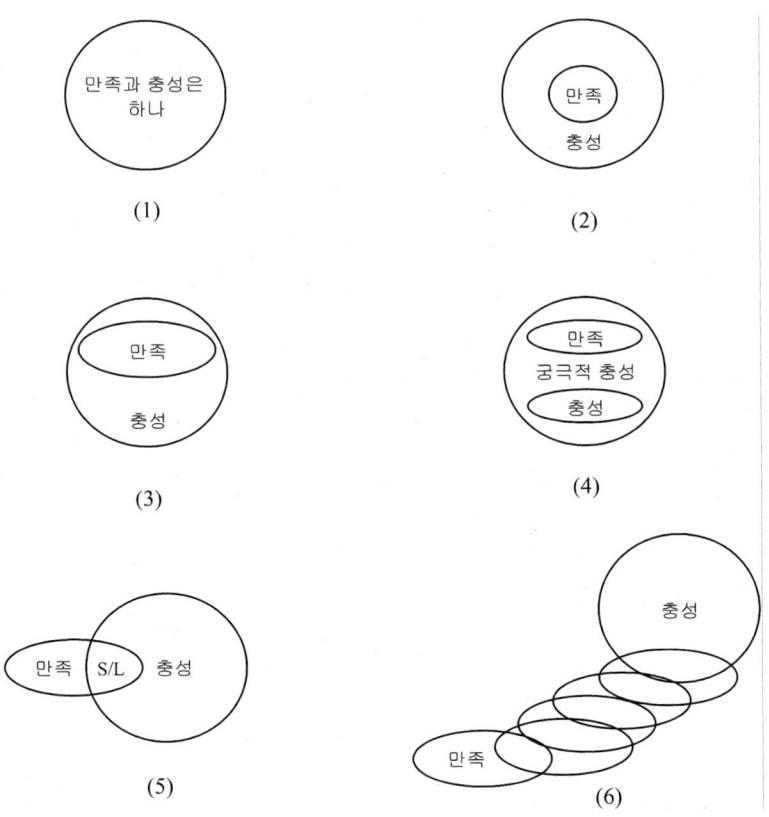

〈그림 2-14〉 만족과 충성 간의 관계 Oliver(1999)

강명수(2004)는 노동집약적인 서비스의 경우 서비스 제공자가 제공하는 서비스 간의 이질성이 크므로 고객이 탁월한 서비스를 경험하게 되면 이에 대한 충성도는 높아진다고 하였는데, 미용서비스가 지닌 높은 비분리성, 이질성 등을 고려할 때 유형재나 여타 다른 서비스영역에 비해 만족이 충성에 미치는 영향이 클 것으로 예측해 볼 수 있다. 따라서 Oliver(1999)의 만족과 충성 간의 관계 모형 중 (2)번 모델이 가장 적합한 모델이 될 것으로 예측해 볼 수 있다.

이상의 고찰을 바탕으로 고객만족은 인적충성 및 기업충성에 영향을 미친다는 가설을 개념적 연구모형에 투입하고자 한다.

③ 인적만족과 점포만족

충성에서와 마찬가지로 만족에 있어서도 다차원적인 개념이 존재한다. Zeithaml과 Bitner(1997)는 만족개념에 대한 중요한 분류기준으로 만족 대상에 따른 구분을 제시하였는데, 서비스의 제 속성에 대한 만족, 핵심서비스 내용에 대한 만족, 접점요원에 대한 만족, 서비스 제공자에 대한 전반적인 만족을 제시하였다.

Reynolds와 Arnold(2000)는 관계와 만족에 관한 선행연구검토를 통하여 소매업에 있어서 만족은 두 가지 차원 즉 판매원에 대한 만족과 점포에 대한 만족으로 분리된다고 하고, 소매업에서의 만족(Retail Satisfaction)을 소매업자와 판매원과의 경험에 대한 소비자의 감정적 반응으로 정의하였다. Singh(1991) 역시 소비자들이 만족을 판단하는 데는 구별되며 분리된 대상이 있다고 하였다. 예를 들면 병원서비스를 판단하는 데 있어서 환자들은 의사, 병원, 간호사, 그리고 보험회사 등으로 구분하여 만족을 평가할 수 있다는 것이다. 따라서 고객들은 각 대상별로 분리된 기대를 가지고 평가를 하게 된다. Oliver와 Swan(1989)은 이런 관점을 채택하여 종업원만족과 점포만족은 선행요인과 결과에 있어 차이가 있다는 것을 발견하였다. 이런 관점에서 고객들의 전반적 만족은 점포와 종업원으로 구분하여 측정하는 것이 바람직할 것이다(Reynolds와 Beatty, 1999).

한편, 인적만족과 점포만족의 상호관련성에 대해서는 많은 연구들이 인적만족이 점포만족에 선행하여 일어나고 또 인적만족이 점포만족에 긍정적인 영향을 미친다는 결과를 보고하고 있다. Beatty 등(1996)은 고객들의 종업원에 대한 긍정적 감정이 기업에 전이된다고 하였고, Goff 등(1997)은 자동차 구매자들에 관한 연구에서 종업원에 대한 만족은 딜러에 대한 만족에 긍정적으로 영향을 미친다고 하였다. Oliver와 Swan(1989)과 Crosby(1990) 등도 이러한 견해를 지지하였으며, Reynolds와 Beatty(1999a)도 백화점 고객을 대상으로 한 연구에서 실증적으로 증명하였다. Barns(1997) 역시 고객이 지각하는 고객-종업원 간 관계 친밀도가 클수록, 회사에 대한 전반적 만족의 수준이 높다고 하였다.

따라서 본 연구에서는 선행연구에 근거하여 만족을 인적만족과 점포만족으로 분리하고자 하며, 인적만족이 점포만족에 선행하여 일어나고 또 인적만족이 점포만족에 영향을 미칠 것이라는 가정을 연구의 개념적 모형에 포함시키고자 한다.

(2) 서비스품질

① 서비스품질 척도 및 측정방법

현재 가장 많이 사용되고 있는 서비스품질 측정도구로는 Parasuraman 등(1988)이 개발한 척도로서 이들은 지속적인 연구를 통해 10개 차원의 서비스품질 차원의 중복성을 보완하여 서비스품질을 5가지 차원 22개 항목으로 구성된 척도를 <표 2-20>과 같이 개발하였다.

그러나 Parasuraman 등(1988)은 Oliver(1980)의 기대불일치 모형에 기반을 두어 서비스품질을 소비자의 기대와 성과에 대한 지각 간의 차이로 정의하였다. 이러한 정의에 따라 서비스품질을 측정하기 위해서는 고객의 기대치와 성과치를 동시에 측정하여 그 차이가 서비스품질을 결정짓는 것으로 보고 있다. 이에 대하여 일부연구자들은 기대와 성과 간의 차이를 통해 서비스품질을 측정하기보다는 성과만을 측정하는 것으로 충분하다고 주장하고 있다(Cronin 등 1992, Brown 등 1993). Cronin과 Taylor(1992)가 개발한 SERVPERF 측정법은 서비스품질이 곧 성과라는 개념하에, 실증연구를 통하여 성과에 의해 서비스품질을 측정하는 것이 기대치와 성과치 간 차이에 의해 서비스품질을 측정하는 것에 비해 큰 유의성을 갖는다는 것을 보여 주었다. 이후 여러 연구(Vandamme과 Leunis 1993 Bolton 등 1991, Babakus 등 1992, 박종무 등 1998, 이학식 등 1999, 이문규 1998)에서 SERVPERF 측정법을 지지하고 있으며, 국내의 서비스품질 연구에서도 성과기준을 사용하는 SERVPERF 측정법이 이론적, 실무적으로 적합하다고 인정되고 있다(이준엽, 1994). 따라서 본 연구에서도 성과만을 측정하여 이를 소비자의 서비스품질인식으로 규정하고자 한다.

〈표 2-20〉 소비자가 서비스품질을 평가하는 5가지 차원

차 원	정 의
유형성(Tangibles)	실제적인 시설, 장비, 인원
신뢰성(Reliability)	믿을 수 있고 정확하게 약속된 서비스를 수행하는 능력
응답성 혹은 반응성 (Responsiveness)	즉각적이고 자발적인 서비스를 제공하는 능력
확신성(Assurance)	능력, 공손함, 믿음직함 그리고 안전성
공감성(Empathy)	접근용이성, 원활한 의사소통, 고객에 대한 충분한 이해

(출처: Parasuraman 등, 1988)

② 미용서비스 분야 서비스품질연구

미용서비스 분야에 있어서 연구가 가장 활발히 진행되고 있는 분야 중 하나가 바로 서비스품질에 관한 연구이다. 미용서비스의 특성상 고객들이 중요시하는 서비스품질 차원에 차이가 있을 것이라는 가정하에 많은 연구들이 진행되었고 의미 있는 결과들이 제시되었다.

제미경과 김효정(2000)은 미용실의 서비스품질이 반응 및 확신성, 신뢰성, 공감성, 유형성의 4가지 요인으로 구성된다고 하였으며, 황선아와 황선진(2001)은 물리적 서비스(유형성, 접근성, 청결성), 미용실 직원관련서비스(감정배려, 능력), 정책관련서비스(점포운영, 명성, 신용카드), 미용기술 관련서비스의 9개 요인으로 구성된다고 하였다. 박은주와 장영용(2002)은 과정적 품질 요인으로 인적 서비스품질, 물리적 서비스품질, 시간편의 서비스품질, 금전적 서비스품질을 도출

하였으며, 결과적 품질 요인으로 사회 심리적 품질(나의 이미지에 어울림, 나의 나이에 어울림, 주위의 반응이 좋음, 현재 유행에도 뒤떨어지지 않음. 특별한 날에는 돋보이는 스타일, 나의 직업에 잘 어울림), 관리적 품질 요소(모발이 상하지 않음, 두피가 상하지 않음, 관리가 편한 스타일, 다음에 다른 스타일로 바꾸기 편리함, 샴푸 후에도 만족스러움－황선아의 미용기술관련 서비스와 겹침)를 도출하였다. 회귀분석결과 인적 서비스품질 요인이 가장 중요한 요인으로 나타나 미용서비스를 제공하는 미용사의 능력이나 접객태도가 좋으면 소비자들은 만족하게 될 가능성이 높은 것으로 나타났다. 박경숙과 한은희(2003)의 연구에서 피부미용서비스에 있어서 유형성, 신뢰성, 대응성, 보증성, 공감성이 모두 유의미한 요인으로 도출되었으며 그중 피부미용사의 지식, 고객에 대한 안전성, 친절도, 직원의 기술수준 순으로 기대점수가 높게 측정되었다. 한편, 김종신(1999)은 소비자들의 전문서비스 점포에 대한 선택기준은 여러 가지 서비스 특성상 기존 유형제품의 점포선택기준들과 차이가 있을 것이라고 하면서, 변호사, 공인중개사, 의사, 이·미용사들이 제공하는 서비스들을 조사대상으로 선정하여 포커스집단면접과 요인분석을 통해 제공자의 인간성, 서비스 제공 실력수준, 서비스를 제공하는 시설수준, 촉진활동, 청결성, 편리성 6가지 요인을 추출하였는데, 이러한 요인들은 대체로 서비스품질 차원으로 설명할 수 있는 차원들로 판단된다.

이러한 선행연구들을 정리하여 본 연구에서는 미용서비스 소비자가 지각하는 서비스품질을 미용기술관련 서비스품질, 물리적 서비스품질, 정책관련 서비스품질의 3가지 하부차원으로 구성하였다. 미용기술관련 서비스품질에는 Parasuraman 등(1993)의 서비스품질 척도 중 신뢰성에 해당하는 내용을 포함하였고, 물리적 서비스품질에는 유형성과 청결성을, 그리고 정책관련 서비스품질에는 반응성과 확신성 그리고 점포운영정책에 관한 내용들을 포함시켰다. Parasuraman(1993) 등의 서비스품질 척도 중 '공감성'은 장기적 관계에서 발생한다고 보고 이는 서비스품질의 하부차원에서 제외하였고 대신 관계혜택의 하부 차원으로 구성하였다.

③ 서비스품질과 고객만족 및 충성

서비스품질과 소비자 만족 간의 인과 혹은 선후관계에 대해서는 지금까지

대립되는 견해가 제시되고 있다. 즉, 소비자 만족이 서비스품질의 선행변수라고 보는 견해(Bitner 1990, Bolton과 Dew 1991, 김종성과 이재록 1999)와 서비스품질이 소비자 만족의 선행변수라고 보는 견해(Parasuraman 등 1988, Cronin과 Taylor 1994, 이유재 등 1996, 박종무와 이은주 1998)가 그것인데, 조광운과 임채운(1999)은 기존연구들을 검토하여 서비스품질을 고객만족의 선행요인으로 파악하여 서비스품질이 고객만족에 영향을 준다는 것을 밝히고 있으며, 이후의 연구에서도 대체로 후자의 견해가 우세하다(제미경과 김효정, 2000). 즉, 소비자 만족은 서비스의 구체적 차원에 초점을 맞춘 서비스품질에 대한 평가보다 넓은 개념으로 이러한 관점에서 보면 지각된 서비스품질은 소비자 만족 구성요소의 하나라는 것이다(Parasuraman 등, 1993).

미용서비스를 대상으로 한 거의 모든 선행연구에서는 미용서비스품질이 소비자 만족에 선행하는 것으로 개념화하였는데, 각각의 미용서비스품질 구성요인이 소비자 만족에 미치는 상대적 영향력에는 차이가 있었다(박은주 등 2002).

일반적으로 소비자 만족이 재구매 의사에 미치는 영향은 실증분석에서 많이 확인되었으나 서비스품질이 재구매 의사에 미치는 영향에 관한 연구는 그다지 많지 않다(황선아·황선진, 2001). Woodside(1989) 등의 연구는 서비스품질과 소비자 만족 그리고 소비자행동 사이관계를 파악하기 위한 최초의 연구인데, 연구결과에서 소비자 만족이 서비스품질과 구매의도 사이에서 매개변수로 작용하고 있음이 확인되었다. Cronin과 Taylor(1992)의 연구에서도 서비스품질과 소비자 만족 사이의 관계 및 구매의도에 미치는 영향을 실증적으로 분석하여 Woodside의 결론을 지지하였다. Ruyter(1998) 등의 연구에서도 서비스품질이 소비자의 만족이나 가치획득 및 분위기를 조정변수로 하여 서비스 충성에 영향을 미친다고 하였다.

이상의 고찰을 바탕으로 서비스품질은 인적만족 및 점포만족에 영향을 미치고, 인적만족 및 점포만족은 인적충성 및 기업충성에 영향을 미친다는 가설을 개념적 연구모형에 투입하고자 한다.

(3) 서비스비용

많은 선행연구들이 서비스비용(안정기 1999 Sirohi 1998, 이문규 1998, 박소연 2002) 및 서비스가치(Andreassen과 Lindestad 1998, Sirohi 1998, 김철민 2002, 김준국 2003, 박민아 2002)를 충성 형성의 선행변수로 다루고 있다.

이문규(1998)는 서비스혜택(서비스품질과 동일개념으로 사용)과 반대되는 개념이 서비스비용이라고 하면서, 서비스비용이란 고객이 서비스를 제공받기 위해 포기, 희생해야 하는 것을 말한다고 하였다. 또한, 서비스비용은 실제 객관적인 비용이 아니라 소비자 각자에 의하여 지각된 비용, 가격수준을 의미하며, 여기에는 경제적 비용(즉 서비스를 이용하는 데 치르는 금전적 비용)과 더불어 비금전적 비용(서비스를 제공받는 데 걸리는 시간, 서비스 위치)이 포함된다.

가치란 제품으로부터 얻는 이점과 지불되는 희생 간의 차이에 대한 평가로서 정의된다(Zeithaml, 1988). 소비자들은 제품품질의 효용과 가격을 평가함으로써 가치를 인식한다. 따라서 상품가치는 상품품질과 가격의 함수로서 정의될 수 있으며, 상품가치는 고객만족에 긍정적 영향을 줄 수 있다. Parasuraman(1994) 등은 상품의 품질과 가격이 누적적 고객만족의 선행요인임을 주장하고 있다. Bolton과 Drew(1991b), Zeithaml(1988), 김철민(2002) 등의 연구자들도 서비스품질과 서비스비용의 비교를 통해 평가된 지각된 서비스가치가 재이용의사의 결정요인이 된다고 하였다.

이상의 연구결과들을 바탕으로 서비스비용 역시 서비스품질과 함께 만족에 영향을 미치는 변수로 투입하고자 한다.

(4) 관계혜택

① 관계혜택의 개념

일반적으로 특정한 서비스공급업자와 처음으로 거래하는 고객은 다소 불확실함과 취약함을 느끼게 되기 마련이다. 특히 고객의 입장에서 개인적으로 중요하고 상당한 관여가 요구되며 이질적이거나 복잡한 서비스(예: 암흑상자형 서비스)를 구매하는 경우에는 이러한 느낌이 더 커질 가능성이 높다. 따라서 고객은 자신의 경험을 바탕으로 해서 특정한 서비스 제공업자에 대한 신뢰를 개발했다면 가급적 그 관계를 계속 유지하려고 한다. 고관여서비스의 경우에는 고객에 대한 관계형성의 소구력이 상당히 크다. 예컨대, 의료업, 은행업, 보험업 및 미용서비스업 등은 다수의 고객이 동일한 서비스 제공자와의 관계지속, 전향적인 서비스태도 그리고 고객맞춤형 서비스배달을 원하도록 만드는 중요한 속성으로서 중요성, 차이성, 복잡성, 고관여를 내포하고 있는데, 이 모두는 관계마케팅의 잠재적 편익에 해당한다(강명수, 2004).

고객의 관점에서 지각한 관계효익에 대하여 Peterson(1993)은 선택안의 감소는 소비자가 관계마케팅에 참여하는 이유라기보다는 관계마케팅에 참여한 결과라고 하고, 고객은 관계마케팅에 참여함으로써 경제적 이익, 특별인지 이익, 쇼핑의 편리성, 서비스제품 구매의 불확실 감소이익을 받는다고 주장하였다.

Gwinner 등(1998)은 <표 2-21>에 제시한 바와 같이 관계효익을 고객의 관점에서 사회적 효익(social benefits), 심리적 효익(Psychological benefits), 경제적 효익(economic benefits), 고객화 효익(customization benefits) 등 네 가지로 구분하고 고객들이 중요시하는 정도와 지각정도를 실증적으로 분석한 결과, 확신적 혜택(지각된 위험과 불안의 감소, 높은 단계의 신뢰와 확신), 사회적 혜택(우정 및 가족애), 특별대우혜택(가격할인 빠른 서비스 등의 경제적 이득)요인을 도출하였다. 그중 신뢰, 확신적 혜택이 가장 중요하고 그 다음으로 사회적 혜택, 특별대우혜택 순으로 중요도를 지닌다고 하면서, 관계혜택이 만족과 충성 및 고객의 전환행동 등에 영향을 미친다는 연구결과를 발표하였다.

〈표 2-21〉 관계혜택의 유형과 내용

관계혜택의 유형	관계혜택의 내용
사회적 혜택	친목, 우정, 개인적 인지
심리적 혜택	불안감 감소(편안함, 안정감), 신뢰 / 확신
경제적 혜택	할인 / 가격파괴, 시간절약
고객화 혜택	우선적 대우, 부가적 서비스 또는 고려, 고객욕구파악관리

(출처, Gwinner 등, 1998)

이 밖에도 많은 연구들에서 관계혜택요인들을 추출하였는데, 강명수(2004)는 장기적 서비스관계에서 고객이 얻게 되는 편익은 관계의 예측 가능성 증대에 따른 편안함, 변화필요성의 배제, 개인생활의 단순화, 사회적 지원시스템의 형성 등이라고 하였으며, Beatty(1996), Reynolds와 Beatty(1999)는 관계혜택을 기능적 혜택(시간절약, 편의성, 패션조언, 나은 구매결정)과 사회적 혜택(친밀한 관계, 좋은 친구의 획득, 판매원과의 시간보내기를 즐김)으로 구분하였다. Bitner(1995)는 복잡한 서비스(예, 법률서비스), 자아관여가 높은 서비스(예, 체중감량, 금전적 투자 상황(예, 중개업) 등에서는 스트레스감소가 관계혜택이 될 수 있을 것이라고 제안하였다. 이용기(2002)의 연구결과 사회적, 심리적, 고객화 혜택 3가지 요인이 도출되었고, 여기서 경제적 혜택요인이 제거된 원인을 특급호텔대상으로 한 연구특성 때문이라고 추론하고 있다.

인적 서비스가 매우 중요한 서비스산업에 있어 고객에게 제공되는 이러한 관계혜택들은 고객이 기업과의 장기적인 관계유지나 고객의 만족창출, 충성을 구축하는 데 결정적인 역할을 하게 된다(최수경, 2002). Gwinner(1998)는 설문집단을 접촉 정도, 고객화, 개인화 정도에 따라 세 집단으로 구분한 연구에서 미용실을 제1집단(높은 접촉과 고객화되며 개인화된 서비스)으로 분류하고 1집단에서는 지각된 혜택과 혜택의 중요성이 모두 유의하게 높게 나타났다고 하였다.

관계혜택에 대한 연구는 최근 2~3년간 국내에서 활발히 다루어지고 있으며, 인적 서비스가 매우 중요한 서비스군에서 관계 교환이 어떻게 이루어지고 있으며, 그 결과 고객과 기업이 갖는 관계혜택이 무엇인가에 대하여 연구하는 것은 매우 의의가 있을 것이다(이용기 등, 2002).

미용서비스산업의 맥락을 연구대상으로 하여 진행된 관계혜택관련 선행연구는 매우 부족한 관계로, 본 연구에서는 유형재 및 여타의 서비스산업관련 선행연구를 통해 미용서비스 소비자가 지각하는 관계혜택의 하위차원을 구성하였다. 주로 Gwinner(1998) 등의 연구결과인 확신적 혜택(지각된 위험과 불안의 감소, 높은 단계의 신뢰와 확신), 사회적 혜택(우정 및 가족애), 특별대우혜택(가격할인 빠른 서비스 등의 경제적 이득)요인을 바탕으로 구성하였으며, 또한 서비스품질의 한 차원인 '공감성' 관련 내용들을 확신적 혜택과 사회적 혜택으로 분리하여 포함시켰다.

② 관계혜택과 만족 및 충성

관계혜택에 관한 연구들은 현재도 활발히 진행되고 있는 분야로, 장기적 관계에 있어 충성의 선행요인으로 작용한다는 의견에는 대체로 동의하고 있으나 그 경로에 있어서는 다양한 견해들이 제시되고 있다. 관계혜택이 장기적 관계품질인 만족, 신뢰, 몰입 및 충성 형성에 주요 변인이라는 관점에서 연구가 진행 중이나, (8)절에서 신뢰와 몰입에 대해 다루기로 하고 본 절에서는 관계혜택과 만족 및 충성과의 관련성만을 살펴보고자 한다.

먼저, 관계혜택이 만족을 경유하여 충성에 영향을 미친다는 연구결과를 살펴보면, 조은영(2003)은 의류점포를 대상으로 한 연구에서 판매원에 대한 만족을 경유하여 판매원에 대한 충성과 점포에 대한 충성으로 이어진다고 하였고, 최영식(2003)은 정수기 사용자들을 대상으로 한 연구에서 종업원에 대한 만족과 기업에 대한 만족을 경유하여 충성에 영향을 미친다고 하였다. Mercedes(2004) 등도 패션소매업의 관계혜택에 대한 연구에서 사회적 혜택과 기능적 혜택은 전반적 소비자만족에 정적인 영향을 미치는 것으로 나타났다. Patterson과 Smith(2001)의 연구는 관계혜택의 3가지 차원과 만족 및 재구매의도와의 상관관계조사에서 관계혜택은 충성과의 상관보다 만족과의 상관 정도가 더 높다고 하였다.

대체로 관계혜택에 관한 연구들이 만족을 충성에 이르는 매개변수로 채택하고 있으나 다른 경로를 채택한 연구들도 제시되고 있다. 박소연(2002)의 연구는 서비스혜택(마일리지 등)이 서비스 충성에 직접적인 영향력을 나타낸다는 정성적 분석결과를 제시하였다.

한편, 관계혜택과 만족 및 충성의 관계를 동시에 조사한 연구들에서는 좀 더 복잡한 결과들이 제시되고 있다. Reynolds와 Beatty(1999a)는 <그림 2-15>에 제시된 것과 같이 사회적 혜택은 판매원에 대한 만족을 경유하여 판매원에 대한 충성에 간접적 영향을 미치기도 하며, 직접적으로 판매원충성에 영향을 미치기도 한다고 하였다. 안우규(2003)도 관계혜택은 종업원만족, 점포만족 및 점포신뢰를 경유하여 점포충성에 간접효과를 미치는 한편 전환비용과 대안매력도의 조절효과하에 관계혜택이 충성에 직접적인 영향력을 나타낸다고 하였다. 이용기(2002)의 연구에서 역시 심리적 혜택이 만족을 경유하여 충성에 영향을 미치는 것으로 조사된 반면, 고객화 혜택은 만족을 경유하지 않고 충성에 직접적 효과를 나타냈다.

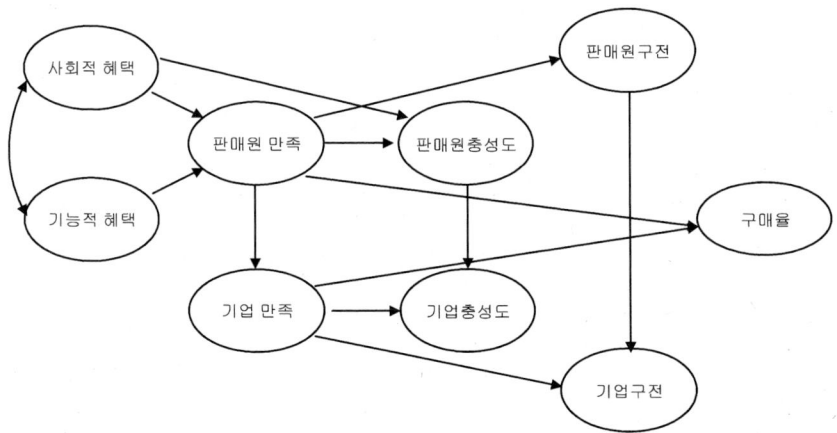

〈그림 2-15〉 Reynolds와 Beatty(1999a) 소매업에 있어서 고객-판매원 간 관계

한편, 연구모델에 투입된 사례는 발견되지 않았지만 Bove와 Johnson(2000)의

제언에서 나타났듯이 경제적, 구조적 결속들, 즉 기업에서 제시하는 관계혜택들은 전환비용을 높여 고객을 기업에 묶어두는 역할을 할 수 있을 것이라는 점과 Keaveney(1995)의 연구에서 소비자의 확신을 낮추는 몇 가지 요인들이 전환행동을 유발하는 변수로 밝혀진 점 등을 고려하면 관계혜택이 전환장벽을 높이는 변수가 될 수도 있을 것이다. 이처럼, 관계혜택에 관한 연구들은 아직도 진행 중이며, 후속연구들을 통해 좀 더 명확하게 밝혀질 필요가 있다고 하겠다.

Reynolds와 Beatty(1999a)는 기능적 혜택과 사회적 혜택이 판매원만족에 영향을 미친다고 하면서, 연구모델에는 포함되지 않았지만 기능적 혜택은 또한 회사만족에 영향을 미치는 것으로 분석하였다. 이는 소비자가 인적만족을 느끼는 요원을 채용한 회사에 대해서도 만족을 느낀다는 의미로 해석된다고 하면서, 이후의 연구에서 관계혜택과 기업만족 혹은 기업충성과의 관련성 연구가 필요하다고 하였다. 인적요인을 관련 변수로 투입한 선행연구들에서 대부분 관계혜택을 인적만족 및 인적충성과의 관련성만을 설정하고 있으나(최영식 2003, Reynolds와 Beatty 1999, 조은영 2003, 조은영 2002), 다양한 관계혜택 차원들 중 어떠한 차원이 인적만족에 영향을 미치고 어떠한 차원이 기업만족에 영향을 미칠 것인지를 파악하는 것은 기업에게 매우 중요한 일이라고 판단된다.

따라서 본 연구에서는 아직 진행 중인 여러 논의 중 관계혜택은 충성과의 상관보다 만족과의 상관 정도가 더 높다고 한 Patterson과 Smith(2001)의 관점을 채택하여 관계혜택의 여러 차원들이 인적만족 및 기업만족과 어떠한 영향관계를 가지는지 파악하고자 한다.

③ 관계혜택과 서비스품질

이상에서 거론한 고객만족의 선행변수(관계혜택, 서비스품질) 사이에는 어떠한 상관관계가 존재할 것이나, 선행연구들 중에는 관계혜택과 서비스품질을 함께 투입한 연구는 찾아보기 힘들다. 그러나 두 변수 사이에는 측정지표와 관점의 차이가 분명 존재하므로 한 변수를 다른 변수의 상위 또는 하위의 개념으로 포함시키기는 어렵다. 즉, 서비스품질이 단기적 측면의 고객 품질인식을 다룬다면, 관계혜택은 장기적 관계에서 발생하는 고객의 인식을 다루고 있다. 소비자 만족 역시 단기적, 장기적 관점을 모두 포함하는 개념이므로 선행변수로 두 변수를 동시에 투입하는 것은 설명력을 높일 수 있을 것으로 예측된다.

(5) 전환비용

① 전환비용의 개념

"만족하지 않은 고객도 왜 특정 점포와의 관계를 단절하지 못하고 반복구매행동을 하면서 충성을 보이는가?"라는 의문에 대해 Ganesan(1994)은 거래선의 전환 시에 지각하는 전환비용(switching cost)에 그 이유가 있다고 설명하고 있다. 만족한 고객이 충성에 이르지 못하고 거래선은 전환하는 이유로 낮은 전환비용을 들고 있다.

Jackson(1985)은 기존 거래선과의 관계를 단절하고 대체 거래선으로 전환함에 따라 필요한 화폐적, 심리적, 시간적 추가비용으로 전환비용을 정의하고 있으며, Weiss와 Anderson(1992)도 거래선의 전환 시에 나타날 수 있는 화폐적 비용, 시간적 비용은 기존 거래선에 대한 의존성을 증가시킴으로서 전환에 대한 장벽 역할을 한다는 점을 강조하고 있다. Dick과 Basu(1994)는 관찰 가능한 화폐비용 외에도 새로운 점포의 판매사원뿐 아니라 제품위치, 레이아웃에 익숙해지기까지의 어려움 같은 심리적 비용, 시간적 비용이 거래점포 전환 시에 장벽으로 작용하게 된다고 하였다. 전인수(1992)는 전환장벽은 전환비용을 초래하게 하는 것으로서 구매자가 기존의 판매자와의 관계를 단절하고 다른 판매자로 전환하는 데 따른 어려움으로 정의하였다.

② 전환비용과 만족 및 충성

만족과 충성 사이의 중요한 매개변수로 전환비용 또는 전환장벽을 제시한 선행 연구들로는 Jones(2003), 안정기(1999), 김철민(2002), 김준국(2003), Ruyter(1998), 조광행과 박봉규(1998), 박민아(2002), 지헌주(1999), Lee(2001) 등이 있다.

Sharma와 Patterson(2000)은 전환비용, 경쟁업체의 매력도, 제품사용 경험 등을 매개변수로 하여 신뢰와 서비스 만족이 소비자의 몰입에 미치는 효과를 분석하였고, Colgate와 Lang(2001)은 전환장벽을 관계투자, 전환비용, 서비스 복구, 경쟁업체의 매력도 등으로 개념화하여 이들 요소들이 소비자의 잔류행동에 미치는 영향을 분석하였다. Jones등(2000)은 전환장벽을 개인 간 관계, 전환비용, 경쟁업체의 매력도 등으로 정의하여 이들이 고객의 재구매의도에 미치는 직간접적 영향력을 분석하였다. 김철민(2002)은 잔환장벽 대신 전환비용이 충성에 직접적인 영향력을 가진다고 하였으며, 해당서비스에 대한 소비자의 전환비용의 인식 정도가 높을수록 소비자들은 타 서비스 제공업체로의 서비스 전환 시 발생하는 경제적, 심리적, 시간적 비용을 높게 인식하게 될 것이며, 따라서 해당 서비스 제공자에 대한 인상, 태도, 재이용 의도 및 재이용 행동을 높게 보인다고 하였다.

이러한 선행연구들에 근거하여 본 연구에서 역시 전환비용을 고객만족과 충성 사이의 매개변수로 설정하였다.

③ 인적전환비용과 점포전환비용

본 연구의 목적은 미용서비스에 있어서 인적요인과 기업요인 각각에 대하여 나타나는 소비자행동의 차이를 규명하고자 하는 것이다. 따라서 선행연구에는 시도되지 않았으나, 소비자들이 지각하는 인적 전환비용과 점포 전환비용 사이에 차이가 존재하는지를 밝히고, 이러한 변수들이 다른 인적요인 및 기업요인과 어떠한 연관이 있는지를 고찰하고자 전환비용을 인적측면과 기업측면으로 분리하여 측정하고자 한다.

(6) 구 전

① 구전의 개념

Reynolds와 Arnold(2000)는 구전을 판매원 그리고/혹은 점포와의 거래에 대해 다른 사람에게 추천하거나 이야기하는 것이라고 정의하였다. 즉, 소비자 상호 간(수용자와 비수용자 간) 이루어지는 제품에 대한 의견교환을 구전이라 하며 이는 기업의 광고보다 신뢰성이 높기 때문에 타인의 긍정적인 의견은 신제품에 대해 인지하는 위험의 정도를 낮추어 주는 데 매우 효과적이다. 구전효과는 소비자가 시제품의 평가단계에 있을 때, 확산의 중간단계에서 저관여제품보다는 고관여제품의 경우 더욱 현저하게 나타난다(채서일, 1998).

구전은 다음과 같은 몇 가지 이유로 소비자 반응 중에서 중요시되고 있다(이유재 1994, 안정기 1999) 첫째, 구전은 대면 커뮤니케이션이므로 문서나 매스 커뮤니케이션에 비해 더욱 큰 효과를 나타낸다. 둘째, 구전은 기업이나 마케팅과 관련되지 않은 정보원천에 기초한다. 그리고 소비자들은 구전이 기업의 마케팅 활동에 의한 다른 커뮤니케이션활동보다 믿을 만하다고 생각한다. 셋째, 기업에 대한 고객의 불평은 단지 한 명의 고객과 관련되지만 구전 커뮤니케이션은 다른 많은 사람들에게 전달되기 때문에 부정적 구전은 기업에 더욱 해로울 수 있다.

Reynolds와 Arnold(2000)는 구전은 선택 대안들이 많은 제품영역이나 서비스산업에서 매우 중요하다고 하면서, 서비스산업에서 특히 중요한 이유는 소비자들이 서비스에 있어서 높은 수준의 위험을 지각하고 구매 전후 모두에 있어서 서비스를 평가하는 데 어려움을 느끼기 때문이라고 하였다. 본 연구의 대상인 미용실은 유형의 제품을 제공하는 것이 아니라, 서비스를 제공하면서 제품이 제공되는 경우이다. 더욱이 미용서비스의 품질은 변화가 가능하고 이용 전 미용서비스에 대한 위험지각이 높은 경향을 보이기 때문에 소비자들은 경험해 본 서비스품질에 대해 다소 안심하는 경우가 많고, 이런 경우 구전은 더욱 중요한 역할을 한다(황선아 외, 2001).

이렇듯 구전은 기업의 활동에 중요한 의미를 지니며, 더욱이 미용서비스같이 종사자의 이직이 잦은 서비스에 있어서, 소비자들이 새로운 대안을 찾는 과정에서 높은 수준의 위험을 감소시키고 정보탐색에 소요되는 시간과 비용을 줄이기 위한 하나의 방편으로 다른 사람들의 입소문이나 명성을 이용하는 것으로 나타났다(박민아 2002, 박소연 2002). Johnson(1987) 등의 연구에서 자동차 정비업소의 선택에 있어서 응답자의 거의 60%가 가장 영향력이 있는 정보원천으로 구전을 답하였으며, 그 외에도 변호, 의료, 자동차정비, 이·미용, 부동산 중개 등의 전문서비스를 이용할 때 독립적인 인적 정보원을 가장 많이 이용한 것으로 나타났다(최영식, 2003 재인용).

한편, 충성도의 측정에 있어서 구전을 충성의 한 차원으로 포함하는 연구들도 있고, 그렇지 않은 연구들도 있다. 구전을 충성의 차원으로 측정한 연구들을 살펴보면, Andressen과 Lindestad(1998, 재구매의도와 긍정적 구언), Gerpott(2001, 재구매의도와 추천), Lee 등(2001, 재구매의도, 거래선 전환기피 및 추천의도), Bowen과 Chen(2001, 우호적 태도, 제품 / 서비스에 대한 재구매의도 및 타인에 대한 추천), 조광행과 박봉규(1999, 우호적 구전노력, 재구매의도, 반복구매), Nguyen과 Leblanc(1998은 추천과 선호경향) 등의 연구가 있다. 또한, 구전을 충성의 차원으로 포함시키지 않은 연구로는 Lee와 Cunningham(2001, 충성의지), Mittal과 Lassar(1998, 비전환의지), Shirohi(1998, 재구매의도), Dick과 Basu (1994, 우호적 태도와 반복구매성향) Macintosh와 Lockshin(1997, 태도, 재구매의도 및 구매비율), Ruyter 등(1998, 선호적 충성, 가격 무차별적 충성 및 불만족행동) 등의 연구가 있다.

전술한 바와 같이 구전은 그 자체로 기업 활동에 중요한 의미를 지니므로 본 연구에서는 구전을 충성 이후의 소비자행동으로 보고 별도로 측정하여 다른 변수와의 상관을 살피고자 한다.

② 충성과 구전

충성고객은 전환율이 낮으며 구전 커뮤니케이션을 통하여 새로운 사업기회를 제공하기도 한다(이용기 2002 Reichheld와 Sasser, 1990).

조은영(2002)의 의류제품을 대상으로 한 연구에서, 판매원충성도가 높을수록 호의적인 구전활동을 많이 한다는 가설은 지지되었으나, 점포에 대해 고객이 만족할수록 구전활동을 많이 한다는 가설은 지지되지 않았다. 이러한 결과는 판매원만족은 판매원과 기업구전의 중요한 선결 조건이며, 기업만족은 기업구전과 많은 관련이 없었다는 Reynolds와 Beatty(1999)의 연구결과를 지지하는 것이다. 구전을 결정짓는 요인으로 점포에 대한 고객만족보다는 판매원에 대한 고객만족과 이후 나타나는 판매원충성 요인이 더 강하게 작용하고 있다는 것을 보여 주고 있다. Reynolds와 Arnold(2000)의 고급백화점 쇼핑객을 대상으로 한 연구에서 판매원에 대한 충성과 점포에 대한 충성 모두 구전에 유의한 영향을 미친다고 하였다.

본 연구에서도 이러한 충성과 구전의 관계를 미용서비스환경에서 확인하고자 하며, 구전 역시 인적구전과 점포구전으로 분리하여 모델에 투입하고자 한다.

(7) 소비자 특성변수

위에서 제시한 변수들 외에도 소비자 특성변수에 따라 소비자행동이 달라질 수 있는데, 선행연구결과 고찰을 통해 제시된 소비자 특성변수들은 관여, 다양성 추구성향, 위험지각 등이다. 본 절에서는 모형 내 투입변수로 결정된 관여 및 다양성 추구성향에 대하여 논의하고 모형 내 투입변수에서 제외된 위험지각에 대해서는 다음 절에서 논의하고자 한다.

① 관 여

소비자관여도 개념은 오랫동안 소비자행동론 분야에서 많은 연구와 관심의 대상이 되어 왔다. 관여도는 '개인이 원래 가지고 있던 욕구나 가치관, 관심 등에 기초하여 어떤 대상에 대해 느끼는 관련성'이라고 정의된다(Zaichowsky, 1985). 그동안 관여도가 소비자행동에 미치는 영향에 대해서는 여러 방면으로 연구가 전개되어 왔지만 이것이 소비자 충성의 결정요인으로 다루어진 연구는 찾아보기 힘들다. 그러나 이문규(1998)는 논리적으로 생각할 때 소비자가 어떤 서비스에 대하여 갖는 관여도는 서비스 제공자와 얼마나 오랜 관계를 유지하는가도 결정할 것이라고 하였다. 예를 들어 자신의 헤어스타일에 신경을 많이 쓰는 사람은 이·미용실의 선택에 매우 신중할 것이고, 한번 결정한 이·미용실에 대해서는 높은 충성도를 보일 것이라는 것이다. 그러나 그의 연구결과 내과병원(β=.14), 음식점(β=.13)에 있어서는 관여도가 충성도에 유의한 영향을 미치는 것으로 나타난 반면 이·미용실에 있어서는 유의한 결과가 나타나지 않았다.

또한, 김철민(2002)도 소비자 관여도는 서비스 제공자의 선택 및 관계유지 행위에 영향을 줄 수 있다고 하면서, 예컨대, 자신의 헤어스타일에 민감한 사람은 미용원 선택에 매우 신중할 것이고, 따라서 기존 미용원에 대한 전환비용을 높게 인식하게 되면 타 미용원으로의 전환행위를 쉽게 할 수 없을 것이지만 자신의 헤어스타일에 별 관심이 없는 사람은 기존 미용원에 대한 전환비용을 높게 인식하더라도 쉽게 미용원 전환행위(예컨대, 보다 가까운 장소에 미용원이 생길 경우 미용원 변경 등)를 할 수 있을 것이라고 하였다.

따라서 본 연구에서는 미용서비스에 관한 소비자의 관여에 따라 소비자집단을 분류하고 두 집단 간의 소비자행동에 차이가 있는지 밝히고자 한다.

② 다양성 추구성향

다양성 추구성향은 소비자의 개인적 특성변수의 하나로 개념상 서비스 충성과 부적인 관계에 있다고 할 수 있다. 이러한 다양성 추구성향은 혁신 확산 모형에서는 신제품수용에 영향을 미치는 개인차 변수, 즉 혁신성(innovativeness)으로(Rogers와 Shoemaker, 1971), 또한 서비스문헌에서는 서비스 제공자 선택에 영향을 주는 변수로서 다루어져 왔다(Thompson과 Kaminski, 1993). 이 개념은 소비자 중에는 원래 무엇인가 새로운 것, 독특한 것을 찾는 사람들이 있고 또 그렇지 않은 사람도 있다는 가정에 기본을 두고 있다. 원래 늘 새로운 것을 추구하는 성향이 있는 소비자는 지금 이용하고 있는 서비스 제공자에 어떤 문제가 있어서가 아니라 단지 새로운 서비스 제공자가 생겼다는 이유만으로 서비스 이전을 할 수 있는 것이다. 이문규(1998)의 연구결과 다양성 추구성향은 회귀계수 $\beta=-.20$으로 이·미용실 서비스 충성도에 부적영향을 주는 것으로 확인되었다.

김철민(2002)은 특정 제품만을 사용하는 것보다는 여러 제품의 사용경험을 가지기를 기대하는 성향을 다양성향이라고 정의하고 이러한 성향을 보이는 소비자들을 다양성 추구자라고 하였다. 제품충성에 관한 연구들은 이러한 다양성향이 소비자의 전환행위에 영향을 준다고 주장하지만(Trijp 등, 1996) 소비자들의 어떠한 심리적 과정을 통해 영향을 주는지를 잘 설명해 주지 못하고 있다. 김철민(2002)의 연구에서는 높은 다양성 추구성향을 보이는 소비자들은 기존에 주로 이용하던 미용원에 대한 의존성을 낮게 지각하게 되고 따라서 기존 미용원에 대한 전환비용을 낮게 인식하게 될 것으로 추론하여 다양성향은 전환비용에 부정적 영향을 미친다고 가정하였는데, 그 결과 두 변수 사이의 관계가 유의하게 나타나지 않았다.

한편, 이러한 다양성 추구성향에 대한 연구들은 대부분 점포 다양성 추구성향에 관한 척도들을 사용하여 진행되었으나, 미용서비스산업에 있어서는 헤어스타일 다양성 추구성향에 따라 소비자행동이 변화할 것이라는 가설을 세워볼 수 있다. 선행연구들에서 헤어스타일 다양성 추구성향과 충성과의 관련을 다룬 연구는 찾아볼 수 없었으며, 따라서 그들의 상관관계에 대한 규명도 이루어지지 않았다. 따라서 본 연구에서는 헤어스타일 다양성 추구성향과 점포 다양성 추구성향 및 충성과의 관련성을 규명하고자 하며, 헤어스타일 다양성 추구성향에 따라 소비자집단을 분류하고 두 집단 간의 충성행동에 차이가 있는지 밝히고자 한다.

(8) 모형 내에 투입되지 않은 변수들

본 절에서는 선행연구 분석결과 추출되기는 하였으나 본 연구의 연구모형에 투입되지 않은 변수들(점포이미지, 고객지향성, 신뢰, 몰입, 위험지각)에 대하여, 각각의 변수들이 연구모형에서 제외된 원인을 설명하고자 한다.

① 점포이미지

점포충성과 관련한 기존연구들에서는 사회경제적 특성, 지리적 요인, 점포이미지 등 점포충성에 영향을 미치는 개별변수들의 확인에 중점을 두어 왔다(조광행과 박봉규, 1999). 그 결과 연구결과가 비교적 단편적이었으며 연구모형의 설명력도 매우 낮은 것으로 나타나, 점포충성을 설명하는 데 있어서 미흡한 결과를 보여 왔다. 조광행·박봉규(1999)는 이러한 의문을 해소하고자 '충성도는 고객만족과 전환장벽의 결합에 기인한다'는 Biong(1993), Fornell(1992), Selnes(1993)의 연구를 근거로, 기존연구에서 주로 다루었던 점포이미지 변수와 함께 그동안 고려되지 않았던 고객만족 및 전환장벽을 도입하여 실증 분석한 결과, 점포충성의 결정요인으로는 점포이미지보다는 고객만족과 전환장벽이 영향을 미친다는 점을 제시하였다. 점포이미지는 점포충성에 직접적인 영향을 미치기보다는 고객만족에 직접적인 영향을 미치며, 이를 통해 점포충성에 간접적으로 영향을 미치는 것으로 나타나고 있다. <그림 2-16>에서 제시한 모델은 조광행과 박봉규(1999)의 연구모형으로 점포충성도 변량의 64%를 설명하고 있는 것으로 나타났다.

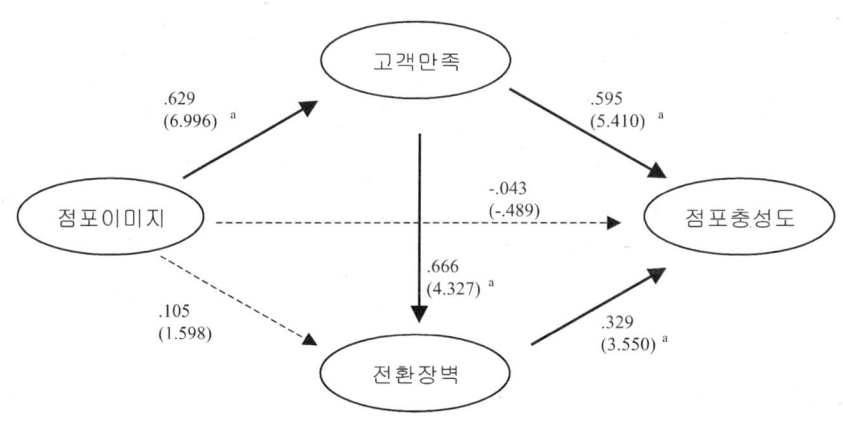

숫자는 표준경로계수(t값), a는 p<.001

〈그림 2-16〉 조광행과 박봉규(1999)의 연구모형의 가설검증결과

또한 <표 2-17>에서 나타나듯이, 서비스영역의 충성연구에 있어서 점포이미지가 충성의 결정변인으로 투입된 연구의 수는 유형재를 대상으로 한 연구 중 점포이미지를 변인으로 투입한 연구 수에 비하여 매우 적으며, 그 결과도 충성에 만족을 경유한 간접적 경로로 제시되고 있다. 이는 점포이미지의 구성 차원이 상품관련속성과 점포관련속성으로 구성된다는 점에서 그 원인을 찾을 수 있을 것이다. 유형재와는 달리 서비스영역의 경우 대부분 상품특성 영역이 없거나 매우 축소되어 있으므로, 점포이미지의 영향력이 상대적으로 낮아진다

고 볼 수 있다. 또한, 서비스품질 차원 중 유형성 차원은 점포이미지의 점포관
련속성과 상당부분 유사하다. 따라서 점포이미지차원은 유형재의 점포충성연구
에는 매우 적합한 변수일 수 있으나, 무형의 서비스제품을 대상으로 한 연구에
서는 이보다 서비스품질, 소비자만족, 전환장벽 등이 충성을 설명하는 더욱 강
력한 변수가 될 수 있을 것이다. 따라서 본 연구의 개념적 모형에는 점포이미
지 변수를 투입하지 않고자 한다.

② 고객지향성

고객지향성이란 기업 활동을 수행함에 있어 고객의 중요성을 인식하여 고객
의 만족을 강조하고, 기업의 전략과 정책결정의 핵심에 고객을 두는 조직 가치
를 말한다. 따라서 기업이 고객과의 관계를 유지하고, 소비자를 고객으로 취급
하며, 고객의 신뢰를 구축함으로써 고객과의 관계를 강조하는 기업의 사고를
고객지향적이라고 할 수 있다(지헌주, 2000).

Swan 등(1985)의 연구에 의하면, 고객지향이란 고객의 욕구파악, 친절성, 신
속한 반응 그리고 고객의 요구해결을 위한 능력의 네 가지 범주로 나눌 수 있
으며, 서비스 제공자가 고객의 이해를 우선으로 하고 일하는 사실을 좀 더 전
달하면 할수록 고객이 서비스품질에 대한 지각을 좀 더 강하게 받는다고 하였
다. 즉, 고객지향성은 기업차원에서 가지는 개념이고 소비자들은 이를 서비스품
질의 한 차원으로 평가할 수 있을 것이다. 선행연구들에서도 서비스품질과 고
객지향성을 함께 변수로 투입한 경우는 찾아볼 수 없으며, 고객지향성은 주로
장기적 관계형성에 있어서 관계혜택과 더불어 서비스를 평가하는 차원으로 연
구에 투입되었다. 본 연구에서는 이미 서비스품질을 연구의 변수로 투입하기로
하였으므로, 서비스품질의 하위차원으로 인식되는 고객지향성은 별도의 변수로
투입하지 않고자 한다.

③ 신　뢰

관계마케팅에서 빈번하게 다루어지는 주제는 고객과의 장기적 관계이며, 이 때 관계품질변수로 만족, 신뢰, 몰입 등이 다루어진다. 판매자－구매자의 신뢰를 중시하는 것이 관계적 교환의 출발점이며, 몰입은 상호의존의 최종단계로서, 구매자와 판매자가 다른 파트너로 전환할 가능성에 대한 탐색을 포기할 정도로 그들이 관계에 만족했을 때 생긴다고 볼 수 있다.

여기서 신뢰는 실제 소비자들이 지각한 성능이 사전에 기대했던 성능과 일치하였을 때 형성되는 감정으로 기업이 소비자가 이루고자 하는 목표를 달성하는 데 도움을 줄 것이라는 확실한 기대와 기업이 소비자에게 손해를 입힐 위험이 존재하더라도 그 기업에 의존하려는 의향으로 정의된다(Moorman 등 1992, Huff, 2000).

관계품질에 관한 여러 연구들은 현재 활발하게 연구가 진행되고 있는 분야이며 신뢰에 관한 논의 또한 다양하게 진행되고 있다. 신뢰와 만족의 선후관계 역시 활발히 연구되고 있는데, 서비스품질의 하위차원으로 연구되는 신뢰성이 만족의 선행요인이라는 데 대체로 동의한다고 보면 신뢰를 만족의 선행요인이라고 볼 수 있을 것이며, 몇몇 연구들(지헌주, 1999)에서도 신뢰가 만족에 선행하는 개념이라고 보았다. 반면, 다른 연구들(박소연 2002, 안우규 2003)에서는 장기적 발달에 있어 만족을 신뢰의 선행개념으로 보고 있다.

한편, Shamdasani와 Balakrishnan(2000)의 이·미용실을 대상으로 충성을 다룬 연구에서와 같이 신뢰와 만족 두 변인이 모두 충성에 영향을 미친다고 하는 연구들이 발표되기도 하였다. 그러나 최수경(2002)의 미용실과 미용사를 대상으로 한 연구에서는 신뢰가 종업원충성도 및 기업충성도에 유의한 영향을 미치지 않는 것으로 나타났다.

이러한 신뢰에 관한 상이한 견해들을 근거로 신뢰라는 변수를 투입하였을 경우 모델의 설명력이 떨어질 것으로 판단되어 본 연구에서는 변수로 투입하지 않고자 한다. 후속연구에 있어서는 인적신뢰와 점포신뢰에 관한 연구가 별도로 진행될 수 있을 것이다.

④ 몰 입

관계마케팅에서 빈번하게 다루어지는 관계품질의 또 다른 변수는 몰입이나, 몰입은 연구자에 따라 충성과 동일한 개념으로 다루어지는 경우가 많다. Oliver (1997 p.392)는 충성이란 선호하는 제품이나 서비스를 미래에도 지속적으로 재구매하고 재애고하려는 깊은 몰입을 가지는 것이라고 하였으며, Reynolds와 Arnold(2000)는 판매원충성(salesperson loyalty)을 특정 판매요원과 거래를 계속할 몰입과 의도로, 그리고 점포충성(store loyalty)을 특정한 점포와 거래를 계속할 몰입과 의도로 정의하였다. Macintosh와 Lockshin(1997)은 인적 차원에서는 신뢰와 몰입의 개념을 사용한 반면, 점포차원에서는 점포몰입을 점포충성과 동일한 개념으로 보았다. Sheth와 Parvatiyar(1995) 역시 점포수준의 몰입은 긍정적 태도와 재구매행동을 포함하는 점포충성과 동일개념이라고 정의하였다.

본 연구에서의 서비스 충성의 개념은 행위적 관점과 태도적 관점을 모두 포함하므로 몰입을 충성에 포함되는 개념으로 보고 연구모델에 별도로의 변수로 투입하지 않기로 한다.

따라서 본 모델에서는 관계품질 변수인 만족, 신뢰, 몰입 중 만족만을 변수로 투입하고자 한다. 지헌주(1999)는 고객만족을 누적적 관점에 따라 '시간의 경과에 따른 여러 번의 거래 및 소비경험에 근거한 전반적 평가'라고 정의하였듯이, 본 모델에서의 만족은 단기적 만족뿐만이 아닌 장기적 만족을 포함하는 개념이다. 즉, 서비스품질과 서비스비용 평가를 통하여 고객은 단기적 만족을 형성하게 되며, 관계혜택지각을 통하여 장기적 만족을 형성하게 되고, 이러한 만족이 결과적으로 충성으로 이어질 것이라고 가정해 볼 수 있다.

⑤ 소비자 특성변수 중 위험지각

복잡한 서비스의 경우(예를 들어, 외과적 수술, 재정상담 등)에는 고객의 위험지각이 매우 높으며 이 경우 소비자들은 신뢰할 만한 서비스 제공자를 찾아나서며 장기적 관계를 가지고자 동기 부여된다(Bove와 Johnson 2000, Barns 1995). 미용서비스와 같이 구매 전 정보량이 극히 제한되어 있고 서비스의 생산과정에 소비자의 신체를 제공해야 하는 인적 서비스 범주에서 소비자의 위험지각은 특정서비스 제공자를 선택하고자 하는 소비자에게 긴장 내지 갈등을 유발시킴으로서 서비스의 품질평가와 소비자들의 느낌이나 감정 및 판단적 신념을 포함하는 소비자 만족에도 중요한 영향을 미칠 것이다(박은주 외, 2002) 한편, 동일한 미용서비스에 대해서도 소비자에 따라 위험지각을 높게 하기도 하고 낮게 하기도 할 것이다.

그러나 위험지각을 소비자 특성변수로 투입한 이문규(1998)의 연구결과, 내과병원, 이·미용실. 음식점 모두에 있어서 위험지각이 충성도에 유의한 영향을 나타내지 않았다. 한편, 지각된 위험과 종업원 신뢰 및 몰입의 관계를 연구한 최수경(2002)의 연구에서는 고객의 지각된 위험이 낮을수록 종업원에게 더욱 신뢰 및 몰입하게 된다는 가설을 지지하였다. 따라서 이러한 상반된 선행연구들의 결과들을 인적수준과 점포수준으로 분리한 충성 모형에 투입할 경우보다 명확하게 소비자행동을 밝힐 수 있을 것으로 기대된다.

그러나 위험지각의 다양한 차원들을 연구에 포함시킬 경우 설문의 양이 지나치게 많아져 응답의 신뢰성이 떨어질 것으로 우려되므로, 위험지각에 관한 연구는 별도의 후속연구로 제언하며 본 연구에서는 포함시키지 않기로 한다.

3. 연구의 개념적 모형

앞 장에서의 이론적 고찰에 의해 최종적으로 고객의 이원적 충성행동 모델에 투입하기로 논의된 변수들은 서비스비용, 서비스품질, 관계혜택, 인적만족, 점포만족, 인적전환비용, 점포전환비용, 인적충성, 점포충성, 인적구전, 점포구전, 소비자 특성변수 중 헤어스타일 관여도, 헤어스타일 다양성 추구성향으로 총 13개이며, 투입하지 않기로 논의된 변수들은 점포이미지, 고객지향성, 신뢰, 몰입, 소비자 특성변수 중 위험지각으로 총 5개이다. 이를 정리하면 <표 2-22>과 같다.

〈표 2-22〉 선행연구에서 추출된 변수들의 최종 투입여부

선행연구에서 추출된 변수	본 연구에의 투입여부	최종 투입변수
만 족	○	인적만족, 점포만족
서비스품질	○	서비스품질
서비스가치 및 비용	○	서비스비용
점포이미지	×	
관계혜택	○	관계혜택
고객지향성	×	
신 뢰	×	
몰 입	×	
전환장벽, 전환비용	○	인적전환비용, 점포전환비용
구전, 명성	○	인적구전, 점포구전
관 여	○	관여(헤어스타일 관련)
다양성 추구성향	○	다양성 추구성향(헤어스타일 관련)
위험지각	×	
충 성	○	인적충성, 점포충성

최종적으로 추출된 변수들 중 소비자 특성변수 2개를 제외한 총 11개의 변수들을 앞 장에서 전술한 각 변수 간의 상관을 고려하여 구성한 개념적 모형은 <그림 2-17>과 같다.

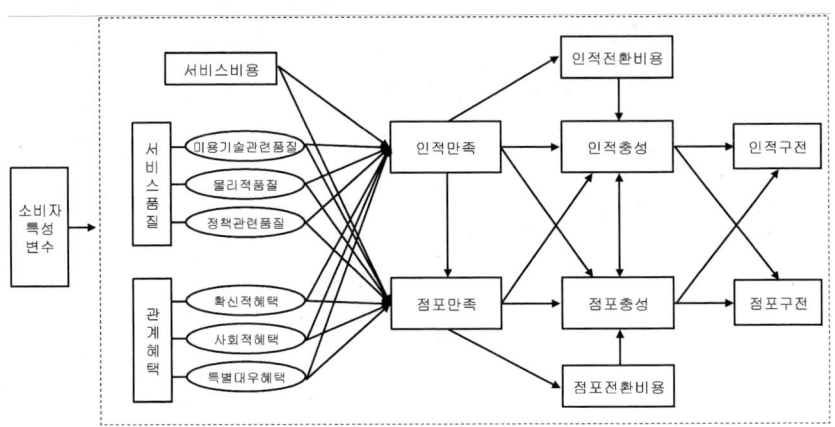

〈그림 2-17〉 미용서비스 소비자의 이원적 충성행동에 관한 개념적 모형

본 모델에서는 인적요인과 기업요인을 분리하여 이들의 상호관계를 파악함으로써 미용서비스 맥락에서의 소비자행동에 대한 설명력을 높이고자 하였다. 본 모델에서 제시하는 명제는 다음과 같다.

첫째, 충성은 개인-개인 간 관계에서 형성되는 인적충성과 개인-기업 간에서 형성되는 점포충성의 두 가지 차원으로 분리할 수 있다.

둘째, 서비스품질과 서비스가치비용 지각을 통해 단기적 만족이 형성되고, 관계혜택지각을 통해 장기적 만족이 형성되는데, 인적만족과 점포만족에 기여하는 각각의 차원들에는 차이가 있을 것이다.

셋째, 만족은 전환비용을 매개로 충성에 영향을 미치며 이때 인적요인들과 점포요인들 사이의 상관 정도에는 차이가 있을 것이다.

넷째, 충성 이후 소비자행동으로는 인적구전과 점포구전이 발생할 것이다.

이후의 연구에서는 개념적으로 제시된 모형을 실증적으로 확인하고 각 변수들의 영향력을 밝히고자 한다.

제 3 장

실 증 적 연 구

03

본 연구의 목적은 미용서비스산업에 있어서 소비자가 이원적 충성행동을 보이는지 확인하고, 이러한 행동을 설명할 수 있는 변수들에 있어 각 변수들의 영향력과 경로를 밝힌 후, 밝혀진 결과에 따른 마케팅 전략을 제시하는 것이다. 이론적 연구에서는 이원적 충성의 개념을 확인하고 모델을 구성하였으며, 본 장에서는 이를 실증적으로 확인하기 위해 설정된 연구문제와 연구방법 및 절차에 대해 설명하고자 한다.

제1절 연구문제 및 용어의 정의

본 절에서는 연구문제 및 가설을 설정하고, 연구에 사용된 용어를 정의하고자 한다.

1. 연구문제의 설정

실증적 연구문제는 크게 4부분으로 나누어진다.

먼저, 미용서비스산업에 있어서 충성행동 관련 변수들이 인적수준의 변인들(인적만족, 인적충성도, 인적전환비용, 인적구전)과 점포수준의 변인들(점포만족, 점포충성도, 점포전환비용, 점포구전)로 분리되는 개념임을 확인하고자 한다(연

구문제 1). 둘째, 서비스품질의 각 차원(연구문제 2-1)과 관계혜택(연구문제 2-2)
의 각 차원을 밝힌 후, 각 차원들 및 서비스비용이 인적만족 및 점포만족에 미
치는 영향력을 규명하고자 한다(연구문제 2-3). 셋째, 이론적으로 구성된 미용서
비스 소비자의 이원적 충성행동에 관한 모형의 공분산구조모델 검증을 통하여
각 변수의 경로와 영향력을 밝힌다(연구문제 3). 넷째, 소비자 특성(관여도, 다
양성 추구성향)에 따라 고객의 이원적 충성행동 모형에 차이가 있는지 살펴보
고자 한다(연구문제 4).

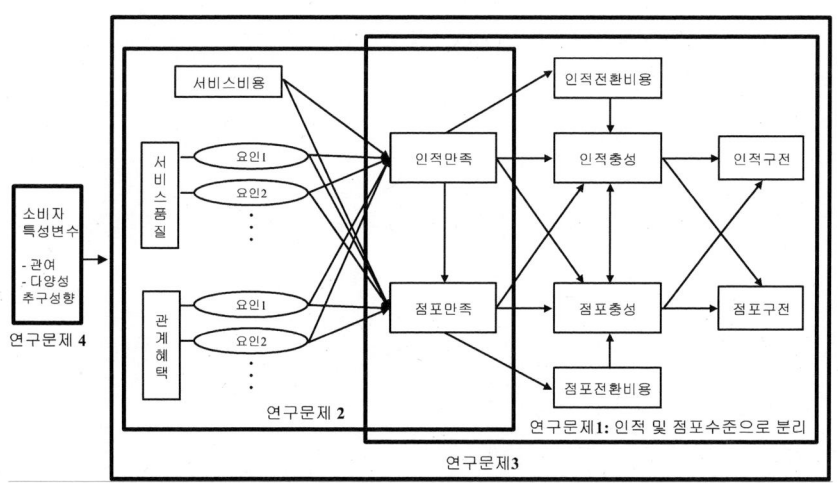

〈그림 3-1〉 본 연구의 개념적 틀 및 연구문제

구체적인 연구문제는 다음과 같다.

연구문제1: 미용서비스 소비자의 충성행동에 관련된 변수들이 각각 인적수준
의 변인들(인적만족, 인적충성도, 인적전환비용)과 점포수준의 변
인들(점포만족, 점포충성도, 점포전환비용)로 분리되는 개념임을
확인한다.

연구문제2: 미용서비스 소비자들이 지각하는 서비스품질의 각 차원과 관계혜
택의 각 차원을 밝힌 후, 각 차원들 및 서비스비용이 인적만족
및 점포만족에 미치는 영향력을 규명한다.

연구문제2-1: 미용서비스 소비자들이 지각하는 서비스품질의 각 차원을 밝힌다.

연구문제2-2: 미용서비스 소비자들이 지각하는 관계혜택의 각 차원을 밝힌다.

연구문제2-3: 서비스품질, 관계혜택, 서비스비용이 인적만족, 점포만족에 미
치는 영향력을 규명한다.

연구문제3: '미용서비스 소비자의 이원적 충성행동에 관한 모형'의 공분산구
조모델 검증을 통하여 모델의 적합도를 확인하고 각 변수의 경
로와 영향력을 밝힌다.

연구문제4: 소비자 특성(관여도, 다양성 추구성향)에 따라 이원적 충성행동
모형의 각 경로별 크기에 차이가 있는지 밝힌다.

2. 용어의 정의

본 연구의 개념적 틀을 구성하는 데 사용된 핵심 용어들의 조작적 정의는
다음과 같다.

인적충성: 소비자가 특정 서비스 제공요원에 대해 일정기간 동안 보이는 호
의적 태도 및 그에 따른 반복구매행동

점포충성: 소비자가 특정 점포에 대해 일정기간 동안 보이는 호의적 태도 및
그에 따른 반복구매행동

인적만족: 구매 전 가졌던 기대와 구매 후 성과와의 불일치에 대한 인지적
평가로 나타나는, 특정 서비스 제공요원에 대한 감정적 상태

점포만족: 구매 전 가졌던 기대와 구매 후 성과와의 불일치에 대한 인지적
　　　　　평가로 나타나는, 특정 점포에 대한 감정적 상태

인적전환비용: 서비스 제공요원을 전환하는 데 투입되는 금전적, 시간적, 심
　　　　　　리적 비용 인식

점포전환비용: 점포를 전환하는 데 투입되는 화폐적, 시간적, 심리적 비용 인식

서비스비용: 고객이 서비스를 제공받기 위해 포기, 희생해야 하는 금전적 및
　　　　　　비금전적 비용

서비스품질: 제공된 서비스에 대해 소비자들이 인식하는 성과 정도

관계혜택: 장기적 서비스관계에서 고객이 얻게 되는 편익

인적구전: 특정 서비스 제공요원과의 거래에 대해 다른 사람에게 추천하거나
　　　　　이야기할 의도나 행동

점포구전: 특정 점포와의 거래에 대해 다른 사람에게 추천하거나 이야기할
　　　　　의도나 행동

제2절 연구방법 및 절차

　실증적 연구를 위하여 측정도구의 개발, 예비조사, 측정도구의 수정, 본 조
사, 자료분석을 실시하였으며 단계별 연구방법 및 절차는 다음과 같다.

1. 측정도구의 개발

연구문제를 실증적으로 규명하기 위하여 질문지법을 사용하였다.

각 문항의 구성을 위하여 <표 2-17>, <표 2-18>, <표 2-19>에 제시된 논

문 40편에 나타난 측정문항들을 검토하였으며, 이 밖에도 서비스품질, 관계혜택 척도관련 논문들을 참고하였다. 선행연구들에 나타난 문항들을 미용서비스산업 맥락에 맞도록 수정하고 선행연구가 진행되지 않은 항목들은 연구자가 개발하여 질문지를 완성하였다.

문헌조사와 기초조사를 거쳐 구성된 질문지에 대하여 의류학 분야의 전문가에게 내용타당도를 검증받은 후, 2005년 6월 23일~6월 24일 양일간에 걸쳐 의류학 관련 전공자 31명을 대상으로 예비조사를 실시하였다. 신뢰성 확인을 위하여 크론바하의 알파(Cronbach's alpha)를 사용하여 내적일관성을 분석한 결과, 3항목을 제외하고 알파계수가 .72~.95로 나타나 비교적 높은 내적일관성을 보여 주었다. 알파계수가 낮게 나타났던 3항목은 점포운영정책관련문항들(α=.57), 인적구전관련문항들(α=.68), 점포구전관련문항들(α=.54)이었으므로, 점포운영정책관련문항들의 경우 신뢰도를 저해하는 2개 항목을 제거하고 극단적 형용사를 사용한 문장을 수정하였으며, 구전관련문항들의 경우 부정적 구전문항을 긍정적 구전문항으로 수정하였다. 이 밖에도 예비조사를 통해 모호성이 지적된 3문항을 수정하였고 문항 간 유사성이 큰 1문항과 신뢰도를 떨어뜨리는 3문항을 제거하였다. 또한, 새로이 필요성이 제기된 미용실 사용패턴 및 응답자 헤어스타일특성 문항들을 첨가하여 최종 설문지를 완성하였다.

예비조사를 거쳐 최종 수정된 질문지는 서비스비용과 서비스품질을 묻는 문항, 관계혜택을 묻는 문항, 인적요인(인적만족, 인적충성, 인적전환비용, 인적구전)을 묻는 문항, 점포요인(점포만족, 점포충성, 점포전환비용, 점포구전)을 묻는 문항, 관여와 다양성 추구성향을 묻는 문항, 미용실 사용패턴에 관한 문항, 인구통계적 특성을 묻는 문항으로 분류하여 총 7개의 부분 총문항으로 구성되었다.

질문지의 전체 구성은 <표 3-1>과 같다.

질문지 가장 앞부분에 가장 최근에 다녀온 미용실의 위치와 이름, 규모를 묻는 문항들을 물어 이후의 질문에 답할 미용실과 미용사를 회상하게 하였다. 특정한 점포를 선정하여 점포 내에서 질문지를 작성할 경우, 첫째, 특정한 점포를 선정하는 데 있어 대표성 및 점포분류상 오류가 있을 것으로 판단되었으며, 둘째, 점포 내 미용사의 존재하에서 답하게 됨에 따라 응답자의 심리적 편향이 발생하는 오류가 있을 것으로 판단되었다. 이러한 판단에 따라, 가장 최근에 방문한 점포와 미용사를 회상하며 질문에 응하도록 하였다. 최종적인 본 조사용 질문지는 <부록 1>에 제시하였다.

<표 3-1> 질문지 구성

문항구분	측정내용	측정변수	문항 수	측정방법
선 문	경험유무, 미용실 위치, 이름, 규모		4	선다형 및 기입형
I	서비스비용	서비스비용	3	5점 리커드척도
	서비스품질	서비스품질	27	
II	관계혜택	관계혜택	16	5점 리커드척도
III	인적요인	인적만족	3	5점 리커드척도
		인적충성(태도적)	7	
		인적전환비용	4	
		인적구전	2	
IV	점포요인	점포만족	4	5점 리커드척도
		점포충성(태도적)	6	
		점포전환비용	4	
		점포구전	2	
별도문항	행동적 충성 요인	인적충성, 점포충성(행동적)	3	기입형
V	소비자 특성변수	관 여	5	5점 리커드척도
		점포 다양성 추구성향	6	
		헤어스타일 다양성 추구성향	5	
VI	소비자 사용패턴 및 헤어스타일 특성변수	소비자 미용실 사용패턴, 소비자 헤어스타일 특성	9	선다형
VII	인구통계적변수	소비자 인구통계적 특성	9	선다형

(1) 서비스비용

서비스비용을 '고객이 서비스를 제공받기 위해 포기, 희생해야 하는 금전적 및 비금전적 비용'이라고 정의함에 따라, 이를 측정함에 있어 지각된 상대적 비용개념을 도입하였으며, 금전적 비용과 더불어 시간적, 위치적 비용을 측정하고자 하였다. 선행연구를 바탕으로 <표 3-2>에서 제시한 3개의 문항을 선정하였다.

<표 3-2> 서비스비용 관련문항

측정개념	측정문항	문항번호	출처(연구자 수정)
금전적 비용	이 미용실 요금은 다른 미용실에 비하여 비싸다	1-1	Lee와 Cunningham(2001), Sirohi 등(1998), 이문규(1998), 박은주와 장영용(2002)
시간적 비용	이 미용실은 기다리는 시간이 다른 미용실에 비하여 짧다(R)	1-2	
위치적 비용	내가 있는 곳에서 이 미용실까지는 다른 미용실에 비하여 가깝다(R)	1-3	

(2) 서비스품질

본 연구에서는 서비스품질 측정문항을 개발함에 있어, 무형의 인적 서비스라는 미용서비스의 특성상 미용기술관련 서비스품질이 매우 중요할 것으로 보고 이 부분을 강화하여 설문문항들을 개발하였다. 또한, Parasuraman 등(1993)의 서비스품질 척도인 유형성, 신뢰성, 반응성, 확신성, 공감성 관련문항들 중 '공감성'은 장기적 관계에서 발생한다고 보고 이를 관계혜택 관련문항에 포함시켰다. 서비스품질 측정문항들은 <표 3-3>에서 제시한 바와 같으며, 여기에는 미용기술관련 서비스품질, 물리적 서비스품질, 정책관련 서비스품질 측정문항들이 포함되어 있다.

〈표 3-3〉 서비스품질 관련문항

차 원		측정개념	측정문항	문항 번호	출처(연구자 수정)
미용기술관련 서비스품질 (신뢰성)		머릿결 및 두피 보호	이 미용실에서 머리를 하면 머릿 결과 두피가 손상되지 않는다	1-4	황선아와 황선진 등(2001), 제미경과 김효정(2000), 박은주와 장영용(2002), Shamdasani와 Balakrishnan(2000)
		시술 이후 스 타일 연출이 용이함	이 미용실에서 머리를 하고 나면 손질이 쉽다	1-5	
			이 미용실에서 머리를 하고 나면 스타일이 좋다	1-6	
		새로운 유행 의 헤어스타일 도입	이 미용실의 미용사들은 새로운 유행스타일을 잘 연출한다	1-7	
		고객이 요구한 스타일대로 능 숙하게 연출	이 미용실의 미용사들은 기술이 뛰어나다	1-8	
			이 미용실의 미용사들은 내가 원하는 스타일대로 능숙하게 시술해 준다.	1-9	
		질문에 대답할 수 있는 풍부 한 미용지식	이 미용실의 미용사들은 미용에 대한 지식이 많다	1-10	
		다양한 헤어스 타일 제안능력	이 미용실의 미용사들이 내게 어울릴 만한 헤어스타일에 대해 잘 권해 준다	1-11	
		친절한 상담에 의한 시술	이 미용실의 미용사들은 시술 전 충분한 상담을 한다	1-12	
물리적 서비스 품질	유 형 성	편안하고 안정 된 매장분위기	이 미용실의 분위기는 편안하고 안락하다	1-13	Sivadas와Baker-PreWitt(2000) Wong과 Sohal(2003) Parasuraman 등(1988), Lee와 Cunningham(2001), 황선아와 황선진 등(2001), 제미경과 김효정(2000), 박은주와 장영용(2002), 이문규(1998), 한경아(2003), Shamdasani와 Balakrishnan(2000)
		최신 장비와 도구	이 미용실은 최신 장비와 기구를 갖추고 있다	1-14	
		현대적 설비와 인테리어	이 미용실은 현대적 설비와 인테 리어로 되어 있다	1-15	
		편의시설의 구비	이 미용실은 편의시설(휴게실, 화장실) 및 주차시설이 잘 되어 있다	1-16	
		고급의 약품이 나 용품 사용	이 미용실은 약품이나 용품의 질이 좋은 것을 사용한다	1-17	
	청 결 성	기기와 용구의 청결	이 미용실의 미용기구들은 청결하 고 정리가 잘 되어 있다	1-18	·황선아와 황선진 등(2001), 박은주와 장영용(2002), 김종신(1999), 이은미(1999)
		청결한 내부와 화장실	이 미용실의 내부와 화장실은 청결하다.	1-19	

차 원		측정개념	측정문항	문항 번호	출처(연구자 수정)
정책 관련 서비 스품 질	직원 관련 정책 (반응 및 확신 성)	직원들의 친절 성, 예의 바름	이 미용실의 직원들(미용사, 보조원, 사무원)은 친절하고 예의 바르다	1-20	Parasuraman 등(1988), Sivadas와 Baker-PreWitt(2000), Bloemer 등(1999) Wong과 Sohal(2003), 김은희(2004), Bowen과 Chen(2001) Sirohi 등(1998), 황선아와 황선진 등(2001), 제미경과 김효정(2000), 김철민(2002), 이문규(1998), 안정기(1999)
		고객불만에 대한 신속한 해결	이 미용실 직원들은 불만사항에 대하여 신속히 조치를 취한다	1-21	
		호감가는 외모와 복장	이 미용실 직원들은 옷차림이나 용모가 단정하다	1-22	
		즉각적인 서비스 능력	이 미용실 직원들은 고객들에게 즉각적인 서비스를 제공한다	1-23	
		직원 간 서비스 및 기술 표준화	이 미용실은 직원이 교체되더라도 언제나 같은 수준의 미용서비스를 받을 수 있다	1-24	
		충분한 수의 직원	이 미용실에는 고객의 필요에 응대할 충분한 수의 직원이 있다	1-25	
	점포 운영 정책	음악, 음료 서비스	이 미용실은 음악과 음료 등 서비스가 좋다	1-26	황선아와 황선진 등(2001), 제미경과 김효정(2000), Wong과 Sohal(2003), 김철민(2002), 한경아(2003), 이문규(1998)
		예약제도	이 미용실은 예약제도가 운영되고 있다	1-27	
		서비스 불만 시 재서비스	이 미용실은 머리가 마음에 들지 않으면 다시 해주는 제도가 있다.	1-28	
		개인적인 고객관리	이 미용실은 고객카드를 가지고 있다.	1-29	
		정확한 요금 명시	이 미용실은 요금이 명시되어 있다	1-30	
		신용카드 사용가능	이 미용실에서는 신용카드의 사용이 가능하다	1-31	
		가격할인혜택의 제공	이 미용실에는 할인혜택제도(쿠폰제, 아침시간 할인 등)가 있다	1-32	
		적절한 점포 운영시간	이 미용실 영업시간은 고객에게 편리한 시간이다	1-33	

(3) 관계혜택

미용서비스산업의 맥락을 연구대상으로 하여 진행된 관계혜택관련 선행연구는 매우 부족한 관계로, 유형재 및 여타의 서비스산업관련 선행연구를 통해 추출된 문항들을 미용서비스산업에 맞는 문장으로 변형하여 재작성하였다. 주로 Gwinner

등(1998)의 연구결과인 확신적 혜택(지각된 위험과 불안의 감소, 높은 단계의 신뢰와 확신), 사회적 혜택(우정 및 가족애), 특별대우혜택(가격할인 빠른 서비스 등의 경제적 이득)요인을 바탕으로 구성하였으며, 또한 서비스품질의 한 차원인 '공감성' 관련문항들도 포함시켰다. 관계혜택 측정문항들은 <표 3-4>에 나타난 바와 같다.

〈표 3-4〉관계혜택 관련문항

차원	측정문항	문항번호	출처(연구자 수정)
확신적 혜택	이 미용실에서는 머리가 잘 나올 것이라는 확신이 있다	2-1	Gwinner 등(1998), 이용기 등(2002), 안우규(2003) 김지연(2005), Reynolds와 Beatty(1999), 최영식(2003), Shamdasani와 Balakrishnan(2000), 제미경과 김효정(2000)
	이 미용실에서는 마음이 편안하다	2-2	
	이 미용실에서 머리하는 과정들을 익숙히 알고 있다.	2-3	
	나는 이 미용사를 신뢰할 수 있다	2-4	
	이 미용사는 자신이 할 수 있는 최상의 서비스를 내게 해준다.	2-5	
	이 미용사는 내가 원하는 스타일을 잘 알고 있다	2-6	
사회적 혜택	이 미용실의 몇몇 직원들은 나를 알아본다	2-7	Gwinner 등(1998), 안우규(2003) 이용기 등(2002) Guenzi와 Pelloni(2004) Reynolds와 Beatty(1999) 김지연(2005), Shamdasani와 Balakrishnan(2000), 최수경(2002), 제미경과 김효정(2000)
	직원들은 내 이름이나 직함을 불러 준다	2-8	
	나는 이 미용실 직원들과의 친분이 즐겁다	2-9	
	나는 이 미용사와 매우 친근하다	2-10	
	나는 이 미용사와 나눌 이야기가 많다	2-11	
	나와 이 미용사와 서로의 개인적 신상에 대해 어느 정도 알고 있으며 관심을 가지고 있다	2-12	
특별 대우혜택	이 미용실은 나에게 다른 손님들에게는 해주지 않는 특별한 서비스를 해준다	2-13	Gwinner 등(1998), 이용기 등(2002), Reynolds와 Beatty(1999), 안우규(2003), 최수경(2002), 제미경과 김효정(2000)
	나는 이 미용실에서 우선순위가 높은 손님이다	2-14	
	나는 다른 손님들보다 빠른 서비스를 받는다	2-15	
	이 미용실에서는 다른 손님들보다 할인된 가격에 내 머리를 해준다	2-16	

(4) 만 족

본 연구에서는 만족을 인적만족과 점포만족으로 분리하여 정의하였으므로, 측정에 있어서도 인적만족과 점포만족을 묻는 문항들을 분리하여 구성하였다. 한편, 질문지에는 인적요인항목들(인적만족, 인적충성, 인적 전환비용, 인적구전)

은 인적요인항목들끼리, 점포요인항목(인적만족, 인적충성, 인적 전환비용, 인적 구전)들은 점포요인항목들끼리 각각 묶어 구성하였다.

Oliver(1980), 홍금희(1992) 등의 연구에 근거하여 이용 후 감정상태와 전반적 만족을 묻는 문항들로 구성하였으며, 인적만족과 점포만족을 분리하여 연구한 Reynolds와 Beatty(1999), 안우규(2003) 등의 연구를 미용서비스 상황에 맞도록 변형하여 구성하였다. 측정문항들은 <표 3-5>, <표 3-6>에 나타난 바와 같다.

(5) 충 성

본 연구에서는 충성을 인적충성과 점포충성으로 분리하여 정의하였으므로, 측정에 있어서도 인적충성과 점포충성을 묻는 문항들을 분리하여 구성하였다. 한편, 충성도 측정에 있어 태도적 충성도와 행동적 충성도를 함께 측정하고자 태도적 충성도를 묻는 문항은 5점 리커트 척도로 다른 문항들과 함께 구성하였으며(<표 3-5>, <표 3-6>), 행동적 충성도를 묻는 문항은 단답형 문항으로 별도로 분리하여 구성하였다. 행동적 충성도 측정문항은 안정기(1999), 조광행과 박봉규(1999), Sivadas와 Baker-PreWitt(2000)에 나타난 측정문항을 미용서비스 상황에 맞게 변형하여 구성하였다.

(6) 전환비용

본 연구에서는 인적 전환비용을 '서비스 제공요원을 전환하는 데 투입되는 화폐적, 시간적, 심리적 비용 인식' 그리고 점포전환비용을 '점포를 전환하는 데 투입되는 화폐적, 시간적, 심리적 비용 인식'이라고 정의하였으므로, 이러한 개념을 반영하는 측정문항들을 개발하였다. 선행연구들을 바탕으로 개발된 측정문항들은 <표 3-5>, <표 3-6>에 나타난 바와 같다.

<표 3-5> 인적요인 측정문항

측정 개념	측정문항	문항 번호	출처 (연구자 수정)
인적 만족	이 미용사에 대해 전반적으로 만족한다	3-1	Reynolds와 Beatty(1999), 안우규(2003), Shamdasani와 Balakrishnan(2000),
	이 미용사를 선택하기를 잘했다고 생각한다	3-2	
	이 미용사에게 머리를 하면 즐겁다	3-3	
인적 충성	나는 이 미용사의 단골고객이다	3-4	Reynolds와 Beatty(1999), Wong과 Sohal(2003), Reynolds와 Arnold (2000), 최수경(2002)
	나는 머리를 할 때 이 미용사를 우선적으로 고려한다	3-5	
	나는 이 미용사에게서 계속 머리를 할 것이다	3-6	
	나는 이 미용사에게서 머리하는 요금이 다소 오르더라도 이 미용사를 계속 찾을 것이다	3-7	
	만약 이 미용사가 지역 내의 다른 미용실로 옮긴다면, 나는 그 미용사를 따라갈 것이다	3-8	
	만약 이 미용사가 현재의 미용실을 떠난다면, 더 이상 이 미용실에 오지 않을 것이다	3-9	
	나는 이 미용실에서 특정한 미용사만을 찾는다	3-10	
인적 전환 비용	모든 것을 고려할 때, 미용사를 바꾸는 데는 많은 시간과 노력이 소요될 것이다	3-11	Patterson 과 Smith(2001), 안우규(2003)
	미용사를 교체할 경우 친근감과 편안함을 잃게 될 것이다.	3-12	
	미용사를 교체할 경우 새로운 미용사가 머리를 잘 못할 위험성이 있다.	3-13	
	미용사를 교체할 경우 경제적 손실을 볼 가능성이 높다	3-14	
인적 구전	나는 이 미용사를 주변 사람들에게 추천하고 싶다	3-15	Reynolds와 Beatty(1999)
	나는 나의 주변 사람들에게 이 미용사에 대해 이야기할 것이다	3-16	

(7) 구 전

구전 역시 인적구전과 점포구전을 묻는 문항들을 분리하여 구성하였다. 선행연구들을 바탕으로 개발된 측정문항들은 <표 3-5>, <표 3-6>에 나타난 바와 같다.

〈표 3-6〉 점포요인 측정문항

측정 개념	측정문항	문항 번호	출처(연구자 수정)
점포 만족	이 미용실에 대해 전반적으로 만족한다	4-1	Reynolds와 Beatty(1999), 안우규(2003), Shamdasani와 Balakrishnan(2000), 조판래(2002), 김진숙(2003), Oliver(1980), 홍금희(1992)
	이 미용실을 선택하기를 잘했다고 생각한다	4-2	
	이 미용실이 마음에 든다	4-3	
	이 미용실에서 머리를 하면 즐겁다	4-4	
점포 충성	나는 이 미용실의 단골고객이다	4-5	Reynolds와 Beatty(1999), Wong과 Sohal(2003), Reynolds와 Arnold (2000), 김철민(2002), 이문규(1998), 이은미(1999), Shamdasani와 Balakrishnan(2000) 김진숙(2003), Sivadas와 Baker-PreWitt(2000)
	나는 미용실을 갈 때 이곳을 우선적으로 고려한다	4-6	
	나는 이 미용실을 계속 이용할 것이다	4-7	
	나는 이 미용실의 가격이 다소 오르더라도 이 미용실을 계속 이용할 것이다	4-8	
	나는 내 머리를 해준 미용사가 현재의 미용실을 떠나더라도 이 미용실을 계속 이용할 것이다	4-9	
	나는 이 미용실이 지역 내에서 점포이전을 할 경우 따라갈 것이다	4-10	
점포 전환 비용	모든 것을 고려할 때, 미용실을 바꾸는 데는 많은 시간과 노력이 소요될 것이다	4-11	김철민(2002), 김준국(2003), 조광행과 박봉규(1999)
	미용실을 바꿀 경우 친근감과 편안함을 잃게 될 것이다	4-12	
	미용실을 바꿀 경우 새로운 미용실에서 머리를 잘 못할 위험성이 있다	4-13	
	미용실을 교체할 경우 경제적 손실을 볼 가능성이 높다	4-14	
점포 구전	나는 이 미용실을 주변 사람들에게 추천하고 싶다	4-15	Reynolds와 Beatty(1999), Shamdasani와 Balakrishnan(2000), 김철민(2002), Sivadas와 Baker-PreWitt(2000), 안정기(1999), Bloemer 등(1999)
	나는 나의 주변 사람들에게 이 미용실에 대해 이야기할 것이다	4-16	

(8) 관 여

본 연구에 있어서는 '관여'를 '헤어스타일 관련 관여'로 한정하여 연구를 진행하였으며, 선행연구 고찰을 통해 개발된 측정문항들은 <표 3-7>에 나타난 바와 같다.

(9) 다양성 추구성향

본 연구에 있어서는 '다양성 추구성향' 역시 '헤어스타일 관련 다양성 추구성향'으로 한정하여 연구를 진행하였으며, 선행연구 고찰을 통해 개발된 측정문항들은 <표 3-7>에 나타난 바와 같다. 한편, 부가적 관심 사항으로 헤어스타일 다양성 추구성향과 점포 다양성 추구성향과의 상관관계 파악을 위하여 '점포관련 다양성 추구성향'문항을 추가하였다.

(10) 미용실 사용패턴 및 헤어스타일 특성변수

미용서비스산업에 관한 선행연구가 부족한 점을 감안하여 미용서비스 이용행동들에 관한 질문들을 선다형으로 실시하였다. 1회당 평균 서비스이용요금을 서비스항목별(커트, 퍼머, 염색)로 물었으며, 미용실 이용빈도, 이용패턴, 헤어스타일특성(웨이브여부, 염색여부, 머리길이)에 관한 질문이 포함되었다.

(11) 인구통계적 변수

선행연구들을 통해서 소비자행동에 대한 설명력이 클 것으로 판단되는 연령, 결혼여부, 직업, 학력, 가계의 월평균 총수입 및 지출 용돈, 가족 수 및 거주지 등을 측정하는 문항들로 구성하였다.

〈표 3-7〉 소비자 특성변수 측정문항

측정 변수	측정문항	문항 번호	출처(연구자 수정)
관여	나는 헤어스타일에 남다른 관심을 가지고 있다.	5-1	조판래(2003): 김선희(1999), Laurent와 Kupferer(1985), 이문규(1998), 안정기(1999), Oliver 와 Bearden(1985) -관여(체중), Zaichkowsky(1985) - 관여(구매결정)
관여	나에게 헤어스타일은 매우 중요한 부분이다	5-2	조판래(2003): 김선희(1999), Laurent와 Kupferer(1985), 이문규(1998), 안정기(1999), Oliver 와 Bearden(1985) -관여(체중), Zaichkowsky(1985) - 관여(구매결정)
관여	머리를 한 후 마음에 들지 않으면 다시 하는 편이다	5-3	조판래(2003): 김선희(1999), Laurent와 Kupferer(1985), 이문규(1998), 안정기(1999), Oliver 와 Bearden(1985) -관여(체중), Zaichkowsky(1985) - 관여(구매결정)
관여	나는 미용실에 관한 정보를 찾아다니는 편이다	5-4	조판래(2003): 김선희(1999), Laurent와 Kupferer(1985), 이문규(1998), 안정기(1999), Oliver 와 Bearden(1985) -관여(체중), Zaichkowsky(1985) - 관여(구매결정)
관여	미용실 선택은 나에게 있어 매우 중요한 결정이다	5-5	조판래(2003): 김선희(1999), Laurent와 Kupferer(1985), 이문규(1998), 안정기(1999), Oliver 와 Bearden(1985) -관여(체중), Zaichkowsky(1985) - 관여(구매결정)
다양성 추구 성향 (점포 관련)	나는 보통 한군데 보다는 여러 미용실에서 머리손질을 한다	5-6	김철민(2002), 김준국(2003) Trijp(1996), 이문규(1998), 조판래(2002)
다양성 추구 성향 (점포 관련)	마음에 드는 미용실이 있으면 다른 미용실은 거의 찾지 않는다(R)	5-7	김철민(2002), 김준국(2003) Trijp(1996), 이문규(1998), 조판래(2002)
다양성 추구 성향 (점포 관련)	현재 이용하는 미용실 이외에 새로운 미용업체를 이용하려고 한다.	5-8	김철민(2002), 김준국(2003) Trijp(1996), 이문규(1998), 조판래(2002)
다양성 추구 성향 (점포 관련)	나는 여러 미용실에 대하여 반드시 이용하지는 않더라도 두루 알아보는 편이다.	5-9	김철민(2002), 김준국(2003) Trijp(1996), 이문규(1998), 조판래(2002)
다양성 추구 성향 (점포 관련)	새 미용실이 생기면 어떤지 알아보고자 일단 이용해 본다	5-10	김철민(2002), 김준국(2003) Trijp(1996), 이문규(1998), 조판래(2002)
다양성 추구 성향 (점포 관련)	나는 한 미용실만 계속 이용하면 싫증을 느끼게 된다	5-11	김철민(2002), 김준국(2003) Trijp(1996), 이문규(1998), 조판래(2002)
다양성 추구 성향 (헤어 스타일 관련)	나는 유행하는 헤어스타일에 관심이 많다	5-12	연구자 개발
다양성 추구 성향 (헤어 스타일 관련)	나는 유행하는 헤어스타일을 따르는 편이다	5-13	연구자 개발
다양성 추구 성향 (헤어 스타일 관련)	나는 헤어스타일을 자주 바꾼다	5-14	연구자 개발
다양성 추구 성향 (헤어 스타일 관련)	나는 한 가지 머리스타일을 유지하는 편이다(R)	5-15	연구자 개발
다양성 추구 성향 (헤어 스타일 관련)	나는 한 가지 헤어스타일만 계속 하면 싫증을 느끼게 된다	5-16	연구자 개발

2. 자료수집과 표본의 구성

미용서비스 소비자의 이원적 충성행동에 관한 실증적 조사를 위하여 서울, 대전 지역에서 만 18세 이상 성인여성 소비자를 편의 표집한 후 질문지 조사를 실시하였다.

조사대상자는 최근 일 년간 미용사 2명 이상(보조원 제외)이 있는 미용실을 이용한 경험이 있는 소비자로 제한하였는데, 이는 미용사가 1인인 점포의 경우 인적요인들과 점포요인들이 구분되어 측정되지 않을 것으로 판단되었기 때문이다. 설문 배포 시 조사요원들에게 조사대상자의 제한에 대하여 설명하였으며, 설문지 가장 첫 문항에 다시 한번 이를 확인하였다.

자료의 배포 및 수집은 2005년 7월 1일에서 7월 15일 사이에 이루어졌고, 질문지는 615부가 배포되어 600부가 회수되었다(회수율 97.6%). 이 중 헤어스타일의 제한을 받는 고등학교 재학생의 응답 12부를 분석에서 제외하였고, 이 밖에도 연구문제의 측정변수항목에 결측 값을 가진 설문 95부를 분석에서 제외하여 총 493부를 통계처리에 사용하였다.

표본의 인구통계적 특성은 다음 <표 3-8>에 나타난 바와 같다.

표본의 연령은 20~62세의 범위를 가지며 평균 32.2세이다. 연령대별로 보면 20대가 46.5%, 30대가 32.5%, 40대가 15.6%, 50대 이상이 5.0%의 분포를 나타내어 우리나라 인구추계 비율(2005년 현재 추계인구: 20대 25.9%, 30대 29.0%, 40대 27.6%, 50대 17.5%)에 비해 20대, 30대 응답자의 비율은 높고 40대, 50대 응답자의 비율은 낮은 것으로 나타났다.

응답자의 결혼여부는 미혼이 56.2%, 기혼이 43.0%로 나타나 미혼의 비율이 높았으며, 직업에 있어서는 학생의 비율이 24.1%로 가장 높았고, 그 다음으로 사무직(18.7%), 판매 및 서비스직(18.5%), 전문직(15.2%), 전업주부(15.0%) 순이었다.

학력에 있어서는 대학교 재학 및 대학졸업의 비율이 62.7%로 매우 높게 나타나 학력수준이 높은 응답자 특성을 나타내고 있음을 알 수 있다. 월평균 가계 총수입 또한 평균 357.8만 원으로 나타나 도시근로자가구 월평균 소득인 약 311.0만 원(2005년 2 / 4분기−통계청)에 비하여 높은 특징을 나타내고 있다.

〈표 3-8〉 유효표본의 인구통계적 특성(N=493명)

항목	범　주	빈도	백분율 (%)	항　목	범　주	빈도	백분율 (%)
연령	20대	229	46.5	월평균가계 총수입	100만원 미만	28	5.7
	30대	160	32.5		100-200만 미만	90	18.3
	40대	77	15.6		200-300만 미만	94	19.1
	50대 이상	25	5.0		300-400만 미만	79	16.0
	무응답	2	.4		400-500만 미만	61	12.4
결혼 여부	미　혼	277	56.2		500-600만 미만	35	7.1
	기　혼	212	43.0		600-700만 미만	29	5.9
	기　타	1	.2		700만 이상	44	8.9
	무응답	3	.6		무응답	33	6.7
직업	전업주부	74	15.0	생활수준 (가족 1인당 수입기준)	상: 상위4분위 (137.5만 원 이상)	129	26.2
	학　생	119	24.1				
	생산직	1	.2		중: 중간2~3분위	208	42.2
	판매 및 서비스직	91	18.5		(50만 원초과−		
	사무직	92	18.7		137.5만 원 미만)		
	전문기술직	11	2.2		하: 하위1분위	123	24.9
	경영관리직	2	.4		(50만 원 이하)		
	전문직	75	15.2		무응답	33	6.7
	기　타	28	5.7				
	무응답	0	0				
학력	초등 또는 중학교졸업	7	1.4	거주지	서울 및 경기지역	235	47.7
	고등학교 졸업	84	17.0		대전 및 충남지역	245	49.7
	대학교 재학 및 졸업	309	62.7		기타지역	6	1.2
	대학원 재학 및 졸업	91	18.5		무응답	7	1.4
	무응답	2	.4				

　한편, 월평균 가계 총수입을 가족 수로 나누어 산출한 가족 1인당 수입은 평균 104.8만 원으로 나타났다. 가족 1인당 수입을 근거로 이를 4분위로 나누어 표본을 생활수준별(상, 중, 하)로 분류하였다.

끝으로 응답자의 거주지를 살펴보면, 서울 및 경기지역이 47.7%를 차지하였고, 대전 및 충남지역이 49.7%를 차지하였다.

3. 자료의 분석

본 연구에서는 설정된 가설을 검증하기 위하여 SPSS 12.0 Package를 사용하여 주성분 요인분석과 신뢰도 분석(Cronbach's α), Peaarson의 상관관계, 일원 분산분석, T-검정 등을 실시하였고, 본 연구에서 제시한 미용서비스 소비자의 이원적 충성행동에 관한 모델의 전체 경로모형을 검증 및 다모집단 동시분석을 위하여 Amos 5.0 Package를 사용하였다.

제 4 장

분석결과 및 논의

04

본 장에서는 이론적 연구를 토대로 설정된 연구문제들을 실증적으로 분석한 결과들을 제시하고 제시된 결과들에 대하여 논의하고자 한다.

제1절 이원적 충성행동 관련 변수들의
인적수준 및 점포수준으로의 분리

본 절에서는 미용서비스 소비자의 충성행동 관련 변수인 만족, 전환비용, 충성, 구전이 각각 인적수준과 점포수준으로 분리되는지 확인하고자 한다. 미용서비스산업에 있어서 충성행동의 구성변수인 만족, 전환비용, 충성, 구전이 각각 인적수준과 점포수준으로 분리되는지를 확인하기 위하여, 질문지에 포함된 만족관련문항들(인적만족, 점포만족 문항들), 전환비용관련문항들(인적전환비용, 점포전환비용 문항들), 충성관련문항들(인적충성, 점포충성 문항들), 구전관련문항들(인적구전, 점포구전 문항들)에 대하여 각각 탐색적 요인분석을 실시하였다. 또한, 이를 확인적 요인분석을 통하여 검증함으로써, 각각의 변수들이 서로 다른 요인들로 분리되는지 확인하였다.

탐색적 요인분석에 앞서, 구성개념별로 문항 간 신뢰도검증을 위하여 크론바하의 알파값(Cronbach's alpha)을 확인하였다. 크론바하의 알파를 비롯한 신뢰성 측정은 다항목으로 측정된 변수가 내적일관성을 확보하였는가를 측정하는 것으로 값이 높을수록 신뢰성이 높다고 할 수 있다. 그 결과 문항 간 신뢰도를 떨어뜨리는 것으로 판단되는 2문항(인적만족관련 1문항, 점포만족관련 1문항)을 제외하고 나머지 문항들을 탐색적 요인분석에 투입하였다.

먼저, 만족관련문항들이 인적수준과 점포수준으로 분리되는지 확인하기 위하여, 인적만족관련문항 2문항 점포만족관련문항 3문항을 투입하여 요인분석을 실시하였다. 요인 수 2로 고정하여 탐색적 요인분석을 실시한 결과 <표 4-1>과 같이 인적만족 문항과 점포만족 문항으로 분리됨을 확인하였다.

두 번째, 전환비용관련문항들이 인적수준과 점포수준으로 분리되는지 확인하기 위하여, 인적전환비용관련문항 4문항 점포만족관련문항 4문항을 투입하여 요인분석을 실시하였다. 첫 번째 요인분석결과 인적수준과 점포수준으로의 분리를 방해하는 2문항이 파악되어 이 2문항을 제외하고 다시 요인의 수를 2로 고정하여 두 번째 요인분석을 실시한 결과 <표 4-1>과 같이 인적전환비용 문항과 점포전환비용 문항으로 분리되었다. 이후의 분석은 인적수준과 점포수준으로의 분리를 방해하는 2문항을 제외하고 진행되었다.

세 번째, 충성관련문항들이 인적수준과 점포수준으로 분리되는지 확인하기 위하여, 인적충성관련문항 7문항 점포충성관련문항 6문항을 투입하여 요인분석을 실시하였다. 요인분석결과 두 가지 요인으로 분리되기는 하였으나 그 내용상 '인적충성 및 점포충성을 모두 포함하는 일반적 충성' 요인과 '서비스요원이 점포를 떠난 상황을 가정한 상태에서의 인적충성(보다 적극적인 의미의 인적충성)' 요인으로 분리되었다. 그러나 본 연구의 핵심 주제는 '인적충성'과 '점포충성'의 두 개념 간의 관계를 파악하는 것이므로, 연구의 목적상 '일반적 충성' 속에 포함된 인적충성관련문항들을 제외하고 나머지 문항들만을 선택하여 '점포충성' 요인으로 분리하는 것이 바람직하다고 판단되었다. 이러한 의도로 인적충성관련문항 4문항을 제거하고 다시 인적충성관련문항 3문항, 점포충성관련문항 6문항을 투입하여 요인분석을 실시하였다. 그 결과 2가지 요인이 분리되었고, 신뢰도를 저해하는 2문항을 제외하고 인적충성문항 3문항, 점포충성문항 4문항이 최종 도출되었다. 그 결과는 <표 4-1>에 나타난 바와 같다.

〈표 4-1〉 인적수준 및 점포수준 분리확인을 위한 각 개념별 탐색적 요인분석결과

개념	요인 차원	하위구성문항	문항 번호	요인 부하량	고유치	설명 변량 (%)	문항 간 신뢰도
만족	인적 만족	이 미용사에 대해 전반적으로 만족한다	3-1	.896	.677	13.530	.910
		이 미용사를 선택하기를 잘했다고 생각한다	3-2	.886			
	점포 만족	이 미용실에 대해 전반적으로 만족한다	4-1	.872	3.738	74.755	.918
		이 미용실을 선택하기를 잘했다고 생각한다	4-2	.853			
		이 미용실이 마음에 든다	4-3	.857			
					누적변량: 88.285		
전환 비용	인적 전환 비용	모든 것을 고려할 때, 미용사를 바꾸는 데는 많은 시간과 노력이 소요될 것이다	3-11	.684	.595	9.921	.791
		미용사를 교체할 경우 친근감과 편안함을 잃게 될 것이다.	3-12	.738			
		미용사를 교체할 경우 새로운 미용사가 머리를 잘 못할 위험성이 있다.	3-13	.845			
	점포 전환 비용	모든 것을 고려할 때, 미용실을 바꾸는 데는 많은 시간과 노력이 소요될 것이다	4-11	.817	3.835	63.912	.846
		미용실을 바꿀 경우 친근감과 편안함을 잃게 될 것이다	4-12	.782			
		미용실을 교체할 경우 경제적 손실을 볼 가능성이 높다	4-14	.805			
					누적변량: 73.833		
충성	인적 충성	만약 이 미용사가 지역 내의 다른 미용실로 옮긴다면, 나는 그 미용사를 따라갈 것이다	3-8	.791	1.255	17.935	.814
		만약 이 미용사가 현재의 미용실을 떠난다면, 더 이상 이 미용실에 오지 않을 것이다	3-9	.883			
		나는 이 미용실에서 특정한 미용사만을 찾는다	3-10	.748			
	점포 충성	나는 이 미용실의 단골고객이다	4-5	.772	3.887	55.531	.879
		나는 미용실을 갈 때 이곳을 우선적으로 고려한다	4-6	.874			
		나는 이 미용실을 계속 이용할 것이다	4-7	.876			
		나는 이 미용실의 가격이 다소 오르더라도 이 미용실을 계속 이용할 것이다	4-8	.802			
					누적변량: 73.469		

개념	요인차원	하위구성문항	문항번호	요인부하량	고유치	설명변량(%)	문항간신뢰도
구전	인적구전	나는 이 미용사를 주변 사람들에게 추천하고 싶다	3-15	.870	3.168	10.696	.877
		나는 나의 주변 사람들에게 이 미용사에 대해 이야기할 것이다	3-16	.843			
	점포구전	나는 이 미용실을 주변 사람들에게 추천하고 싶다	4-15	.851	0.428	79.212	.895
		나는 나의 주변 사람들에게 이 미용실에 대해 이야기할 것이다	4-16	.875			
					누적변량: 89.907		

마지막으로, 구전관련문항들이 인적수준과 점포수준으로 분리되는지 확인하기 위하여, 인적충성관련문항 2문항 점포충성관련문항 2문항을 투입하여 요인분석을 실시하였다. 요인 수 2로 고정하여 탐색적 요인분석을 실시한 결과 <표 4-1>과 같이 인적구전 문항과 점포구전 문항으로 분리됨을 확인하였다.

이제 탐색적 요인분석을 통하여 도출된 각각의 변수들이 안정적으로 분리되는지 검증할 목적으로 AMOS를 이용하여 확인적 요인분석을 실시하였다.

AMOS를 사용한 분석에 있어서 결손치를 포함하는 데이터를 그대로 처리하고자 하면 에러가 발생되어 처리가 중단되므로, 이후의 AMOS를 이용한 분석에서는 결손치를 평균추정치로 변환한 데이터를 사용하였다.

한편, 일반적으로 χ^2검정 결과의 해석에 있어 p값이 0.05보다 클 경우 5%유의수준에서 모델과 관측데이터가 같다고 하는 가설을 기각할 수 없다고 판단하여 모델이 관측데이터에 적합하다고 간주한다. 그러나 표본 수가 200이상으로 증가하면 χ^2검정은 유의한 확률수준 즉, "p≤α"로 나타나는 경향이 있어 '모델이 적합하다'는 귀무가설이 기각되기 쉬우므로(Schumacker와 Lomax, 1996: 최미영(2005)재인용), 표본크기가 크고 검정대상모델이 이론적 뒷받침이 있다면, χ^2검정을 추정된 공분산행렬과 표본 공분산행렬이 부합되지 않는 정도를 가늠하는 검정통계량으로 적용하지 않도록 권장하고 있다. 이러한 근거로 표본의 크기가 200이상인 본 분석(N=493)에서는 적합도를 판단하기 위한 지표로 GFI(Goodness of Fit Index, 기초부합치) AGFI(Adjusted Goodness of Fit Index, 수정부

합치) CFI(Comparative Fit Index, 비교적합도 지수) AIC(Akaike Information Criterion, 아카이께 정보량기준) 및 RMR(Root Mean squared Residual, 표준적합도 지수)을 함께 사용하고자 한다.

각 변인별 확인적 요인분석결과는 <그림 4-1>과 같다.

먼저, 인적만족 및 점포만족 모델의 적합도는 GFI=0.991, AGFI=0.966, CFI= 0.996, AIC=33.302, RMR=0.004이었다. 이는 많은 선행연구들에서 제시한 적합도 기준(GFI>0.9, RMR<0.05)의 범주 안에 드는 결과라고 판단할 수 있다. 또한, 모든 측정항목들의 요인 적재치는 p≤.001수준에서 t값이 모두 유의한 것으로 나타나 잠재변수로부터 측정변수로의 경로계수가 통계적으로 유의한 것으로 확인되어, 모든 구성개념들이 집중타당성을 확보하고 있다고 판단된다. 둘째, 인적전환비용 및 점포전환비용 모델의 적합도, 셋째, 인적충성 및 점포충성 모델의 적합도, 넷째, 인적구전 및 점포구전 모델의 적합도(<그림 4-1>에 제시) 역시 많은 선행연구들에서 제시한 적합도 기준(GFI>0.9, RMR<0.05)의 범주 안에 드는 결과라고 판단할 수 있다. 또한, 모든 측정항목들의 요인 적재치는 p≤.001수준에서 t값이 모두 유의한 것으로 나타나 잠재변수로부터 측정변수로의 경로계수가 통계적으로 유의한 것으로 확인되어, 모든 구성개념들이 집중타당성을 확보하고 있다고 볼 수 있다.

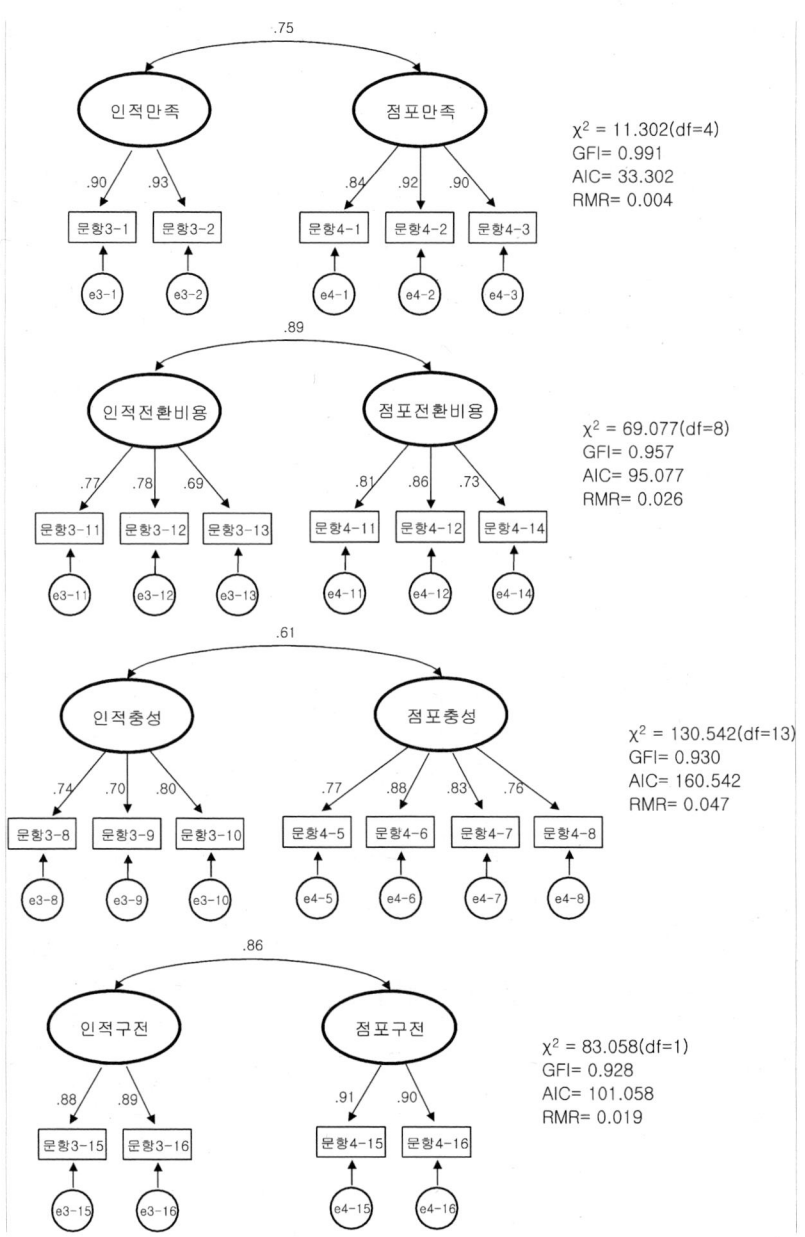

〈그림 4-1〉 인적수준 및 점포수준 분리확인을 위한 각 개념별 확인적
요인분석결과

이상의 탐색적 및 확인적 요인분석결과를 통해, 미용서비스 소비자의 이원적 충성행동 모델에 투입될 중요개념인 만족, 전환비용, 충성, 구전 변수들이 모두 인적수준과 점포수준으로 분리됨을 확인하였다. 따라서 이후의 분석에 있어서는 각각의 변수들이 안정적으로 인적수준과 점포수준으로 분리된 것으로 전제하여도 무리가 없을 것으로 판단된다.

제2절 이원적 충성행동 모형 내 만족의
선행변수들과 만족과의 관계 규명

본 절에서는 미용서비스에 있어서 고객만족의 선행변수들로 도출된 서비스품질, 관계혜택, 서비스비용의 각 차원들이 인적만족 및 점포만족에 미치는 영향력을 규명하고자 한다. 이를 위해 먼저, 다차원으로 인식되는 서비스품질 및 관계혜택의 차원을 분석하고, 여기서 밝혀진 각 차원들과 서비스비용, 인적만족, 점포만족으로 이루어진 공분산구조모델을 검증하고자 한다.

1. 미용서비스 소비자의 서비스품질 인식차원

본 절에서는 미용서비스 소비자의 서비스품질 인식차원을 밝히고 각각의 차원들을 선행연구들과 비교 분석하였다.

(1) 탐색적 요인분석 및 검증적
요인분석을 통한 차원의 도출

미용서비스 소비자의 서비스품질 인식차원을 밝히고자 먼저 탐색적 요인분석을 실시하여 하위차원을 도출하였고 이후 확인적 요인분석을 통해 구성의 타당성을 확인하였다.

문헌조사와 예비조사를 통해 본 연구에 투입된 서비스품질관련문항들은 각각 미용기술관련문항(6문항), 유형성 문항(5문항), 청결성 문항(2문항), 직원관련정책문항(6문항), 점포운영정책 문항(8문항) 등 총 27문항이었다. 최종적으로 검증할 모형의 적합도를 높이기 위하여 1차 요인분석결과 요인부하량이 0.5이하로 낮게 나온 문항을 제거하고 다시 요인분석을 하는 과정을 3차례 반복하였다. 3번째 요인분석에서 요인부하량이 0.5이하를 가지는 문항이 없음을 확인하였으며 요인분석결과 4개의 요인이 추출되었다.

다음 단계로 추출된 각 요인별로 크론바하의 알파값(Cronbach's alpha)을 이용하여 각 문항 간 신뢰도 검증을 실시하였다. 이 과정에서 다시 3개의 문항이 제거되었고, 결과적으로 총 20개의 문항이 4개의 요인으로 묶임을 확인하였다.

<표 4-2>에는 서비스품질 관련문항들의 항목별 제거원인과 최종선택변수들의 문항 간 신뢰도를 나타냈다.

미용서비스산업에서 고객이 지각하는 서비스품질 차원은 총 4가지 요인으로 확인되었으며, 각각의 요인들을 '미용기술품질' '점포시설품질' '직원품질' '점포운영품질'로 명명하고자 한다. 이때, 각 요인별 신뢰도를 나타내는 크론바하의 알파값은 '점포운영품질'관련 항목을 제외하고는 .824~.892의 신뢰도를 보여 비교적 높은 신뢰도를 나타내고 있다고 볼 수 있다. '점포운영품질'관련 항목들의 경우 .611의 비교적 낮은 신뢰도를 보이고 있으나, 이는 Nunnally(1978)이 주장한 사회과학에서 허용하는 기준치(Cronbach's alpha=.6)를 넘었으므로 최소한의 신뢰도는 확보된 것으로 판단하고, 이후의 확인적 요인분석을 통하여 하나의 안정된 요인을 구성하고 있는지 확인하고자 한다.

〈표 4-2〉서비스품질 관련 변수들의 제거원인 및 최종변수들의 신뢰성 분석결과

변 수		최초 문항수	요인부하량 0.5이하로 제거된 항목	신뢰도 향상을 위해 제거된 항목	최종 문항수	최종신뢰도
미용기술관련 서비스품질(신뢰성)		9	1-4,	1-12	7	.892
물리적 서비스품질	유형성	5	1-13, 1-17		5	.868
	청결성	2				
정책관련 서비스품질	직원관련 정책 (반응 및 확신성)	6	1-25	1-24	4	.824
	점포운영 정책	8	1-26, 1-28, 1-31	1-27	4	.611

탐색적 요인분석을 통하여 도출된 4가지 구성개념에 대하여 확인적 요인분석을 실시하였다. 확인적 요인분석결과, 모델의 적합도는 각 요인별로 기초부합치 GFI값은 0.925에서 0.996까지, 표준적합도 지수 RMR값은 0.014에서 0.026까지의 값으로 나타났다. 또한 전체 요인을 투입한 확인적 요인분석결과, 적합도 기준(GFI>0.9, RMR<0.05)의 범주 안에 드는 결과라고 판단할 수 있다. 또한, 모든 측정항목들의 요인 적재치는 p≤.001수준에서 t값이 모두 유의한 것으로 나타나 잠재변수로부터 측정변수로의 경로계수가 통계적으로 유의한 것으로 확인되어, 모든 구성개념들이 집중타당성을 확보하고 있다고 볼 수 있다.

이러한 확인적 요인분석의 결과에 따라 탐색적 요인분석의 타당성이 확인되었다고 보고 그 결과를 수용하고자 한다. 각 요인별 확인적 구조모델 분석결과 및 전체 요인을 투입한 확인적 요인분석결과는 <부록 2>과 <부록 3>에 수록하였다.

(2) 도출된 서비스품질의 각 차원 설명

탐색적 요인분석과 확인적 요인분석을 통하여 도출된 미용서비스산업에서 고객이 지각하는 서비스품질 차원은 4가지였으며, 각각 '미용기술품질' '점포시설품질' '직원품질' '점포운영품질'로 명명하였다. 4가지 서비스품질 요인의 전체분산은 61.06%였다. 최종 요인분석의 사용된 총 20문항의 탐색적 및 확인적 요인분석의 결과는 <표 4-3>과 같다.

〈표 4-3〉 서비스품질 관련문항 요인분석결과 및 공분산구조모델의 적합도

요인 차원	하위구성문항	문항 번호	요인 부하 량	고유치	설명변 량 (%)	요인별 구조모델의 적합도 지수
미용 기술 품질	이 미용실에서 머리를 하고 나면 손질이 쉽다	1-5	.716	7.215	36.073	χ^2=137.142 (df=14, p=.000) GFI=0.925, AIC=165.142 RMR=0.037
	이 미용실에서 머리를 하고 나면 스타일이 좋다	1-6	.787			
	이 미용실의 미용사들은 새로운 유행스타일을 잘 연출한다	1-7	.698			
	이 미용실의 미용사들은 기술이 뛰어나다	1-8	.778			
	이 미용실의 미용사들은 내가 원하는 스타일대로 능숙하게 시술해 준다.	1-9	.821			
	이 미용실의 미용사들은 미용에 대한 지식이 많다	1-10	.647			
	이 미용실의 미용사들이 내게 어울릴 만한 헤어스타일에 대해 잘 권해 준다	1-11	.778			
점포 시설 품질	이 미용실은 최신 장비와 기구를 갖추고 있다	1-14	.733	2.349	11.747	χ^2=70.634 (df=5, p=.000) GFI=0.944, AIC=90.634 RMR=0.026
	이 미용실은 현대적 설비와 인테리어로 되어 있다	1-15	.808			
	이 미용실은 편의시설(휴게실, 화장실) 및 주차시설이 잘 되어 있다	1-16	.750			
	이 미용실의 미용기구들은 청결하고 정리가 잘 되어 있다	1-18	.615			
	이 미용실의 내부와 화장실은 청결하다.	1-19	.670			
직원 품질	이 미용실의 직원들(미용사, 보조원, 사무원)은 친절하고 예의 바르다	1-20	.690	1.574	7.871	χ^2=16.167 (df=2, p=.000) GFI=0.983, AIC=32.167 RMR=0.014
	이 미용실 직원들은 불만사항에 대하여 신속히 조치를 취한다	1-21	.717			
	이 미용실 직원들은 옷차림이나 용모가 단정하다	1-22	.612			
	이 미용실 직원들은 고객들에게 즉각적인 서비스를 제공한다	1-23	.732			
점포 운영 품질	이 미용실은 고객카드를 가지고 있다.	1-29	.662	1.075	5.373	χ^2=3.717 (df=2, p=.156) GFI=0.996, AIC=19.717 RMR=0.021
	이 미용실은 요금이 명시되어 있다	1-30	.536			
	이 미용실에는 할인혜택제도(쿠폰제, 아침시간 할인 등)가 있다	1-32	.768			
	이 미용실 영업시간은 고객에게 편리한 시간이다	1-33	.628			
전체모형				누적변량: 61.055		χ^2=328.801 (df=161, p=.000) GFI=0.938 AIC=426.801 RMR=0.037

① 미용기술품질

첫 번째 요인으로 도출된 서비스품질은 스타일 연출의 용이함, 새로운 유행 스타일의 도입여부, 고객이 요구한 스타일대로 능숙하게 연출, 풍부한 미용지식, 다양한 헤어스타일 제안능력 등과 관련된 문항들로 이루어졌으므로 이를 '미용기술품질'이라고 명명하였다.

이는 황선아와 황선진(2001)의 연구에서 도출된 '미용기술관련 서비스' 요인, 제미경과 김효정(2000)의 연구에서 도출된 '신뢰성' 요인, Shamdasani와 Balakrishnan(2000)의 연구에서 다루어진 '헤어스타일리스트의 숙련도' 요인과 맥을 같이하는 것으로, '미용기술품질'은 미용서비스산업의 맥락에서 소비자가 지각하는 매우 중요한 서비스품질의 한 차원임을 확인할 수 있다.

이러한 '미용기술품질'은 유형의 제품이 거래의 중요한 부분을 차지하고 있는 소매업영역에서는 도출되지 않는 서비스품질의 차원이라고 볼 수 있다. 따라서 '미용기술품질'은 제2장에서 제시한 미용서비스업이 지니는 특성(무형성, 생산과 소비의 동시성, 소멸성, 이질성, 서비스의 대상이 신체의 일부, 비회복성, 심미성)에서 기인하는 차원이라고 판단된다. 그동안 미용관련 선행연구들이 유형재를 대상으로 한 연구결과들의 척도를 도입해 서비스품질을 측정한 결과, '미용기술품질'관련 항목들을 간과하거나 축소한 경우가 많았으므로 이후의 분석에서는 특히 미용기술품질에 대한 논의에 주의를 기울이고자 한다.

② 점포시설품질

두 번째 요인으로 도출된 서비스품질은 점포의 최신 장비와 도구, 현대적 설비와 인테리어, 편의시설의 구비, 기기와 용구의 청결, 청결한 내부와 화장실 등과 관련된 문항들로 이루어졌으므로 이를 '점포시설품질'이라고 명명하였다.

이는 Parasuraman 등(1988)이 제시한 5가지 차원 중 '유형성'에 해당하는 서비스품질 차원으로 볼 수 있으며, '점포시설품질' 역시 미용서비스 소비자가 지각하는 중요한 서비스품질의 한 차원임을 확인할 수 있다.

③ 직원품질

세 번째 요인으로 도출된 서비스품질은 직원들의 친절성 및 예의 바름, 고객 불만에 대한 신속한 해결, 호감 가는 외모와 복장, 즉각적인 서비스 능력 등과 관련된 문항들로 이루어졌으므로 이를 '직원품질'이라고 명명하였다.

이는 Parasuraman 등(1988)이 제시한 5가지 차원 중 '반응성' 및 '확신성'에 해당하는 서비스품질 차원으로 볼 수 있으며, 서비스산업을 대상으로 한 여러 선행연구들(Parasuraman 등 1988, Sivadas와 Baker-PreWitt 2000, Bloemer 등 1999, Wong과 Sohal 2003, 김은희 2004, Bowen과 Chen 2001, Sirohi 등 1998, 황선 아와 황선진 등 2001, 제미경과 김효정 2000, 김철민 2002, 이문규 1998, 안정기 1999)에서 도출된 것과 동일한 차원이다.

여기서 말하는 '직원'이란 직접 미용시술을 하는 미용사를 포함하여 보조원 및 사무원 등 미용점포 내 서비스를 담당하는 모든 요원을 포함하는 용어이다. '미용기술품질'이 미용사의 기술적 요인을 주로 포함하는 요인인 데 반하여 '직원품질'은 미용실 내 직원 전체에 대한 서비스품질 인식차원이라고 볼 수 있다.

④ 점포운영품질

네 번째 요인으로 도출된 서비스품질은 개인적 고객관리, 정확한 요금의 명시, 가격할인혜택의 제공, 적절한 점포운영시간 등과 관련된 문항들로 이루어졌으므로 이를 '점포운영품질'이라고 명명하였다.

이론적 연구에 의하여 점포운영정책에 관련된 문항들로 선정되어 본 설문지에 포함되었던 문항은 총 8문항이었으나. 이 중 4개의 문항이 신뢰성과 타당성 검증 분석단계에서 제외되어 남은 4개의 문항만이 분석에 사용되었다. 이는 미용서비스산업의 성숙단계로 볼 때 아직은 기업화 초기단계이고 개별 점포마다 매우 상이한 정책이 사용되고 있으며, 소비자 역시 미용점포운영에 대한 표준화된 기준치를 가지고 있지 않은 것에서 기인하는 것으로 판단된다. 따라서 문항 간 신뢰도도 0.611로 비교적 낮아 미용점포의 규모와 상관없이 점포마다 소비자가 인식하는 점포운영정책의 편차가 매우 크다고 볼 수 있다.

한편, 서비스품질을 구성하는 4개의 차원을 대상으로 Amos에서 고차 요인분석을 실시하였다. 노형진(2003)에 의하면 요인분석은 복수의 관측변수에 의해서 계측되는 특성을 사용해서 구성개념인 요인을 조사하는 것으로 통상 각 요인은 직접 관측변수에 의해서 계측되는 형태를 취하나, 이에 비해서 요인의 배후에 다시금 요인을 가정하는 것이 타당한 경우가 있으며 이때 2단계의 요인구조를 상정한다고 하였다. 도출된 4개의 차원은 이론적으로 배후에 '서비스품질'이라는 잠재변수가 존재하는 것으로 볼 수 있을 것이며, '서비스품질'을 구성하는 하위차원으로 4개의 잠재변수를 상정한 2차 요인분석의 결과는 <부록 4>에 수록하였으며, 모델의 최대우도추정 값은 <부록 5>에 수록하였다. 2차 요인분석 결과 모델의 적합도는 GFI=0.938, AGFI=0.920 CFI=0.962, AIC=424.902, RMR=0.038로 나타나 수용할 만한 것으로 판단되었다.

2. 미용서비스 소비자의 관계혜택 인식차원

본 절에서는 미용서비스 소비자의 관계혜택 인식차원을 밝히고 각각의 차원들을 선행연구들과 비교 분석하였다.

(1) 탐색적 요인분석 및 검증적 요인분석을 통한 차원의 도출

미용서비스 소비자의 관계혜택 인식차원을 밝히고자 먼저 탐색적 요인분석을 실시하여 하위차원을 도출하였고 이후 확인적 요인분석을 통해 구성의 타당성을 확인하였다.

미용서비스산업의 맥락을 연구대상으로 하여 관계혜택의 하위차원을 밝힌 선행연구는 존재하지 않는 관계로, 유형재 및 여타의 서비스산업관련 선행연구를 통해 추출되어 미용서비스산업에 맞는 문장으로 변형되어 투입된 관계혜택 관련문항들은 각각 확신적 혜택 문항(6문항), 사회적 혜택 문항(6문항), 특별대우혜택 문항(4문항) 등 총 16문항이었다.

1차 요인분석결과 요인부하량이 0.5 이하로 낮게 나온 문항은 없었으나, 고유치 1을 기준으로 추출된 요인의 수는 총 2개였다. 추출된 요인 수 2개는 패션점포의 관계혜택 차원을 밝힌 김지연(2005)의 논문에서 추출된 요인 수 5개(정보적 혜택, 심리적 혜택, 특별대우혜택, 경제적 혜택, 사회적 혜택)에 비하여 매우 적은 수이므로, 이를 통해 미용서비스산업에서는 소비자들이 서비스 제공자에게서 기대하는 또는 인식하는 관계혜택의 차원이 좀 더 단순하고 비분화되어 있다고 판단해 볼 수 있겠다.

본 연구에서는 소비자의 관계혜택 차원을 좀 더 세분화하여 알아보고자, 고유치 1을 기준으로 하지 않고 요인의 수를 3개로 지정하여 다시 요인분석을 실시하였다. 이렇게 추출된 3개의 차원에 대한 신뢰성 분석결과는 <표 4-4>에 나타난 바와 같다.

<표 4-4> 최종 선택된 관계혜택 관련 변수들의 신뢰성 분석결과

변 수	최초 문항수	고유치 1 기준 요인분석결과	요인 수 3으로 설정한 요인분석결과	최종 문항수	최종 신뢰도
확신적 혜택	6	요인 1	요인 1	6	.897
사회적 혜택	6	요인 2	요인 2	6	.907
특별대우혜택	4		요인 3	4	.902

미용서비스산업에서 고객이 지각하는 3가지 관계혜택 차원을 각각 '확신적 혜택', '사회적 혜택', '특별대우혜택'으로 명명하고자 한다. 이때, 각 요인별 신뢰도를 나타내는 크론바하의 알파 값은 0.897~0.907로 나타나 비교적 높은 신뢰도를 나타내고 있다고 볼 수 있다.

탐색적 요인분석을 통하여 도출된 3가지 구성개념에 대하여 확인적 요인분석을 실시하여 각 구성별 타당성을 확인하였다. 확인적 요인분석결과, 모델의 적합도는 각 요인별로 GFI=0.971~0.991, RMR=.011~.024로 나타났다. 또한, 전체 요인을 투입한 확인적 요인분석결과 적합도가 기준치 범위 안에 들어 적합한 모델로 확인되었다. 또한, 모든 측정항목들의 요인 적재치는 $p \leq .001$수준에서 t값이 모두 유의한 것으로 나타나 잠재변수로부터 측정변수로의 경로계수가 통계적으로 유의한 것으로 확인되어, 모든 구성개념들이 집중타당성을 확보하고 있다고 볼 수 있다. 각 요인별 확인적 구조모델 분석결과 및 전체 요인을 투입한 확인적 요인분석결과는 <부록 7>, <부록 8>에 수록하였다.

(2) 도출된 관계혜택의 각 차원 설명

탐색적 요인분석과 확인적 요인분석을 통하여 도출된 미용서비스산업에서 고객이 지각하는 관계혜택 차원은 3가지였으며, 각각 '확신적 혜택', '사회적 혜택', '특별대우혜택'으로 명명하였다. 3가지 관계혜택 요인의 전체분산은 70.85%였다. 최종 요인분석이 사용된 총 16문항의 탐색적 및 확인적 요인분석의 결과는 <표 4-5>와 같다.

① 확신적 혜택

첫 번째 요인으로 도출된 관계혜택은 미용시술결과에 대한 확신, 과정에 대한 확신, 미용사 신뢰 등과 관련된 문항들로 이루어졌으므로 이를 '확신적 혜택'으로 명명하였다.

이는 미용서비스 이외의 맥락을 연구대상으로 한 Gwinner 등(1998), 안우규(2003) 등의 연구결과와 일치하는 것으로, 미용서비스산업에서 역시 여타 산업에서와 마찬가지로 소비자들이 '확신적 혜택'을 관계혜택의 중요한 차원으로 인식하고 있음을 알 수 있다. 즉 소비자들은 나의 스타일에 대해 이미 잘 알고 있는 미용사나 익숙한 미용점포에서 편안함을 느끼고 이를 확신적 혜택으로 인식하고 있다고 볼 수 있다.

〈표 4-5〉관계혜택 관련문항 요인분석결과 및 공분산구조모델의 적합도

요인 차원	하위구성문항	문항 번호	요인부 하량	고유치	설명 변량 (%)	요인별 구조모델의 적합도 지수
확신적 혜택	이 미용실에서는 머리가 잘 나올 것이라는 확신이 있다	2-1	.824	8.139	36.073	$\chi^2 = 38.885$ (df=9, p=.000) GFI=0.974, AIC=62.885 RMR=0.014
	이 미용실에서는 마음이 편안하다	2-2	.793			
	이 미용실에서 머리하는 과정들을 익숙히 알고 있다.	2-3	.741			
	나는 이 미용사를 신뢰할 수 있다	2-4	.844			
	이 미용사는 자신이 할 수 있는 최상의 서비스를 내게 해준다.	2-5	.711			
	이 미용사는 내가 원하는 스타일을 잘 알고 있다	2-6	.735			
사회적 혜택	이 미용실의 몇몇 직원들은 나를 알아본다	2-7	.683	2.327	11.747	$\chi^2 = 43.041$ (df=9, p=.000) GFI=0.971 AIC=67.041 RMR=0.024
	직원들은 내 이름이나 직함을 불러 준다	2-8	.704			
	나는 이 미용실 직원들과의 친분이 즐겁다	2-9	.794			
	나는 이 미용사와 매우 친근하다	2-10	.801			
	나는 이 미용사와 나눌 이야기가 많다	2-11	.729			
	나와 이 미용사와 서로의 개인적 신상에 대해 어느 정도 알고 있으며 관심을 가지고 있다	2-12	.611			
특별대 우혜택	이 미용실은 나에게 다른 손님들에게는 해주지 않는 특별한 서비스를 해준다	2-13	.673	0.869	7.871	$\chi^2 = 9.149$ (df=2, p=.010) GFI=0.991, AIC =25.149 RMR=0.011
	나는 이 미용실에서 우선순위가 높은 손님이다	2-14	.754			
	나는 다른 손님들보다 빠른 서비스를 받는다	2-15	.841			
	이 미용실에서는 다른 손님들보다 할인된 가격에 내 머리를 해준다	2-16	.825			
전체모형				누적변량: 70.847		$\chi^2 = 344.102$ (df=101, p=.000) GFI=0.920, AIC =414.102 RMR=0.038

② 사회적 혜택

두 번째 요인으로 도출된 관계혜택은 소비자 존재에 대한 인식, 직원들과의 친분, 개인적 신상에 대한 공유 등과 관련된 문항들로 이루어졌으므로 이를 '사회적 혜택'이라고 명명하였다.

이 역시는 미용서비스 이외의 맥락을 연구대상으로 한 Gwinner 등(1998), 이용기 등(2002), 안우규(2003), 김지연(2005) 등의 연구결과와 일치하는 것이다. 소비자들은 나의 존재를 인식하고 친분을 나누는 미용점포의 직원들과의 관계 속에서 사회적 혜택을 추구하고 있음을 알 수 있다.

③ 특별대우혜택

미용서비스산업에 있어서 소비자들이 지각하는 관계혜택의 세 번째 요인은 다른 사람들과 구별되는 특별한 서비스, 높은 우선순위, 빠른 서비스, 할인된 가격 등과 관련된 문항들로 이루어졌으므로 이를 '특별대우혜택'이라고 명명하였다.

'특별대우혜택' 역시 미용서비스 이외의 맥락을 연구대상으로 한 Gwinner 등(1998), 안우규(2003), 김지연(2005) 등의 연구결과와 일치하는 것으로, 미용서비스영역에서 소비자는 장기적 관계형성을 통해 남들과는 다른 특별한 대우를 기대하고 이를 혜택으로 여긴다고 볼 수 있다.

한편, 관계혜택을 구성하는 3개의 차원을 대상으로 Amos에서 고차 요인분석을 실시하였다. 도출된 3개의 차원은 이론적으로 배후에 '관계혜택'이라는 잠재변수가 존재하는 것으로 볼 수 있을 것이다. '관계혜택'을 구성하는 하위차원으로 3개의 잠재변수를 상정한 2차 요인분석의 결과는 <부록 9>와 같으며, 모델의 최대우도추정 값은 <부록 6>에 수록하였다. 2차 요인분석결과 모델의 적합도는 $\chi^2=344.102(df=101,\quad p=.000)$, GFI$=0.920$, AGFI$=0.892$, CFI$=0.955$, AIC$=414.102$, RMR$=0.038$로 나타나 수용할 만한 것으로 판단되었다.

3. 서비스품질, 관계혜택, 서비스비용의
각 차원과 만족과의 관계 규명

본 절에서는 앞서 밝혀진 서비스품질 및 관계혜택의 각 차원들과 서비스비용, 인적만족, 점포만족으로 이루어진 공분산구조모형을 검증하고자 한다.

(1) 각 문항 간 상관관계 분석을 통한 변수의 추출

만족에 관한 공분산구조모형을 구성하기에 앞서, 이론적 연구에서 추출된 변수들이 실증적으로도 상관관계를 가지는지 확인하기 위하여 제시된 원인변수와 결과변수 사이의 상관관계를 파악하였다. 그 결과는 <표 4-6>과 같다.

〈표 4-6〉 만족관계모형의 원인변수와 결과변수 사이의 상관관계, 평균, 표준편차

결과변수 원인변수	인적만족	점포만족	평 균	표준편차
1. 금전적 비용	.051	.029	3.06	.974
2. 시간적 비용	-.060	-.018	2.72	.813
3. 거리적 비용	.017	.051	2.77	1.186
4. 서비스비용평균	.011	.041	2.85	.589
5. 미용기술품질	.626***	.565***	3.54	.580
6. 점포시설품질	.355***	.426***	3.44	.665
7. 직원품질	.516***	.496***	3.61	.582
8. 점포운영품질	.142***	.195***	3.31	.665
9. 확신적 혜택	.746***	.617***	3.57	.617
10. 사회적 혜택	.512***	.440***	2.89	.782
11. 특별대우혜택	.402***	.378***	2.64	.819
평 균	3.55	3.50		
표준편차	.696	.639		

***: $p \leq .001$

<표 4-6>에서 보면, 인적만족 및 점포만족은 서비스비용을 구성하는 금전적 비용, 시간적 비용, 거리적 비용 3문항 중 어떠한 문항과도 유의한 상관을 가지지 않았으며, 서비스비용을 합산하여 평균한 '서비스비용평균'과도 유의한 상관을 가지지 않았다. 반면, 서비스품질의 각 차원과 관계혜택의 각 차원과는 p ≤.001 수준에서 모두 유의한 상관을 나타냈다. 이러한 결과에 따라, 서비스비용은 인적만족 및 점포만족에 직접적 영향력을 가지지 않는 것으로 판단되어 만족에 관한 공분산구조모형에는 투입하지 않기로 하였다. 다만, 다음 장에서 만족 이외의 결과변수들(전환비용, 충성, 구전)과의 상관관계를 고찰하여 그 결과에 따라 적당한 위치에 다시 서비스비용 변수를 투입하고자 한다.

이제 서비스비용을 제외하고 앞 장에서 추출된 서비스품질의 4가지 차원과 관계혜택의 3가지 차원에 대하여 독립변수들 사이의 다중공선성을 최소화하기 위하여 다시 요인분석을 실시하였다.

서비스품질과 관계혜택을 함께 투입한 요인분석에서는, 각 차원 간 상관관계가 매우 높게 나타났던(<부록 3>, <부록 7>참조) '점포시설품질'과 '직원품질'(상관관계=.84), '사회적 혜택'과 '특별대우혜택'(상관관계=.81)이 함께 묶여 하나의 요인을 구성하였다. 결과적으로 총 5개의 하위차원을 구성하였으며 각각의 구성문항은 <표 4-7>에 나타난 바와 같다. 즉 미용서비스산업에 있어서 인적만족 및 점포만족에 영향을 미치는 선행변수들은 총 5개로 각각 '미용기술품질', '점포시설 및 직원품질', '점포운영품질', '확신적 혜택', '사회적 및 특별대우혜택'으로 명명하였으며, 5가지 요인의 설명력은 61.286%였다.

탐색적 요인분석을 통하여 도출된 5가지 구성개념에 대하여 확인적 요인분석을 실시하여 각 구성별 타당성을 확인하였다. 확인적 요인분석결과, 모델의 적합도는 각 요인별로 GFI=0.913~0.996, RMR=.014~.039로 나타났다. 또한, 5개의 전체 요인을 투입한 확인적 요인분석결과 적합도가 기준치 범위 안에 들어 적합한 모델로 확인되었다. 각 요인별 확인적 구조모델 분석결과 및 전체요인을 투입한 확인적 요인분석결과는 <부록 10>, <부록 11>에 수록하였다.

〈표 4-7〉 만족의 원인변수들에 대한 요인분석결과

요인차원	하위구성문항	문항번호	요인부하량	고유치	설명변량(%)	문항간신뢰도
미용 기술 품질	이 미용실에서 머리를 하고 나면 손질이 쉽다	1-5	.716	2.673	7.424	0.892
	이 미용실에서 머리를 하고 나면 스타일이 좋다	1-6	.787			
	이 미용실의 미용사들은 새로운 유행스타일을 잘 연출한다	1-7	.698			
	이 미용실의 미용사들은 기술이 뛰어나다	1-8	.778			
	이 미용실의 미용사들은 내가 원하는 스타일대로 능숙하게 시술해 준다	1-9	.821			
	이 미용실의 미용사들은 미용에 대한 지식이 많다	1-10	.647			
	이 미용실의 미용사들이 내게 어울릴 만한 헤어스타일에 대해 잘 권해 준다	1-11	.778			
점포시설＋직 원품질＝점포 시설 및 직원품질	이 미용실은 최신 장비와 기구를 갖추고 있다	1-14	.733	4.170	11.583	0.899
	이 미용실은 현대적 설비와 인테리어로 되어 있다	1-15	.808			
	이 미용실은 편의시설(휴게실, 화장실) 및 주차시설이 잘 되어 있다	1-16	.750			
	이 미용실의 미용기구들은 청결하고 정리가 잘 되어 있다	1-18	.615			
	이 미용실의 내부와 화장실은 청결하다	1-19	.670			
	이 미용실의 직원들(미용사, 보조원, 사무원)은 친절하고 예의 바르다	1-20	.690			
	이 미용실 직원들은 불만사항에 대하여 신속히 조치를 취한다	1-21	.717			
	이 미용실 직원들은 옷차림이나 용모가 단정하다	1-22	.612			
	이 미용실 직원들은 고객들에게 즉각적인 서비스를 제공한다	1-23	.732			

요인차원	하위구성문항	문항 번호	요인 부하량	고유치	설명 변량 (%)	문항 간 신뢰도
점포 운영 품질	이 미용실은 고객카드를 가지고 있다	1-29	.662	1.508	4.190	0.611
	이 미용실은 요금이 명시되어 있다	1-30	.536			
	이 미용실에는 할인혜택제도(쿠폰제, 아침시간 할인 등)가 있다	1-32	.768			
	이 미용실 영업시간은 고객에게 편리한 시간이다	1-33	.628			
확신적 혜택	이 미용실에서는 머리가 잘 나올 것이라는 확신이 있다	2-1	.824	1.688	4.689	0.897
	이 미용실에서는 마음이 편안하다	2-2	.793			
	이 미용실에서 머리하는 과정들을 익숙히 알고 있다	2-3	.741			
	나는 이 미용사를 신뢰할 수 있다	2-4	.844			
	이 미용사는 자신이 할 수 있는 최상의 서비스를 내게 해준다.	2-5	.711			
	이 미용사는 내가 원하는 스타일을 잘 알고 있다	2-6	.735			
사회적 혜택+특별대우혜택=사회적 및 특별대우 혜택	이 미용실의 몇몇 직원들은 나를 알아본다	2-7	.683	12.024	33.400	0.936
	직원들은 내 이름이나 직함을 불러 준다	2-8	.704			
	나는 이 미용실 직원들과의 친분이 즐겁다	2-9	.794			
	나는 이 미용사와 매우 친근하다	2-10	.801			
	나는 이 미용사와 나눌 이야기가 많다	2-11	.729			
	나와 이 미용사와 서로의 개인적 신상에 대해 어느 정도 알고 있으며 관심을 가지고 있다	2-12	.611			
	이 미용실은 나에게 다른 손님들에게는 해주지 않는 특별한 서비스를 해준다	2-13	.673			
	나는 이 미용실에서 우선순위가 높은 손님이다	2-14	.754			
	나는 다른 손님들보다 빠른 서비스를 받는다	2-15	.841			
	이 미용실에서는 다른 손님들보다 할인된 가격에 내 머리를 해준다	2-16	.825			
			누적변량		61.286	

(2) 서비스품질, 관계혜택의 각 차원과 만족과의 관계모형

본 절에서는 미용서비스산업에 있어서 소비자의 만족을 설명하는 선행변수인 '미용기술품질', '점포시설 및 직원품질', '점포운영품질', '확신적 혜택', '사회적 및 특별대우혜택'과 '인적만족', '점포만족'과의 공분산구조모형을 검증하고 각 변수들 간의 구조와 영향력을 살펴보고자 한다.

이론적 연구에 의하여 구성된 공분산구조모델의 적합도를 AMOS를 이용하여 분석한 결과 <표 4-8>과 같은 수치를 보였으나, 수정지수를 통해 모델의 오차항 간의 공분산을 허용하여 모델을 재명시한 결과 모델의 적합도가 크게 개선되었다. 이때, 수정모델의 수정지수의 적용을 적어도 5 이상, 보수적인 경우 10 이상으로 해야 한다(Joreskog와 Sorbom, 1996: 최미영(2005)재인용)는 제안에 따라 프로그램상에서 초기 지정 값 '4' 대신 보수적인 기준 '10'을 적용시켜, 10 이상의 값을 보이는 변수 또는 오차 간의 공분산을 우선 확인하였다. 기준모델과 수정모델의 적합도 지수변화는 <표 4-8>에 나타난 바와 같으며, 수정모델의 공분산구조분석결과는 <그림 4-2>에 나타난 바와 같다.

〈표 4-8〉 서비스품질 및 관계혜택과 만족관계모델에 대한
수정 전후의 적합도 지수 비교

모 델	카이제곱(χ^2)	GFI	AGFI	CFI	AIC	RMR
기준모델 (모델 수정 전)	$\chi^2 = 2076.834$ df=758, p=.000	0.805	0.779	0.899	2282.834	0.041
수정모델 (오차항 간의 공분산 허용)	$\chi^2 = 1533.522$ df=749, p=.000	0.860	0.839	0.940	1757.522	0.038
수정모델 – 기준모델 차이(Δ)	$\Delta\chi^2 = ^-543.312$ Δdf=-10, p=.000)	+0.055	+0.060	+0.041	-526.312	-0.003

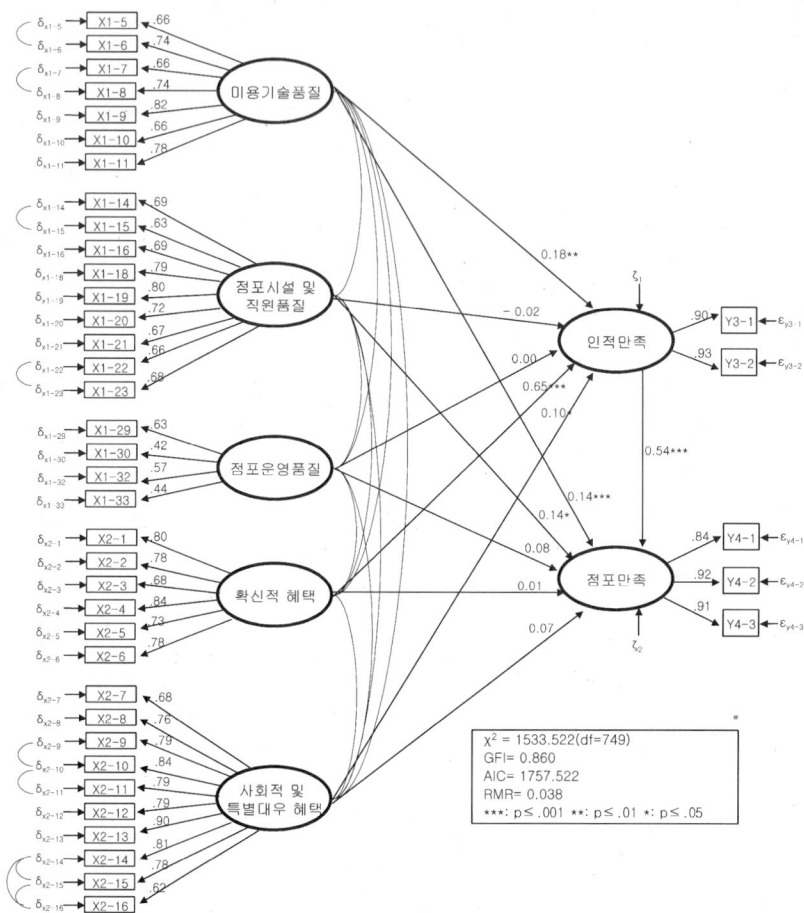

〈그림 4-2〉서비스품질 및 관계혜택과 만족관계에 관한
공분산구조모델 분석결과(기각된 경로 삭제 전)

　　<그림 4-2>에 나타난 공분산구조모델 분석결과에 있어서, 5%유의수준(p≤.05)
에서 유의하지 않게 나타난 경로는 '점포시설 및 직원품질→인적만족', '점포운
영품질→인적만족', '점포운영품질→점포만족', '확신적 혜택→점포만족', '사
회적 및 특별대우혜택→점포만족' 등 총 5경로이다. 최종 모델을 완성하기 위
하여 5가지 경로 중 가장 유의도가 떨어지는 경로부터 시작해 모든 경로가 유의
해질 때까지 차례대로 경로를 삭제해 나갔다. 최초로 삭제된 경로는 p=0.939로

나타난 '확신적 혜택→점포만족'경로였으며, 두 번째 삭제된 경로는 p=0.933으로 나타난 '점포운영품질→인적만족'경로였다. 세 번째 삭제된 경로는 p=0.645로 나타난 '점포시설 및 직원품질→인적만족'경로였으며, 그 다음 삭제된 경로는 p=0.079로 나타난 '사회적 및 특별대우혜택→점포만족'경로였다. 네 경로를 삭제한 결과 모든 경로가 유의미하게 되었으며, 기각된 경로를 삭제한 최종 모형에 대한 공분산구조모델 분석결과는 <그림 4-3>에 나타난 바와 같다.

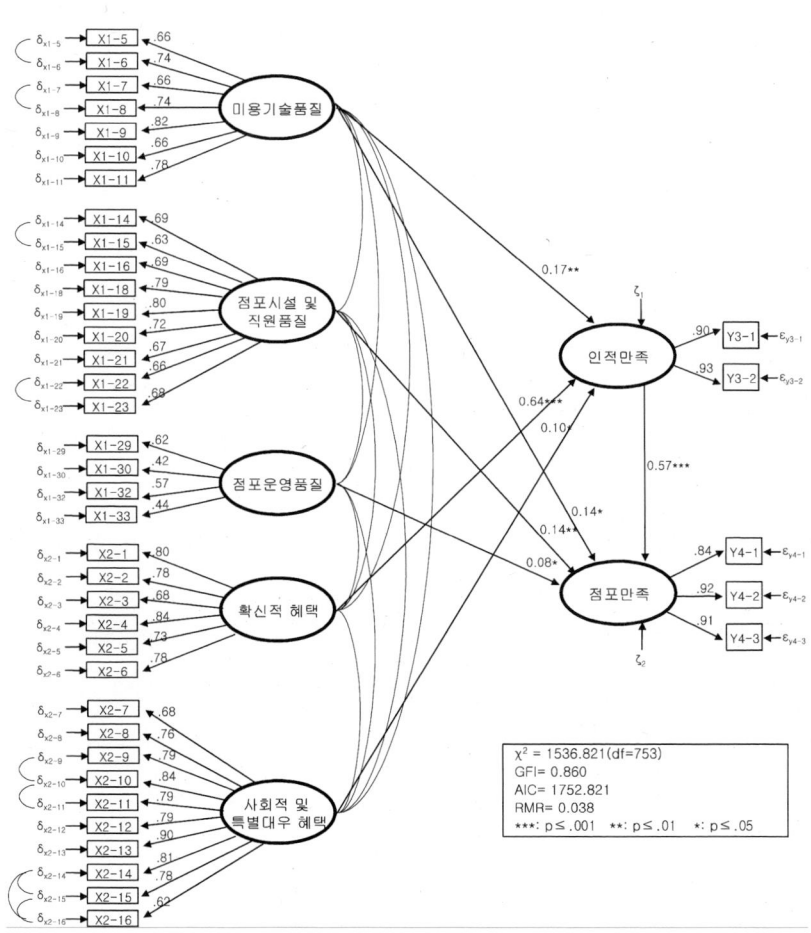

〈그림 4-3〉 서비스품질 및 관계혜택과 만족관계에 관한
공분산구조모델 분석결과(기각된 경로 삭제 후)

다음의 <표 4-9>은 기각된 경로를 삭제한 최종 모델에 나타난 변수들 간의 직접효과, 간접효과, 총 효과를 정리한 것이다.

〈표 4-9〉 서비스품질 및 관계혜택과 만족관계모델에 나타난 인과적 관계

결과변수 \ 원인변수		미용기술 품질	점포시설 및 직원품질	점포운영 품질	확신적 혜택	사회적 및 특별대우 혜택	인적 만족
인적 만족	직접효과	0.17	–	–	0.64	0.10	
	간접효과	–	–	–	–	–	
	총 효과	0.17	–	–	0.64	0.10	
점포 만족	직접효과	0.14	0.14	0.08	–	–	0.57
	간접효과	0.10	–	–	0.36	0.06	–
	총 효과	0.24	0.14	0.08	0.36	0.06	0.57

이제 <그림 4-3>과 <표 4-9>를 중심으로 만족의 선행변수들이 만족에 어떠한 영향을 미치는지, 그리고 인적만족과 점포만족의 관계는 어떠한지 살펴보고자 한다.

먼저, 만족의 선행변수들로 요인화되었던 5가지 변수들을 중심으로 각 변수들이 인적만족 및 점포만족에 미치는 영향력을 살펴보면, 인적만족에 직접적 영향을 미치는 선행변수들은 미용기술품질, 확신적 혜택, 사회적 및 특별대우혜택의 3가지 요인인 것으로 파악된다. 이 중 '확신적 혜택→인적만족'의 경로계수가 0.64로 가장 크며, 그 다음 '미용기술품질→인적만족'의 경로계수가 0.17, '사회적 및 특별대우혜택→인적만족'의 경로계수가 0.10으로 나타났다. '점포시설 및 직원품질→인적만족'경로와 '점포운영품질→인적만족'경로는 기각되었다. 그러므로 미용서비스 소비자의 인적만족을 결정하는 변수 중 가장 중요한 영향력을 나타내는 변수는 '확신적 혜택'으로, 소비자들은 자신의 스타일에 대해 이미 잘 알고 있는 미용사, 익숙한 미용점포 등에서 느끼는 확신적 혜택이 클 경우 인적만족을 크게 상승시킨다고 볼 수 있다.

한편, 점포만족에 직접적 영향을 미치는 선행변수들은 미용기술품질, 점포시설 및 직원품질, 점포운영품질의 3가지 요인이었다. 이 중 '미용기술품질→점포만족'의 경로계수가 0.14, '점포시설 및 직원품질→점포만족'의 경로계수가 0.14, '점포운영품질→점포만족'의 경로계수가 0.08로 나타났으며, '확신적 혜택→점포만족', '사회적 및 특별대우혜택→점포만족'의 경로는 기각되었다.

이상을 정리하여 보면 대체로 서비스품질과 관련된 선행변수인 미용기술품질, 점포시설 및 직원품질, 점포운영품질 등은 점포만족에 직접경로를 가지므로 이러한 요소들은 제시된 이원적 차원 중 점포수준에서 소비자만족을 결정짓는 중요한 변수라고 판단된다. 또한 관계혜택과 관련된 선행변수인 확신적 혜택, 사회적 및 특별대우혜택 등은 인적만족에 직접경로를 가진 것으로 나타났으므로 역시 이러한 변수들이 인적수준에서 소비자만족을 결정짓는 중요한 변수들이라고 볼 수 있다. 5가지 선행변수 중 미용기술품질만이 인적만족과 점포만족 모두에 직접경로를 나타냈다.

'인적만족→점포만족'의 경로계수가 0.57로 매우 크게 나타났는데, 이는 호텔레스토랑을 연구맥락으로 한 안우규의 연구에서 밝혀진 '종사원에 대한 만족→레스토랑에 대한 만족'의 경로계수 0.41, 또한 의류점포를 연구맥락으로 한 조은영(2003)의 연구에서 밝혀진 판매원만족과 점포만족 간의 R^2 0.186에 비하여 매우 큰 값으로 판단된다. 이는 앞서 제시한 '미용서비스산업은 그 특성상 여타 유형재 산업에 비하여 인적요인의 중요성이 크다'는 주장에 대한 실증적 자료가 될 수 있을 것이다.

직접효과와 간접효과를 모두 고려하여 점포만족에 영향을 미치는 변수들을 살펴보면 '확신적 혜택→점포만족'의 총 효과가 0.36으로 '인적만족→점포만족' 경로(0.57) 다음으로 크게 나타났는데, 이는 직접효과가 아닌 '인적만족'을 통한 간접효과였다. 따라서 미용서비스산업에 있어서 확신적 혜택은 점포수준에서 형성된다기보다는 인적수준에서 형성되어 간접적으로 점포만족을 상승시킨다고 보아야 할 것이다. 또한, '미용기술품질→점포만족'의 총 효과가 0.24, '점포시설 및 직원품질→점포만족'의 총 효과가 0.14, '점포운영품질→점포만족'의 총 효과가 0.08, '사회적 및 특별대우혜택→점포만족'의 총 효과가 0.06으로 나타나, 5가지 선행변수 모두가 직간접적으로 점포만족에 영향력을 나타내고 있다고 분석된다.

최종적으로 완성된 서비스품질 및 관계혜택과 만족 간의 공분산구조모델에 나타난 최대우도추정 값은 <부록 12>에 수록하였다.

제3절 미용서비스 소비자의 이원적
충성행동 모형의 제시

본 절에서는 이론적 연구를 바탕으로 구성된 모형과 앞 절에서 부분적으로 검증된 경로를 바탕으로 미용서비스산업에 있어서 고객의 이원적 충성행동에 관한 전체모형을 검증하고자 한다.

1. 서비스비용과 타 변수 간의 상관관계 분석

4장 2절에서 살펴보았듯이 이론적 연구결과와는 달리 '서비스비용'변수의 경우 인적만족 및 점포만족과 직접적인 상관을 나타내지 않았다. 따라서 본 절에서는 먼저 '서비스비용'이 '만족' 이외의 다른 결과변수들과 상관을 나타내는지 살펴보고, 이를 바탕으로 서비스비용이 충성행동과 관련이 있는지 있다면 어떠한 경로를 가지는지 확인하고자 한다.

<표 4-10>의 '서비스비용평균'값은 '서비스비용'의 하위변수로 설정하였던 금전적 비용, 시간적 비용, 위치적 비용 변수들의 평균값을 나타내므로, 각각의 하위변수들과 $p \leq .001$수준에서 유의한 상관을 나타내고 있다. 본 연구에서는 금전적 비용, 시간적 비용, 위치적 비용을 모두 더하여 평균한 이 값을

서비스비용의 대표 값으로 사용하고자 한다.

<표 4-10>의 '서비스비용평균'과 다른 결과변수들과의 상관에 주목해 보면, '서비스비용 평균'은 각각 '인적전환비용', '점포전환비용', '인적충성'과 유의한 상관을 나타내고 있다. 여기서 '인적전환비용→인적충성' 간 경로가 이론적 모형에 존재하므로 이를 감안하여 '서비스비용→인적전환비용' 및 '서비스비용→점포전환비용' 경로를 추가하면 '서비스비용'변수와 다른 결과변수와의 상관관계를 설명할 수 있을 것으로 판단된다.

따라서 다음 장의 최종 모형구성에 있어 이러한 분석을 근거로 '서비스비용'을 '전환비용'에 영향을 미치는 관련 변수로 투입하고자 한다.

〈표 4-10〉'서비스비용'관련 변수 간 상관관계 및 결과변수들과의 상관관계

변 수	1. 금전적 비용	2. 시간적 비용	3. 거리적 비용	4. 서비스 비용평균	평균	표준 편차
1. 금전적 비용	1.000				3.06	.974
2. 시간적 비용	.001	1.000			2.72	.812
3. 거리적 비용	.032	.019	1.000		2.77	1.186
4. 서비스비용평균	$.573^{***}$	$.473^{***}$	$.697^{***}$	1.000	2.85	.589
5. 인적만족	.051	-.060	.017	.012	3.55	.696
6. 점포만족	.029	-.018	.051	.042	3.50	.639
7. 인적전환비용	$.144^{***}$	.023	.081	$.144^{***}$	3.35	.800
8. 점포전환비용	.086	.041	.069	$.113^{*}$	3.12	.800
9. 인적충성	.057	-.032	$.146^{***}$	$.115^{*}$	2.96	.868
10. 점포충성	-.025	.023	.018	.009	3.35	.743

***: p≤.001   **: p≤.01 *: p≤.05

2. 미용서비스 소비자의 이원적 충성행동 모형

본 절에서는 이론적 연구를 바탕으로 구성된 모형과 앞 절에서 부분적으로 검증된 경로를 바탕으로 미용서비스 소비자의 이원적 충성행동에 관한 전

체모델을 제시하고자 한다.

본 연구의 이론적 구조모델은 계층적 구조를 띠고 있지만 고차 요인분석에 따른 너무 많은 측정변수의 투입은 공분산구조분석모델의 적합도를 떨어뜨릴 수 있다. 이에 따라 미용기술품질, 점포시설 및 직원품질, 점포운영품질, 확신적 혜택, 사회적 및 특별대우혜택의 5가지 변수에 대하여 각 구성개념의 하위차원을 구성하는 문항들의 측정값을 합산, 평균하여 구조방정식의 측정변수로 투입하였다. 이는 각 요인을 지수화하여 측정변수로 투입하는 것이 모델의 간명성을 높여 전체구조의 파악이 보다 용이해질 것이라고 한 Bollen(1989, 최미영(2005) 재인용)의 제안에 따른 것이다.

이론적 모형에서 '서비스비용→결과변수'에 이르는 경로를 수정하여 구성된 공분산구조모델의 적합도를 AMOS를 이용하여 분석한 결과 <표 4-11>과 같았으나, 수정지수를 통해 모델의 오차항 간의 공분산을 허용하여 모델의 재명시한 결과 모델의 적합도가 크게 개선되었다. 수정모델의 RMR값이 0.07 이상의 값으로 적합도가 다소 떨어지나 또 다른 적합도 지수인 RMSEA를 확인한 결과 0.068이었다. RMSEA는 모델의 복잡함에 의한 외견상의 적합도 상승을 조장하는 적합도지표의 하나로서 노형진(2003)에 따르면 이 값이 0.08 이하이면 적합도가 높다고 하였고, 0.10 이상이면 그 모델을 채택해서는 안 된다고 하였다. 또한 χ^2값이 998.884로 자유도(df)값 301의 5배를 넘지 않아 허용할 만한 수준으로 보고 이를 채택하고자 한다. 기준모델과 수정모델의 적합도 지수변화는 <표 4-11>에 나타난 바와 같으며, 수정모델의 공분산구조분석결과는 <그림 4-4>에 나타난 바와 같다.

〈표 4-11〉 고객의 이원적 충성행동에 관한 공분산구조모형의
수정 전후 적합도 지수 비교

모 델	카이제곱(χ^2)	GFI	AGFI	CFI	AIC	RMR
기준모델 (수정 전)	$\chi^2 = 1866.535$ df = 329, p = .000	0.773	0.720	0.841	2020.535	0.122
수정모델 (오차항 간 분산허용)	$\chi^2 = 1040.085$ df = 322, p = .000	0.872	0.839	0.926	1208.085	0.078
수정모델 – 기준모델 차이(Δ)	$\Delta\chi^2 = ^-826.45$ Δdf = -7, p = .000)	+0.099	+0.119	+0.085	-812.45	-0.044

한편, '서비스비용'을 제외하고 구성한 이원적 충성행동에 관한 공분산구모델의 분석결과 모델의 적합도는 $\chi^2=1307.562$(df=297, p=.000), GFI=0.834, AGFI=0.788, CFI=0.895, AIC=1469.562, RMR=0.098, RMSEA=0.083으로 나타났다. 이제 '서비스비용'을 포함하는 모델과 '서비스비용'을 제외한 모델의 적합도 지수를 비교하여 보면 <표 4-12>와 같다. 모든 항목에서 서비스비용을 포함하는 모델의 적합도가 상승함을 알 수 있다. 따라서 본 연구자는 '서비스비용'을 포함하는 모델을 최종 모델로 선택하여 제시하고자 한다. 다시 말해 이론적 연구에서는 '만족'의 선행변수로 '서비스비용'변수가 채택되었으나 실증적 분석결과를 바탕으로 '전환비용'에 영향을 미치는 변수로 경로를 수정하고 이를 바탕으로 모델 내의 인과적 관계를 설명하고자 한다.

〈표 4-12〉 서비스비용 포함모델과 제외모델의 적합도 지수 비교

모 델	카이제곱(χ^2)	GFI	AGFI	CFI	AIC	RMR
서비스비용 제외모델	$\chi^2 = 1307.562$ df = 297, p = .000	0.834	0.788	0.895	1469.562	0.098
서비스비용 포함모델	$\chi^2 = 1040.085$ df = 322, p = .000	0.872	0.839	0.926	1208.085	0.078
포함모델 – 제외모델 차이(Δ)	$\Delta\chi^2 = ^-267.477$ Δdf = +25, p = .000)	+0.038	+0.051	+0.031	-261.477	-0.020

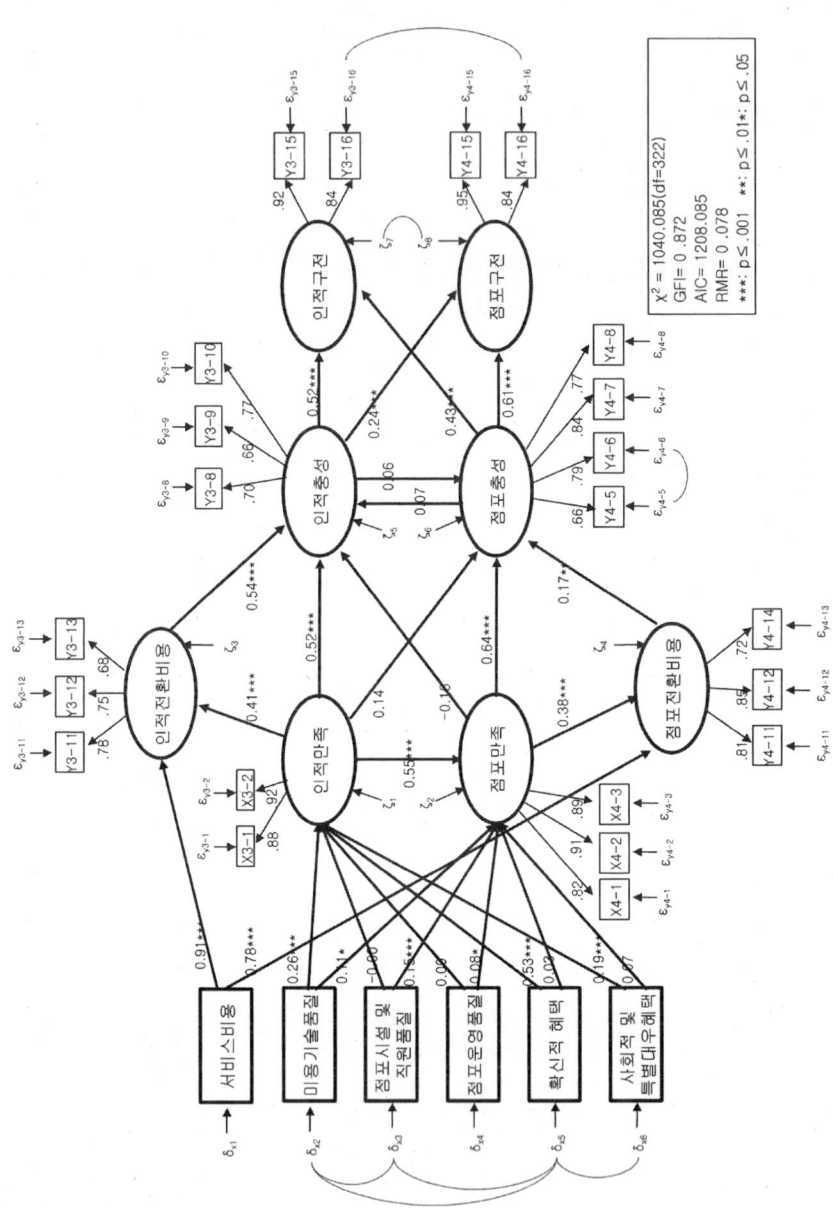

〈그림 4-4〉 미용서비스 소비자의 이원적 충성행동에 관한
공분산구조모델 분석결과(기각된 경로 삭제 전)

<그림 4-4>에 나타난 공분산구조모델 분석결과에 있어서, 5% 유의수준(p ≤.05)에서 유의하지 않게 나타난 경로는 '점포시설 및 직원품질→인적만족', '점포운영품질→인적만족', '확신적 혜택→점포만족', '사회적 및 특별대우혜택→점포만족', '인적만족→점포충성', '점포만족→인적충성', '점포충성→인적충성', '인적충성→점포충성' 등 총 8경로이다. 최종 모델을 완성하기 위하여 8가지 경로 중 가장 유의도가 떨어지는 경로부터 시작해 모든 경로가 유의해질 때까지 차례대로 경로를 삭제해 나갔다. 최초로 삭제된 경로는 p=0.999로 나타난 '점포운영품질→인적만족'경로였으며, 두 번째 삭제된 경로는 p=0.962로 나타난 '점포시설 및 직원품질→인적만족'경로였다. 그 다음으로 삭제된 경로는 각각 p=0.757로 나타난 '인적충성→점포충성'경로, p=0.753으로 나타난 '점포충성→인적충성'경로, p=0.601로 나타난 '확신적 혜택→점포만족', p=0.068로 나타난 '점포만족→인적충성'경로, p=0.684로 나타난 '사회적 및 특별대우혜택→점포만족'경로였다. 일곱 경로를 삭제한 결과 모든 경로가 유의미하게 되었으며, 기각된 경로를 삭제한 최종 모형에 대한 공분산구조모델 분석결과는 <그림 4-5>에 나타난 바와 같다.

여기서 삭제된 '점포운영품질→인적만족', '점포시설 및 직원품질→인적만족', '확신적 혜택→점포만족', '사회적 및 특별대우혜택→점포만족'의 4개 경로는, 4장 2절에서 개념변수를 평균치로 환산하지 않고 모든 측정변수들을 투입하여 2차원으로 구성한 부분모델(<그림 4-5참조>)에서 삭제된 4개의 경로와 동일하다. 따라서 만족의 5가지 선행변수를 개념변수로 투입한 결과와 각 구성개념들의 요인을 지수화하여 측정변수로 투입한 결과가 매우 동일한 경향을 나타냄을 확인할 수 있다.

한편 삭제된 또 다른 2경로는 '인적충성→점포충성', '점포충성→인적충성' 경로로 이 2가지 경로의 삭제는 소비자의 이원적 충성을 다룬 본 연구에 있어 매우 중요한 의미를 지닌다고 볼 수 있다. 제2장에서 제시하였듯이 선행연구에 있어 충성의 두 가지 차원 사이의 영향관계나 선후관계에 관한 연구결과에는 많은 이견이 존재한다. 본 연구의 실증적 분석결과 '인적충성→점포충성' 및 '점포충성→인적충성'경로가 지지되지 않았으므로, 이러한 결과를 적용하여 미용서비스 소비자의 이원적 충성을 설명하면, 미용서비스 소비자들은 서비스 제공요원에 대하여 가지는 인적충성이 크다고 하여 이러한 결과를 점포충성으로 전이시키지 않으며, 서비스 제공점포에 대하여 가지는 점포충성이 클 경우 역시 이러한 결과를 인적충성에 전이시키지 않음을 알 수 있다. 즉, 미용서비스 맥락에서는 인적충성과 점포충성이 서로 영향을 미치지 아니하고 별도의 개념으로 이원화하여 존재한다고 볼 수 있다.

이제 '인적충성→점포충성'경로가 지지되었던 패션점포나 백화점 등을 대상으로 한 연구결과들과 본 연구의 결과가 다른 원인을 추론해 보고자 한다. 패션점포나 백화점의 경우 판매요원과 점포가 분리되더라도 판매대상이 되는 유형의 제품이 그대로 존재하므로 판매요원을 따라 점포를 변경할 확률이 적다고 판단된다. 반면 미용서비스의 경우 서비스요원이 점포와 분리될 경우 서비스요원에게 형성되었던 확신적 혜택이나 서비스요원이 가진 미용기술 등이 함께 점포와 분리되므로 인적충성과 점포충성이 별개로 형성된다고 추론해 볼 수 있을 것이다.

한편, 인적만족 및 점포만족은 '감정적 상태를 나타내는 변수'이며 인적충성 및 점포충성은 '태도 및 행동변수'이다. '인적만족→점포만족'경로가 채택되었으므로 소비자의 감정적 상태는 인적요인 점포요인으로 전이된다고 볼 수 있는 반면, '인적충성→점포충성'경로는 기각되었으므로 소비자의 행동변수에서는 인적요인이 점포요인으로 전이되지 않는다고 볼 수 있다.

<그림 4-5>에 나타난 바와 같이, 공분산구조모델의 적합도는 일반적으로 허용되는 적합도 기준을 만족한다. 따라서 이론적 연구를 통해 개념적으로 제시된 모형을 바탕으로 실증적 검증을 거쳐 완성하여 최종적으로 제시한 '미용서비스 소비자의 이원적 충성행동 모형'은 <그림 4-6>과 같다.

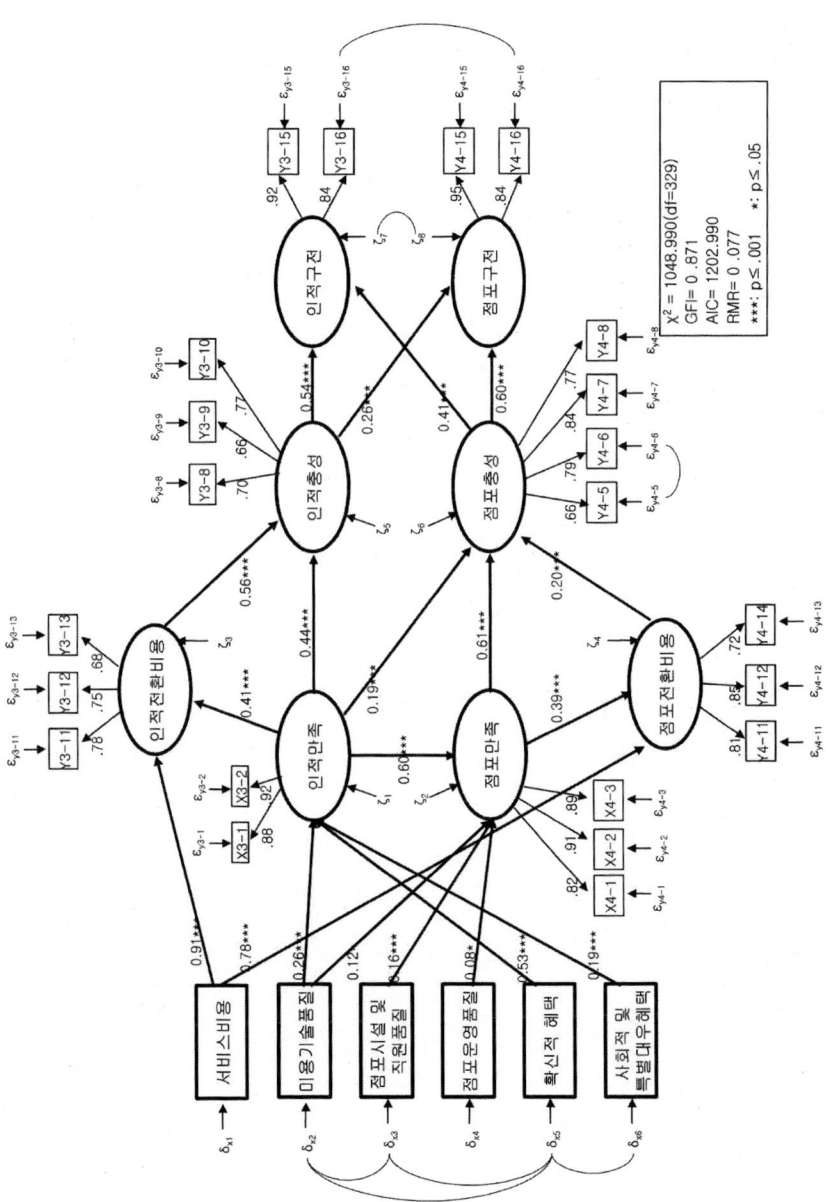

〈그림 4-5〉 미용서비스 소비자의 이원적 충성행동에 관한
공분산구조모델 분석결과(기각된 경로 삭제 후)

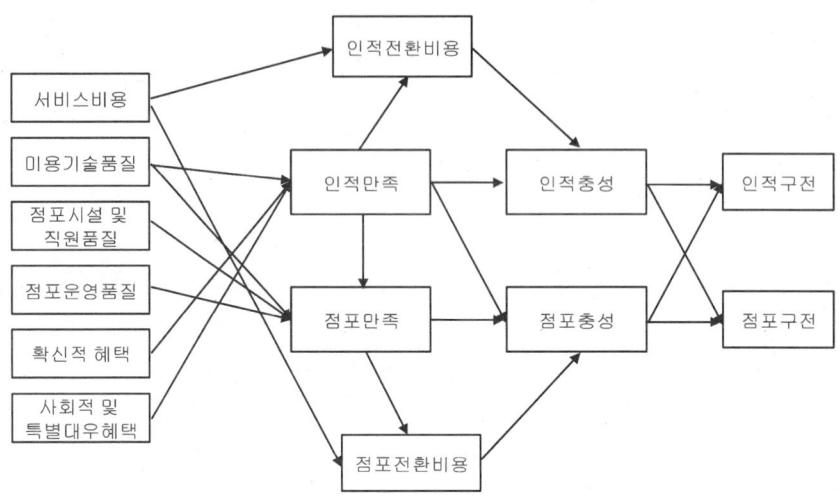

〈그림 4-6〉 미용서비스 소비자의 이원적 충성행동 모형(소비자 특성 변인 제외)

3. 이원적 충성행동 모형에 나타난
   인과적 관계 분석

본 절에서는 공분산구조모델에 나타난 인과적 관계를 분석함으로써 미용서비스산업에 있어서 고객의 충성행동을 설명하고자 한다. <표 4-13>은 최종 모델에 나타난 변수들 간의 직접효과, 간접효과, 총 효과를 정리한 것이다. 인적만족 및 점포만족에의 영향요인은 4장 2절에서 제시된 부분모델의 경향과 유사하므로 본 절에서 재론하지 않기로 하고, 본 절에서는 각각 '인적전환비용', '점포전환비용', '인적충성', '점포충성', '인적구전', '점포구전'에 영향을 미치는 요인에 관하여 살펴보기로 한다.

〈표 4-13〉 미용서비스산업에 있어서 고객의 이원적 충성행동 모델의 인과적 관계

결과변수	원인변수	서비스비용	미용기술품질	점포시설 및 직원품질	점포운영품질	확신적혜택	사회적 및 특별대우혜택	인적만족	점포만족	인적전환비용	점포전환비용	인적충성	점포충성
인적만족	직접효과	-	0.260	-	-	0.534	0.193						
	간접효과	-	-	-	-	-	-						
	총 효과	-	0.260	-	-	0.534	0.193						
점포만족	직접효과	-	0.119	0.155	0.075	-	-	0.595					
	간접효과	-	0.155	-	-	0.318	0.115	-					
	총 효과	-	0.274	0.155	0.075	0.318	0.115	0.595					
인적전환비용	직접효과	0.907	-	-	-	-	-	0.410					
	간접효과	-	0.107	-	-	0.219	0.079	-					
	총 효과	0.907	0.107	-	-	0.219	0.079	0.410					
점포전환비용	직접효과	0.781	-	-	-	-	-	-	0.386				
	간접효과	-	0.106	0.060	0.029	0.123	0.044	0.230	-				
	총 효과	0.781	0.106	0.060	0.029	0.123	0.044	0.230	0.386				
인적충성	직접효과	-	-	-	-	-	-	0.443	-	0.557			
	간접효과	0.506	0.175	-	-	0.359	0.130	0.229	-				
	총 효과	0.506	0.175	-	-	0.359	0.130	0.671	-	0.557			
점포충성	직접효과	-	-	-	-	-	-	0.188	0.608	-	0.198		
	간접효과	0.155	0.236	0.106	0.052	0.318	0.115	0.407	0.076	-	-		
	총 효과	0.155	0.236	0.106	0.052	0.318	0.115	0.596	0.684	-	0.198		
인적구전	직접효과	-	-	-	-	-	-	-	-	-	-	0.538	0.41
	간접효과	0.336	0.192	0.044	0.021	0.325	0.118	0.608	0.283	0.300	0.082	-	-
	총 효과	0.336	0.192	0.044	0.021	0.325	0.118	0.608	0.283	0.300	0.082	0.538	0.41
점포구전	직접효과	-	-	-	·	-	-	-	-	-	-	0.259	0.59
	간접효과	0.224	0.187	0.064	0.031	0.284	0.103	0.531	0.410	0.144	0.118	-	-
	총 효과	0.224	0.187	0.064	0.031	0.284	0.103	0.531	0.410	0.144	0.118	0.259	0.59

(1) 전환비용에 영향을 미치는 요인

먼저, 인적전환비용에 영향을 미치는 선행변수 중 가장 큰 영향력을 나타내는 변수는 서비스비용으로 총 효과가 0.907로 나타났다. 또한, 인적만족이 0.410의 영향력을, 그리고 확신적 혜택이 0.219, 미용기술품질이 0.107, 사회적 및 특별 대우혜택이 0.079의 영향력을 나타냈다. 따라서 인적전환비용을 높이는 가장 중요한 요인은 서비스비용이며, 그 다음으로는 인적만족, 확신적 혜택이 중요한 선행변수임을 알 수 있다. 즉, 소비자들을 금전적, 위치적, 시간적 서비스비용을 크게 인식할수록, 서비스 제공요원에 대해 만족할수록, 그리고 서비스요원과의 확신적 관계혜택을 크게 느낄수록 인적전환비용을 크게 인식한다고 볼 수 있다. '인적만족→인적전환비용'의 경로계수 0.410은 여러 선행연구(조광행과 박봉규, 1999)의 연구에서 다루어졌던 '고객만족→전환장벽' 사이의 관계를 지지하는 결과이다.

다음으로 점포전환비용에 영향을 미치는 요인들을 살펴보면, 역시 서비스비용이 0.781로 가장 큰 영향력을 보이며 그 다음으로 점포만족과 인적만족이 각각 0.386, 0.230의 직간접효과를 나타내고 있다. 즉, 소비자들이 금전적, 위치적, 시간적 서비스비용을 크게 인식할수록, 점포에 만족할수록, 그리고 서비스 제공요원에 대해 만족할수록 점포전환비용을 크게 인식한다고 볼 수 있다. 이 역시 선행연구들에서 나타난 '고객만족→전환장벽' 사이의 관계를 지지하는 결과이다.

종합하여 보면, 인적 및 점포전환비용에 가장 큰 영향력을 보이는 변수는 서비스비용이다. 따라서 소비자들은 서비스비용을 크게 인식할 경우, 즉 자신이 이용하는 점포의 가격이 비싸고 거리가 멀고 시간이 많이 걸린다고 응답한 소비자일수록 서비스요원이나 서비스점포를 전환하는 비용을 크게 인식하고 있는 것으로 판단된다. 또한 인적만족은 인적전환비용에, 점포만족은 점포전환비용에 직접효과를 나타내고 있으며, 인적만족의 경우 간접경로를 통해 점포전환비용 또한 상승시키는 것으로 분석되었다.

(2) 인적충성에 영향을 미치는 요인

인적충성에 영향을 미치는 선행변수 중 가장 큰 영향력을 나타내는 변수는 인적만족으로 총 효과가 0.671로 나타났다. 또한, 인적전환비용 역시 0.557의 영향력으로 인적충성에 매우 큰 영향을 미치는 것으로 판단된다. 즉 소비자는 서비스요원에 대한 만족이 클수록 그리고 서비스요원을 바꾸는 데 드는 비용이 크다고 인식할수록 특정한 서비스요원에게 충성적이라고 볼 수 있겠다. 이는 충성의 결정적 선행요인을 만족과 전환비용으로 보는 선행연구들(조광행과 박봉규, 1999)의 결과와 일치하는 것이다.

또한 만족 및 전환비용을 경유하는 서비스품질과 관계혜택들의 간접효과를 살펴보면 서비스비용이 인적전환비용을 경유하여 간접적으로 0.506의 영향력을 보이고 있으며, 확신적 혜택이 인적만족을 경유하여 0.359의 영향력을, 미용기술품질과 사회적 및 특별대우혜택 역시 인적만족을 경유하여 각각 0.175, 0.130의 영향력을 나타내고 있다. 즉, 소비자들은 금전적, 시간적, 위치적 비용이 크다고 인식할수록, 그리고 특정 점포와 서비스요원에 대한 확신과 신뢰가 클수록, 미용기술이 뛰어나다고 인식할수록, 그리고 자신에게 돌아오는 사회적 및 특별대우혜택이 클수록 특정 서비스요원에 대한 인적충성 정도가 증가함을 알 수 있다. 반면, 점포시설 및 직원품질, 점포운영품질 등은 인적충성을 형성함에 있어 별다른 영향력을 나타내지 않는 것으로 분석되었다.

(3) 점포충성에 영향을 미치는 요인

미용서비스 소비자가 인적충성과 점포충성을 이원적으로 형성할 뿐만 아니라 제2장에서도 제시하였듯이 인적충성이 오히려 점포충성에 부정적 측면을 가져다줄 수 있으므로, 미용기업의 측면에서 보면 점포충성에 영향을 미치는 선행요인 및 그들의 영향력을 파악하는 일은 마케팅 전략 수립에 있어 매우 중요한 의미를 지닌다고 볼 수 있다.

먼저, 점포충성에 영향을 미치는 선행변수 중 가장 영향력이 큰 것으로 분석된 변수는 점포만족으로 직, 간접적으로 0.684의 영향력을 나타내고 있는 것으로 나타났다. 반면 인적전환비용이 인적충성에 큰 영향력(0.557)을 주었던 것에 비하여 점포전환비용이 점포충성에 주는 영향력은 이보다 작은 0.198로 나타났다. 즉, 소비자들은 자신이 이용하는 미용서비스점포에 대한 만족도가 클수록 특정 점포에 대한 충성도가 커지며, 전환비용을 크게 느끼느냐 작게 느끼느냐 하는 것이 점포충성을 결정짓는 결정적 요인은 아니라는 것이다. 다시 말해 점포전환비용을 크게 느끼더라도 더 만족할 만한 다른 점포가 있다면 서비스요원 교체에 비하여 쉽게 점포를 전환할 수 있다는 의미로 해석된다.

점포충성에 중요한 영향력을 미치는 또 다른 요소는 인적만족으로, '인적만족→점포충성'의 총 효과는 0.596으로 분석되었다. 전술하였듯이 '인적충성→점포충성' 및 '점포충성→인적충성'경로가 기각되어 미용서비스 소비자들은 개인-개인 수준에서 형성된 충성을 개인-기업 간 관계에서 형성된 충성과 별개로 지각하는 경향이 있다고 분석된다. 미용기업의 입장에서는 개인-개인 간 관계를 어떻게 개인-기업 간 관계로 긍정적으로 전이시키는가 하는 것이 중요한 과제이므로 인적만족이 인적충성으로 이어지는 경로보다는 인적만족이 점포충성으로 이어지는 경로에 더욱 주목할 필요가 있다. 따라서 미용점포의 마케터들은 '인적만족→점포충성'의 효과를 최대한 활용하여 개인-개인 간 관계가 개인-기업 간의 관계로 긍정적으로 전이되도록 다양한 정책을 수립하여야 할 것으로 보인다.

이제 미용기업의 주요 관심 사항인 점포충성을 상승시키기 위하여 마케터가 관리할 수 있는 수준의 차원 즉, '미용기술품질', '점포시설 및 직원품질', '점포운영품질', '확신적 혜택', '사회적 및 특별대우혜택' '서비스비용'들 중 어떠한 변인들이 어느 정도의 역할을 하고 있는지 파악하고자 한다. <표 4-13>에 나타난 점포충성에의 총 효과를 중심으로 살펴보면, 확신적 혜택이 0.318의 영향력을 보이고 있으며, 그 다음으로 미용기술품질이 0.236의 영향력을, 그리고 서비스비용, 사회적 및 특별대우혜택, 점포시설 및 직원품질, 점포운영품질이 각각 0.155, 0.115, 0.106, 0.052의 영향력을 나타내고 있다. 따라서 점포충성에 가장 큰 영향력을 미치는 것으로 파악되어 기업이 한정된 자원을 집중 투자해야 할 것으로 제안되는 핵심접점은 확신적 혜택과 미용기술품질이라고 볼 수 있으며, 소비자들은 특정 점포와 서비스요원에 대한 확신과 신뢰가 클수록 그리고 미용기술이 뛰어나다고 인식할수록 특정 점포에 대한 충성도가 증가한다고 하겠다. 반면 확신적 혜택과 미용기술품질 요인들에 비하여 서비스비용, 사회적 및 특별대우혜택, 점포시설 및 직원품질, 점포운영품질이 지니는 점포충성에의 영향력은 상대적으로 작은 것으로 판단된다.

(4) 구전에 영향을 미치는 요인

먼저, 인적구전에 영향을 미치는 주요 선행변수는 인적만족, 인적충성, 점포충성으로 각각 총 효과가 0.608, 0.538, 0.414로 나타났다. 즉 소비자들은 서비스요원에 만족하고 그 요원에게 충성할수록 서비스요원에 대한 구전홍보를 많이 할 뿐만 아니라 점포에 충성할 경우도 서비스요원에 대한 구전행동을 하는 것으로 파악되었다.

다음으로 '점포구전'의 영향요인에 관하여 살펴보고자 한다. 구전은 기업의 활동에 중요한 의미를 지니며, 더욱이 미용서비스같이 종사자의 이직이 잦은 서비스에 있어서 소비자들이 새로운 대안을 찾는 과정에서 높은 수준의 위험을 감소시키고 정보탐색에 소요되는 시간과 비용을 줄이기 위한 하나의 방편으로 다른 사람들의 입소문이나 명성을 이용하는 것으로 나타났으므로(박민아 2002, 박소연 2002), 점포구전의 영향요인을 분석하고 대책을 수립하는 것은 마케팅 측면에서 매우 중요한 과제일 것이다. 점포구전에 영향을 미치는 요인들을 살펴보면, 점포충성이 0.599로 가장 크고 직접적인 영향력을 나타내고 있으며 그 다음으로 인적만족과 점포만족이 각각 0.531, 0.410의 간접효과를 나타내고 있다. 즉, 점포에 대한 충성도가 큰 소비자일수록 서비스요원에 대한 만족도와 점포에 대한 만족도가 클수록 긍정적 기업구전을 많이 할 것으로 기대된다. 또한, 확신적 혜택, 인적충성, 서비스비용, 미용기술품질 등도 직간접적으로 각각

0.284, 0.229, 0.224, 0.189의 총 효과를 나타낸다. 이렇듯 다양한 요인들이 점포구전에 영향을 미치고 있는 것으로 분석된다.

이상에서 살펴보았듯이 미용서비스 소비자들은 '인적충성'과 '점포충성'을 이원적으로 형성하며, '인적만족'요인이 개인-개인 간 수준인 인적충성 및 인적구전뿐 아니라 개인-기업 간 수준인 점포충성 및 점포구전에도 매우 중요한 선행요인임이 알 수 있다. '인적만족'을 구성하는 가장 중요한 변수는 확신적 혜택과 미용기술품질이었는데 이러한 요소들은 서비스 제공요원과 매우 밀접하게 관련이 되어 있는 변수들이다. 따라서 미용기업은 마케팅 전략을 수립함에 있어 인적요인의 중요성을 인식하고 인적요인에 의한 확신적 혜택 및 미용기술품질향상전략에 역점을 두어야 할 것으로 보인다.

최종적으로 확정된 공분산구조모델의 변수 간 경로와 이를 측정하는 하위차원의 측정변수 간의 요인부하량과 t값은 다음 <부록 13>에 수록하였다.

제4절 소비자 특성에 따른 집단별 이원적 충성행동 모형 비교

본 절에서는 헤어스타일 관여도와 다양성 추구성향에 따라 미용서비스 소비자의 이원적 충성행동 모형에 어떠한 변화가 있는지 살펴보고자 한다. 이를 위해 먼저 집단 간 인구통계적 특성, 모형 내 투입변수 평균 등을 비교하고 AMOS를 이용한 다모집단 동시분석을 실시하였다. 또한, 설문지에 부가적 관심사항으로 조사되었던 미용서비스 이용패턴이 관여도 및 다양성 추구성향에 따라 어떠한 차이를 보이는지 분석하였다.

1. 헤어스타일 관여 정도에 따른
소비자집단 간 차이

(1) 집단 간 인구통계적 특성비교 및 투입변수 평균비교

헤어스타일 관여 정도에 따라 표본집단을 분류하기 위하여 헤어스타일 관여도 관련 5문항의 평균을 산출하였다. 이 평균값의 중위수 3.20을 중심으로 3.20보다 값이 높은 집단을 고관여집단(n=243), 낮은 집단을 저관여집단(n=247)으로 분류하였다.

① 헤어스타일 관여 정도에 따른 집단별 인구통계적 특성비교

관여 정도에 따라 분류한 두 집단의 인구통계적 특성을 살펴보면 <표 4-14>에 나타난 바와 같다. 연령, 학력, 생활수준, 결혼여부 등은 두 집단 간 유의한 차이를 나타내지 않았다. 저관여집단은 사무직(22.3%)의 비율이 가장 높았고, 고관여집단은 학생의 비율(28.8%)이 가장 높았다.

② 이원적 충성행동 모형 투입변수 평균값에 대한 집단 간 차이분석

다음으로 미용서비스산업에 있어서 고객의 이원적 충성행동 모형 내 투입변수들의 평균값이 집단에 따라 어떠한 차이를 나타내는지 살펴본 결과는 <표 4-15>에 나타난 바와 같다.

〈표 4-14〉 관여 정도에 따른 집단 간 인구통계적 특성차이

인구통계적 특성(표본전체)	집 단	저관여집단 n=247	고관여집단 n=243	F값	유의확률
연령(32.24)		32.62	31.82	0.857	.355
학력(2.99)		3.03	2.94	2.214	.137
생활수준: 가족1인당 수입기준(104.75)		102.09	108.21	0.751	.387
결혼여부	미 혼(56.2%)	136(55.3%)	139(57.7%)	0.189	.664
	기 혼(43.0%)	110(44.5%)	101(41.9%)		
직업	전업주부(15.0%)	39(15.8%)	35(14.4%)		
	학 생(24.1%)	48(19.4%)	70(28.8%)		
	생산직(0.2%)	1(0.4%)	0(0.0%)		
	판매 및 서비스직(18.5%)	43(17.4%)	47(19.3%)		
	사무직(18.7%)	55(22.3%)	37(15.2%)		
	전문기술직(2.2%)	4(1.6%)	7(2.9%)		
	경영관리직(0.4%)	2(0.8%)	0(0.0%)		
	전문직(15.2%)	35(14.2%)	39(16.0%)		
	기 타(5.7%)	20(8.1%)	8(3.3%)		

〈표 4-15〉 헤어스타일 관여 정도에 따른 집단 간 모형 내 투입변수 평균차이

투입변수	저관여집단 n=247	고관여집단 n=243	F값	유의확률
서비스비용	2.80	2.90	3.560	.060
미용기술품질	3.38	3.70	40.697	***
점포시설 및 직원품질	3.45	3.59	7.278	**
점포운영품질	3.32	3.31	0.009	.924
확신적 혜택	3.46	3.68	16.183	***
사회적 및 특별대우혜택	2.61	2.97	28.835	***
인적만족	3.43	3.66	13.575	***
점포만족	3.39	3.61	14.473	***
인적전환비용	3.16	3.54	28.994	***
점포전환비용	2.91	3.32	35.070	***
인적충성	2.79	3.13	20.214	***
점포충성	3.25	3.46	10.795	***
인적구전	3.14	3.57	34.422	***
점포구전	3.05	3.50	40.503	***

'점포운영품질'을 제외하고 모든 변수들의 평균값이 p≤0.06수준에서 집단 간 유의한 차이를 나타냈다. 따라서 헤어스타일 관여도는 미용산업에 있어서 소비자행동을 설명하는 중요한 소비자 특성이 된다고 하겠다. 헤어스타일 관여도가 미용서비스 소비자행동을 설명하는 주요 변수가 될 것으로 예측된 반면 관련 선행연구들이 부족하고 측정 척도 등의 개발도 미흡한 실정이다. 또한 앞서도 언급하였듯이 헤어스타일 관여도는 인구통계적 특성(연령, 학업, 생활수준 등)과 유의미한 상관을 나타내지 않았으므로 의복관여, 외모지향성 등의 여타 소비자 특성과 헤어스타일 관여도가 어떠한 관련이 있는지를 밝히는 후속연구들이 필요하다고 하겠다.

두 집단 간 유의한 차이를 보이는 평균점수들을 살펴보면 모든 항목에서 고관여집단의 평균값이 높게 나타났다. 이는 다음의 ③항에 제시한 미용서비스 이용패턴에 나타나듯이 고관여집단일수록 지불하는 미용서비스요금(커트요금)이 크므로 이에 따라 서비스비용, 서비스품질, 관계혜택 등을 높게 인식한다고 볼 수 있다. 또한 이러한 긍정적 인식은 높은 만족, 높은 전환비용 인식, 높은 충성, 높은 구전으로 이어진다고 볼 수 있겠다.

③ 집단 간 미용서비스 이용패턴 차이

본 절에서는 설문지에 부가적 질문들로 구성되었던 미용서비스요금, 이용빈도 등이 소비자의 헤어스타일 관여도에 따라 어떻게 달라지는지 살펴보고자 한다.

전체 표본의 미용서비스 이용패턴 분석결과 및 관여도에 따른 집단 간 차이 분석결과는 <표 4-16>에 나타난 바와 같다.

먼저 표본전체에 대한 미용서비스 이용패턴 분석결과를 살펴보면, 커트요금의 경우 표본의 45.6%가 5천~1만 원 미만의 서비스료를 그리고 41.5%가 1~2만 원의 서비스료를 지불하는 것으로 나타났다. 퍼머요금의 경우 표본의 32.3%가 3~5만 원의 서비스료를 지불하는 것으로 분석되었고, 염색요금의 경우 표본의 28.2%가 3~5만 원의 서비스료를 지불하는 것으로 분석되었다. 이때 전체 표본의 81.5%가 염색을 하는 것으로 응답하였고, 18.5%가 염색을 하지 않는다고 응답하여 우리나라 여성 염색인구가 매우 많다는 것을 알 수 있다. 또한, 전체 표본의 32.9%가 1달~2달에 한 번 정도, 28.4%가 2달~3달에 한 번 정도 미용서비스를 받는다고 응답하였다.

〈표 4-16〉 전체 표본의 미용서비스 이용패턴 및 관여도에 따른 집단 간 차이

항목[표본전체]	집 단	저관여집단 n =247	고관여집단 n =243	χ2	유의 확률
커트 요금	① 5천 원 미만[5(1.0%)]	1(0.4%)	4(1.7%)		
	② 5천~1만 원 미만[225(45.6%)]	125(50.6%)	100(41.3%)		
	③ 1~2만 원 미만[204(41.5%)]	101(40.9%)	100(41.3%)		
	④ 2~3만 원 미만[40(8.1%)]	13(5.3%)	27(11.2%)		
	⑤ 3만 원 이상[18(3.7%)]	7(2.8%)	11(4.5%)		
	①~⑤ 문항평균비교	2.60	2.76	5.111	*
퍼머 요금	① 1~2만 원 미만[4(0.8%)]	2(0.8%)	2(0.8%)		
	② 2~3만 원 미만[57(11.6%)]	28(11.4%)	29(12.0%)		
	③ 3~5만 원 미만[158(32.2%)]	89(36.3%)	69(28.5%)		
	④ 5~7만 원 미만[107(21.8%)]	55(22.4%)	49(20.2%)		
	⑤ 7~10만 원 미만[85(17.3%)]	32(13.1%)	53(21.9%)		
	⑥ 10~15만 원 미만[52(10.6%)]	22(9.0%)	30(12.4%)		
	⑦ 15만 원 이상[11(2.2%)]	6(2.4%)	5(2.1%)		
	⑧ 퍼머 안함[16(3.3%)]	11(4.5%)	5(2.1%)		
	①~⑦ 문항평균비교	3.76	3.98	3.417	.065
염색 요금	① 1~2만 원 미만[24(4.9%)]	12(4.9%)	12(5.0%)		
	② 2~3만 원 미만[126(25.9%)]	67(27.3%)	59(24.8%)		
	③ 3~5만 원 미만[137(28.2%)]	70(28.6%)	66(27.7%)		
	④ 5~7만 원 미만[70(14.4%)]	28(11.4%)	41(17.2%)		
	⑤ 7~10만 원 미만[32(6.6%)]	14(5.7%)	17(7.1%)		
	⑥ ⑦ 10만 원 이상[7(1.4%)]	2(0.8%)	5(2.1%)		
	⑧ 염색 안함[90(18.5%)]	52(21.2%)	38(16.0%)		
	①~⑦ 문항평균비교	3.86	3.87	0.071	.790
이용 빈도	① 2주에 한 번 정도[11(2.2%)]	1(0.4%)	10(4.1%)		
	② 2~4주에 한 번 정도[38(7.7%)]	16(6.5%)	22(9.1%)		
	③ 1달~2달에 한 번 정도[162(32.9%)]	68(27.5%)	93(38.3%)		
	④ 2달~3달에 한 번 정도[140(28.4%)]	72(29.1%)	68(28.0%)		
	⑤ 3달~4달에 한 번 정도[57(11.6%)]	33(0.4%)	23(9.5%)		
	⑥ 4달~6달에 한 번 정도[49(9.9%)]	32(13.4%)	17(7.0%)		
	⑦ 6달 이상에 한 번 정도[35(7.1%)]	24(9.7%)	10(4.1%)		
	①~⑦ 문항평균비교 (낮은 값이 자주 이용하는 것임)	4.63	3.88	22.423	***

관여도에 따른 집단 간 미용서비스 이용패턴 차이를 분석하고자 질문지의 명목척도를 등간척도로 개념화하여(각 명목척도들이 완전등간은 아닐지라도 등간의 개념을 가지므로) 분석을 실시하였으며, 이때 퍼머요금의 8번 항목(퍼머 안 함)과 염색요금의 8번 항목(염색 안 함)은 제외하였다. 커트요금은 유의수준 p≤.05 수준에서 이용빈도의 경우 p≤.001 수준에서 두 집단 간 유의한 차이가 나타났으며, 퍼머요금과 염색요금에 있어서는 유의한 차이가 나타나지 않았다. 다시 말해, 고관여집단의 경우 저관여집단에 비하여 커트요금을 더 높게 지불하고 미용서비스를 더 자주 받는 것으로 나타났고, 퍼머와 염색에 지불하는 서비스비용은 두 집단 간 차이가 없는 것으로 분석되었다. 한편, 퍼머 안 함 항목과 염색 안 함 항목에 주목하여 보면 저관여집단이 고관여집단에 비하여 퍼머와 염색을 안 하는 비율이 높은 것으로 분석되었다. <표 4-16>의 내용을 히스토그램으로 표현하여 <부록 14>에 제시하였다.

(2) 다모집단 동시분석에 의한
이원적 충성행동 모형의 차이분석

본 절에서는 앞 장에서 최종적으로 제시된 고객의 이원적 충성행동 모형이 소비자의 헤어스타일 관여 정도에 따라 어떻게 달라지는지 살펴보기 위하여 다모집단 동시분석을 실시하였다.

다모집단 동시분석이란 등치제약을 설정하여 동시분석을 실시함으로써 개개의 그룹에 같은 모델을 적용해도 좋은지, 같은 잠재요인이 배후에 존재하는지를 검토할 수 있는 분석방법이다(노형진, 2003). 고관여집단과 저관여집단을 대상으로 다모집단 동시분석결과는 <표 4-17>에 나타난 바와 같다.

〈표 4-17〉 다모집단 동시분석을 위한 경로별 제약모델설계 및 분석결과

다중모델	등치제약경로	카이제곱 χ^2	자유도 df	비 교			귀무가설의 기각여부
				Δdf	$\Delta \chi^2$	p	
기준모델	없 음	1350.760	654				
모델 1	서비스비용→인적전환비용	1352.153	655	1	1.393	0.238	
모델 2	서비스비용→점포전환비용	1351.768	655	1	1.008	0.315	
모델 3	미용기술품질→인적만족	1351.739	655	1	0.978	0.323	
모델 4	미용기술품질→점포만족	1352.165	655	1	1.405	0.236	
모델 5	점포시설 및 직원품질→점포만족	1350.764	655	1	0.003	0.955	
모델 6	점포운영품질→점포만족	1358.657	655	1	7.897	0.005	기 각
모델 7	확신적 혜택→인적만족	1356.870	655	1	6.109	0.013	기 각
모델 8	사회적 및 특별대우혜택→인적만족	1352.528	655	1	1.768	0.184	
모델 9	인적만족→인적전환비용	1352.732	655	1	1.972	0.160	
모델 10	인적만족→인적충성	1351.138	655	1	0.378	0.539	
모델 11	인적만족→점포충성	1350.796	655	1	0.035	0.851	
모델 12	인적만족→점포만족	1350.798	655	1	0.038	0.846	
모델 13	점포만족→점포충성	1351.029	655	1	0.269	0.604	
모델 14	점포만족→점포전환비용	1355.415	655	1	4.655	0.031	기각
모델 15	인적전환비용→인적충성	1352.309	655	1	1.549	0.213	
모델 16	점포전환비용→점포충성	1351.195	655	1	0.434	0.510	
모델 17	인적충성→인적구전	1352.748	655	1	1.987	0.159	
모델 18	인적충성→점포구전	1351.450	655	1	0.690	0.406	
모델 19	점포충성→인적구전	1352.080	655	1	1.319	0.251	
모델20	점포충성→점포구전	1351.482	655	1	0.722	0.396	

　　기준모델은 등치제약을 부과하지 않은 모델로 제약이 없으므로 가장 자유롭게 파라미터를 추정할 수 있는 모델이다. 모델 1~모델 22는 '미용서비스에서 고객의 이원적 충성행도모형'의 22개 경로에 있어 각각 하나의 경로씩에 등치제약을 부과한 모델이다. 즉, 모델 1의 경우 두 집단에 있어서 '서비스비용→인적전환비용'경로가 동일한 경로계수를 지닌다는 등치제약을 한 모델이다. 기준모델을 기준으로 모델 1이 기준모델과 같다고 할 수 있는지 어떤지의 검정을 실시한 결과가 귀무가설 기각여부에 나타나게 된다. 유의확률이 0.05 이상이면

95%신뢰수준에서 기준모델과 모델 1이 유의한 차가 없는 것으로 판정할 수 있으며 통계적으로 같다고 할 수 있다. 그러나 유의확률이 0.05 이하이면 등치제약은 기각되고 그 경로에 있어서는 두 집단 간 유의한 차이가 있는 것으로 판정할 수 있다. <표 4-18>에서 보이듯이 고관여집단과 저관여집단에 있어 등치제약을 설정한 모델 중 모델 6, 모델 7, 모델 16이 기각되어, 두 집단 간에는 3가지 경로 즉 '점포운영품질→점포만족', '확신적 혜택→인적만족', '점포만족→점포전환비용' 경로에 통계적으로 유의한 차이가 있는 것으로 분석되었다.

<그림 4-7>은 고관여집단의 그리고 <그림 4-8>은 저관여집단의 공분산구조모델 분석결과이다. 이때 두꺼운 화살표로 표시한 경로가 두 집단 간 유의한 차이를 나타내는 경로이다. '점포운영품질→점포만족' 경로에서는 고관여집단의 경로계수가 유의하게 높게 나타났으며, '확신적 혜택→인적만족'에서는 저관여집단의 경로계수가 유의하게 높게 나타났다. 그리고 '점포만족→점포전환비용' 경로에서는 고관여집단의 경로계수가 유의하게 높게 나타났다. 이를 해석하여 보면 고관여집단에서는 점포운영품질을 높게 인식할수록 점포만족을 높게 하는 경향이 저관여집단보다 강하게 나타나고, 또한 점포만족이 높을수록 점포전환비용 인식이 상승하는 경향도 강하다고 할 수 있다. 반면, 저관여집단의 경우 확신적 혜택이 클수록 인적만족이 커지는 경향이 고관여집단에 비하여 강하다고 볼 수 있겠다. 즉 고관여집단의 경우 점포운영품질 상승을 통하여 점포만족을 상승시키는 효과를 크게 볼 수 있고, 이는 다시 상대적으로 큰 점포전환비용 상승효과로 이어져 점포충성에 기여한다고 판단할 수 있다. 또한, 저관여집단의 경우 상대적으로 확신적 혜택이 인적만족에 미치는 효과가 크다고 볼 수 있다.

전체적으로 고관여집단의 경우 점포요인에 대한 인식이 저관여집단에 비해 크게 나타났으므로 미용점포의 마케터들은 이러한 결과를 세분집단에 적용하여, 고관여집단을 대상으로 한 점포의 경우 점포시설이나 직원들의 서비스, 점포운영품질 등을 상승시켜 점포만족 및 점포충성을 이끌어 내야 할 것으로 보인다.

한편 고관여집단의 경우 '서비스비용→인적전환비용', '서비스비용→점포전환비용', '미용기술품질→점포만족'의 3가지 경로가 p≤.05수준에서 유의하지

않게 나타났다. 또한 저관여집단의 경우 '점포운영품질→점포만족' 경로가 p
≤.05수준에서 유의하지 않게 나타났다.

<표 4-18>과 <표 4-19>에는 각각 고관여집단과 저관여집단의 공분산구조
모델에 있어 구조모델의 최대우도 추정 값을 제시하였다.

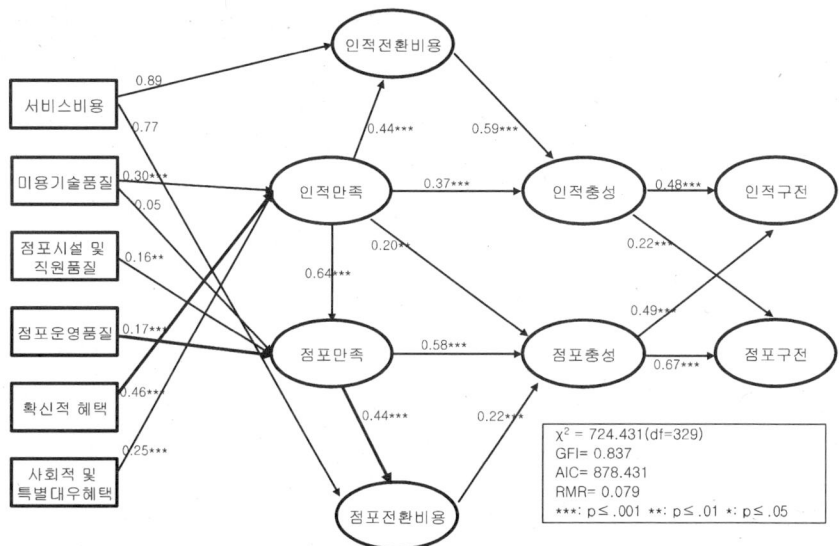

〈그림 4-7〉 고관여소비자의 이원적 충성행동에 관한 공분산구조모델 분석결과

〈표 4-18〉 고관여소비자의 이원적 충성행동에 관한
공분산구조모델 최대우도추정 값

모수(parameters)	추정치	표준오차	t	p	표준화된 추정치
서비스비용→인적전환비용	11.619	8.335	1.394	0.163	0.89
서비스비용→점포전환비용	9.615	6.914	1.391	0.164	0.77
미용기술품질→인적만족	0.315	0.062	5.097	***	0.30
미용기술품질→점포만족	0.043	0.059	0.725	0.468	0.05
점포시설 및 직원품질→점포만족	0.130	0.045	2.890	0.004	0.16

모수(parameters)		추정치	표준오차	t	p	표준화된 추정치
구조모델	점포운영품질 → 점포만족	0.121	0.033	3.643	***	0.17
	확신적 혜택 → 인적만족	0.441	0.060	7.314	***	0.46
	사회적 및 특별대우혜택 → 인적만족	0.188	0.036	5.189	***	0.25
	인적만족 → 점포만족	0.545	0.062	8.832	***	0.64
	인적만족 → 인적전환비용	0.579	0.087	6.689	***	0.44
	인적만족 → 인적충성	0.464	0.087	5.346	***	0.37
	인적만족 → 점포충성	0.204	0.075	2.712	0.007	0.20
	점포만족 → 점포전환비용	0.652	0.097	6.735	***	0.44
	점포만족 → 점포충성	0.721	0.110	6.541	***	0.58
	인적전환비용 → 인적충성	0.571	0.078	7.329	***	0.59
	점포전환비용 → 점포충성	0.179	0.046	3.933	***	0.22
	인적충성 → 인적구전	0.513	0.072	7.171	***	0.48
	인적충성 → 점포구전	0.227	0.065	3.485	***	0.22
	점포충성 → 인적구전	0.631	0.086	7.301	***	0.49
	점포충성 → 점포구전	0.843	0.096	8.805	***	0.67

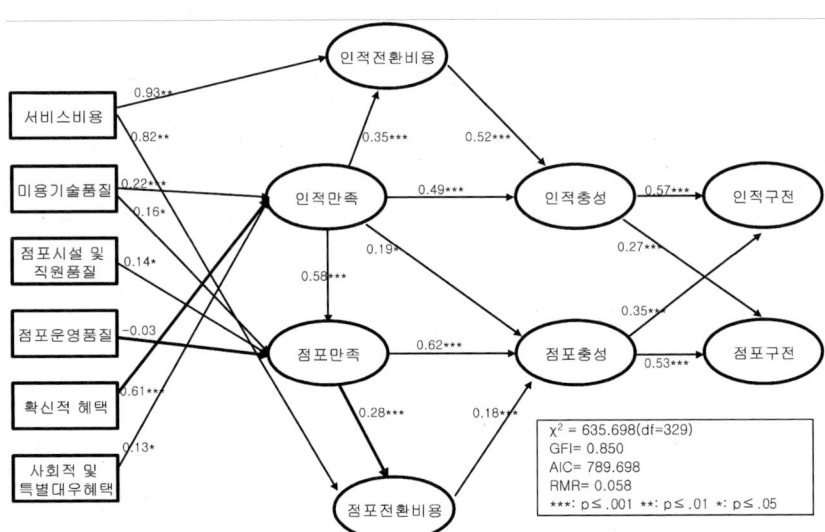

〈그림 4-8〉 저관여소비자의 이원적 충성행동에 관한 공분산구조모델 분석결과

〈표 4-19〉 저관여소비자의 이원적 충성행동에 관한
공분산구조모델 최대우도추정 값

모수(parameters)		추정치	표준오차	t	p	표준화된 추정치
구조모델	서비스비용 → 인적전환비용	5.220	1.757	2.971	0.003	0.93
	서비스비용 → 점포전환비용	4.813	1.635	2.945	0.003	0.82
	미용기술품질 → 인적만족	0.229	0.059	3.887	***	0.22
	미용기술품질 → 점포만족	0.149	0.064	2.326	0.020	0.16
	점포시설 및 직원품질 → 점포만족	0.134	0.055	2.454	0.014	0.14
	점포운영품질 → 점포만족	-0.023	0.036	-0.637	0.524	-0.03
	확신적 혜택 → 인적만족	0.667	0.069	9.690	***	0.61
	사회적 및 특별대우혜택 → 인적만족	0.108	0.042	2.554	0.011	0.13
	인적만족 → 점포만족	0.521	0.071	7.322	***	0.58
	인적만족 → 인적전환비용	0.421	0.078	5.397	***	0.35
	인적만족 → 인적충성	0.506	0.075	6.795	***	0.49
	인적만족 → 점포충성	0.183	0.076	2.418	0.016	0.19
	점포만족 → 점포전환비용	0.380	0.088	4.329	***	0.28
	점포만족 → 점포충성	0.645	0.101	6.380	***	0.62
	인적전환비용 → 인적충성	0.448	0.067	6.659	***	0.52
	점포전환비용 → 점포충성	0.137	0.042	3.258	0.001	0.18
	인적충성 → 인적구전	0.694	0.101	6.893	***	0.57
	인적충성 → 점포구전	0.330	0.092	3.593	***	0.27
	점포충성 → 인적구전	0.466	0.098	4.775	***	0.35
	점포충성 → 점포구전	0.708	0.110	6.449	***	0.53

2. 헤어스타일 다양성 추구성향에
따른 소비자집단 간 차이

본 절에서는 헤어스타일 다양성 추구성향에 따라 미용서비스 소비자의 이원적 충성행동 모형에 어떠한 변화가 있는지 살펴보고자 한다. 이를 위해 먼저 집

단에 따라 인구통계적 특성에 차이가 있는지 살펴보고 모형 내 투입변수 평균
을 비교하였다. 더불어 부가적 연구과제로 헤어스타일 다양성 추구성향과 점포
다양성 추구성향과의 관련성에 대하여 언급하였다. 또한 AMOS를 이용한 다모
집단 동시분석을 실시하였으며 미용서비스 이용패턴이 다양성 추구성향에 따라
어떠한 차이를 보이는지 분석하였다.

(1) 집단 간 인구통계적 특성비교 및 투입변수 평균비교

헤어스타일 다양성 추구성향에 따라 표본집단을 분류하기 위하여 헤어스타
일 다양성 추구성향 관련 5문항의 평균을 산출하였다. 이 평균값의 중위수 2.75
를 중심으로 2.75보다 값이 높은 집단을 다양성 고집단(n=211), 낮은 집단을
다양성 저집단(n=280)으로 분류하였다.

① 헤어스타일 다양성 추구성향에 따른 집단별 인구통계적 특성비교

다양성 추구성향에 따라 분류한 두 집단의 인구통계적 특성을 살펴보면
<표 4-20>에 나타난 바와 같다. 두 집단은 연령, 결혼여부에 유의한 차이를
보였으며, 학력과 생활수준에는 유의한 차이를 나타내지 않았다. 즉, 다양성이
높은 집단의 평균연령(30.18)이 다양성이 낮은 집단의 평균연령(33.74)보다 낮았
으며, 다양성이 높은 집단의 경우 미혼의 비율이 높았다. 한편 직업에 따른 차
이를 살펴보면 다양성이 높은 학생의 비율(31.8%)이 가장 높았고, 다양성이 낮
은 집단은 사무직(23.2%)의 비율이 가장 높았다.

〈표 4-20〉 헤어스타일 다양성 추구성향에 따른 집단 간 인구통계적 특성

집 단 인구통계적 특성(표본전체)		다양성 저집단 n=280	다양성 고집단 n=211	F값	유의 확률
연령(32.24)		33.74	30.18	17.264	***
학력(2.99)		2.96	3.00	0.483	.448
생활수준: 가족1인당 수입기준(104.75)		109.55	98.73	2.301	.130
결혼 여부	미 혼(56.2%)	144(51.8%)	132(62.9%)	5.395	*
	기 혼(43.0%)	134(48.2%)	77(36.7%)		
직업	전업주부(15.0%)	45(16.1%)	29(13.7%)		
	학 생(24.1%)	51(18.2%)	67(31.8%)		
	생산직(0.2%)	1(0.4%)	0(0.0%)		
	판매 및 서비스직(18.5%)	52(18.6%)	39(18.5%)		
	사무직(18.7%)	65(23.2%)	27(12.8%)		
	전문기술직(2.2%)	6(2.1%)	5(2.4%)		
	경영관리직(0.4%)	2(0.7%)	0(0.0%)		
	전문직(15.2%)	43(15.4%)	31(14.7%)		
	기 타(5.7%)	15(5.4%)	13(6.2%)		

② 이원적 행동 모형 투입변수에 대한 집단 간 차이분석

다음으로 미용서비스산업에 있어서 고객의 이원적 충성행동 모형 내 투입변수들의 평균값이 집단에 따라 어떠한 차이를 나타내는지 살펴본 결과 <표 4-23>과 같이 나타났다. '서비스비용', '사회적 및 특별대우혜택', '인적구전'항목의 평균값들이 유의한 차이를 보여, 다양성이 높은 집단이 서비스비용, 사회적 및 특별대우혜택을 높게 인식하고 인적구전을 더욱 많이 하는 것으로 분석되었다.

그러나 <표 4-21>을 <표 4-15>의 '관여도에 따른 집단 간 모형 내 투입변수 평균차이'와 비교하여 보면, 관여도에 따른 집단분류에서 보다 다양성 추구성향에 따른 집단분류에서 집단 간 유의한 차이를 보이는 항목이 적음을 알 수 있다. 이러한 근거로 헤어스타일 다양성 추구성향보다는 헤어스타일 관여도가 미용서비스 산업 맥락에서 소비자행동을 설명하는 보다 강력한 변수라고 판단해 볼 수 있을 것이다.

〈표 4-21〉 다양성 추구성향에 따른 집단 간 모형 내 투입변수 평균차이

집단 투입변수	다양성 저집단 n =280	다양성 고집단 n =211	F값	유의확률
서비스비용	2.80	2.92	4.636	*
미용기술품질	3.50	3.58	2.085	.149
점포시설 및 직원품질	3.50	3.55	0.918	.339
점포운영품질	3.33	3.29	0.366	.545
확신적 혜택	3.55	3.59	0.450	.503
사회적 및 특별대우혜택	2.68	2.92	11.915	***
인적만족	3.54	3.56	0.117	.733
점포만족	3.51	3.48	0.147	.702
인적전환비용	3.29	3.42	3.013	.083
점포전환비용	3.01	3.20	3.769	.053
인적충성	2.89	3.04	3.736	.054
점포충성	3.35	3.35	0.006	.940
인적구전	3.27	3.47	7.058	**
점포구전	3.23	3.34	2.102	.148

③ 집단 간 미용서비스 이용패턴 차이

본 절에서는 설문지에 부가적 질문들로 구성되었던 미용서비스요금, 이용빈도 등이 소비자의 헤어스타일 다양성 추구성향에 따라 어떻게 달라지는지 살펴보고자 한다.

<표 4-22>에서 제시되었듯이, 이용빈도의 경우 p≤.001 수준에서 두 집단 간 유의한 차이가 나타났으며, 커트요금, 퍼머요금, 염색요금에 있어서는 유의한 차이가 나타나지 않았다. 다시 말해, 다양성 추구성향이 높은 집단이 다양성 추구성향이 낮은 집단에 비하여 미용서비스를 더 자주 받는 것으로 나타났고, 커트, 퍼머 및 염색에 지불하는 서비스비용은 두 집단 간 차이가 없는 것으로 분석되었다. 한편, 퍼머 안 함 항목과 염색 안 함 항목에 주목하여 보면 다양성이 낮은 집단이 다양성이 높은 집단에 비하여 염색을 안 하는 비율이 높은 것으로 분석되었다. <표 4-22>의 내용을 히스토그램으로 표현하여 <부록 15>에 제시하였다.

〈표 4-22〉 다양성 추구성향에 따른 집단 간 미용서비스이용패턴 차이

항목[표본전체]	집 단	다양성 저집단 n=280	다양성 고집단 n=211	F값	유의 확률
커트 요금	① 5천 원 미만[5(1.0%)]	2(0.7%)	3(1.4%)		
	② 5천~1만 원 미만[225(45.6%)]	136(48.7%)	88(41.7%)		
	③ 1~2만 원 미만[204(41.5%)]	106(38.0%)	97(46.0%)		
	④ 2~3만 원 미만[40(8.1%)]	23(8.2%)	17(8.1%)		
	⑤ 3만 원 이상[18(3.7%)]	12(4.3%)	62.8(%)		
	①~⑤ 문항평균비교	2.67	2.69	0.123	.726
퍼머 요금	① 1~2만 원 미만[4(0.8%)]	2(0.7%)	2(1.0%)		
	② 2~3만 원 미만[57(11.6%)]	34(12.2%)	23(11.0%)		
	③ 3~5만 원 미만[158(32.2%)]	94(33.7%)	63(30.1%)		
	④ 5~7만 원 미만[107(21.8%)]	51(18.3%)	55(26.3%)		
	⑤ 7~10만 원 미만[85(17.3%)]	47(16.8%)	38(18.2%)		
	⑥ 10~15만 원 미만[52(10.6%)]	28(10.0%)	24(11.5%)		
	⑦ 15만 원 이상[11(2.2%)]	9(3.2%)	2(1.0%)		
	⑧ 퍼머 안 함[16(3.3%)]	14(1.0%)	2(1.0%)		
	①~⑦ 문항평균비교	3.86	3.89	0.071	.790
염색 요금	① 1~2만 원 미만[24(4.9%)]	16(5.8%)	8(3.9%)		
	② 2~3만 원 미만[126(25.9%)]	66(23.8%)	60(29.0%)		
	③ 3~5만 원 미만[137(28.2%)]	72(26.0%)	65(31.4%)		
	④ 5~7만 원 미만[70(14.4%)]	29(10.5%)	41(19.8%)		
	⑤ 7~10만 원 미만[32(6.6%)]	19(6.9%)	12(5.8%)		
	⑥ ⑦ 10만 원 이상[7(1.4%)]	4(1.5%)	3(1.5%)		
	⑧ 염색 안 함[90(18.5%)]	71(25.6%)	18(8.7%)		
	①~⑦ 문항평균비교	2.91	2.99	0.531	.467
이용 빈도	① 2주에 한 번 정도[11(2.2%)]	2(0.7%)	9(4.3%)		
	② 2~4주에 한 번 정도[38(7.7%)]	26(9.3%)	12(5.7%)		
	③ 1달~2달에 한 번 정도[162(32.9%)]	79(28.2%)	81(38.4%)		
	④ 2달~3달에 한 번 정도[140(28.4%)]	78(27.9%)	62(29.4%)		
	⑤ 3달~4달에 한 번 정도[57(11.6%)]	37(13.2%)	20(9.5%)		
	⑥ 4달~6달에 한 번 정도[49(9.9%)]	30(10.7%)	19(9.0%)		
	⑦ 6달 이상에 한 번 정도[35(7.1%)]	28(10.0%)	7(3.3%)		
	①~⑦ 문항평균비교 (낮은 값이 자주 이용하는 것임)	4.50	3.97	10.312	***

④ 헤어스타일 다양성 추구성향과 관여, 미용점포 다양성
  추구성향, 인적충성, 점포충성과의 상관관계 분석

본 절에서는 이론적 연구에서 제기되었던 헤어스타일다양성 추구성향과 점포 다양성 추구성향 및 충성과의 관계를 분석하기 위하여 관련 변수 사이의 상관관계를 알아보았다. <표 4-23>에 나타나듯이, 일부 선행연구들에서의 결과와 마찬가지로 점포 다양성 추구성향은 인적충성 및 점포충성과 부적인 상관을 나타냈다. 그러나 헤어스타일 다양성 추구성향은 충성과 부적인 상관을 가지지 않으며 오히려 인적충성과는 높은 정적인 상관을 보이는 것으로 분석되었다.

일반적으로 다양성 추구성향은 소비자의 개인적 특성변수의 하나로 개념상 서비스 충성과 부적인 관계에 있다고 할 수 있다. 즉, 다양성 추구성향을 가진 사람은 늘 새로운 것을 추구하는 성향이 있어 지금 이용하고 있는 서비스 제공자에 어떤 문제가 있어서가 아니라 단지 새로운 서비스 제공자가 생겼다는 이유만으로 서비스 이전을 할 수 있다. 이러한 견해를 본 분석의 결과와 비교하여 보면, 점포 다양성 추구성향은 일반적 다양성 추구성향과 같은 경향을 보여 충성과 부적인 관계를 나타냈다고 볼 수 있다. 그러나 인적충성과 정적인 관련을 나타낸 헤어스타일다양성 추구성향은 일반적 다양성 추구성향과는 구분되는 독특한 개념이라고 볼 수 있을 것이다.

〈표 4-23〉 헤어스타일 다양성 추구성향, 점포 다양성 추구성향,
관여, 인적충성, 점포충성 사이의 상관관계

변수	1. 헤어스타일 다양성 추구성향	2. 점포 다양성 추구성향	3. 관여	4. 인적충성	5. 점포충성	평균	표준편차
1	1.000					2.79	.706
2	.183***	1.000				2.55	.672
3	.477***	.100*	1.000			3.30	.658
4	.120**	-.351***	.216***	1.000		2.96	.868
5	.058	-.465***	.184***	.512***	1.000	3.35	.743

***: $p \leq .001$ **: $p \leq .01$ *: $p \leq .05$

한편, 헤어스타일다양성 추구성향과 점포 다양성 추구성향 및 관여도 사이의 상관을 분석한 결과, 헤어스타일다양성 추구성향은 두 변수 모두와 p≤.001수준에서 정적 상관을 보이는 것으로 나타났다. 그러나 그 상관의 정도는 점포 다양성 추구성향(.183)에서보다 관여(.477)에서 더욱 높게 나타나, 헤어스타일 다양성 추구성향은 점포 다양성 추구성향보다는 관여와 더욱 상관관계가 크다고 하겠다.

(2) 다모집단 동시분석에 의한 이원적 충성행동 모형의 차이분석

본 절에서는 이원적 충성행동 모형이 소비자의 헤어스타일 다양성 추구성향에 따라 어떻게 달라지는지 살펴보기 위하여 다모집단 동시분석을 실시하였다. 다양성 고집단과 다양성 저집단을 대상으로 다모집단 동시분석결과는 <표 4-24>에 나타난 바와 같다. <표 4-24>에서 보이듯이 다양성 고집단과 다양성 저집단에 있어 등치제약을 설정한 모델 중 모델 21(p=.019)이 기각되어, 두 집단 간에는 '점포충성→인적구전'경로에 통계적으로 유의한 차이가 있는 것으로 분석되었다.

<그림 4-9>는 다양성이 높은 집단의, 그리고 <그림 4-10>은 다양성이 낮은 집단의 공분산구조모델 분석결과이다. 이때 두꺼운 화살표로 표시한 '점포충성→인적구전'경로가 두 집단 간 유의한 차이를 나타내는 경로이다. '점포충성→인적구전'에서는 다양성 추구성향이 높은 집단의 경로계수가 유의하게 높게 나타났다. 즉, 다양성 추구성향이 높은 집단은 다양성 추구성향이 낮은 집단에 비하여 점포충성도가 높을 경우 인적구전을 더욱 활발하게 한다고 해석할 수 있다.

다양성 추구성향이 높은 집단의 경우 '서비스비용→인적전환비용', '서비스비용→점포전환비용', '미용기술품질→점포만족'의 3가지 경로가 p≤.05수준에서 유의하지 않게 나타났다. 또한 다양성 추구성향이 낮은 집단의 경우 '점

포운영품질→ 점포만족'의 경로가 p≤.05수준에서 유의하지 않게 나타났다. 이러한 결과를 관여도에 따른 집단별 기각경로와 비교하여 보면, 고관여집단과 다양성고집단의 기각경로가 정확히 일치하며, 또한 저관여집단과 다양성저집단의 기각경로가 정확히 일치함을 알 수 있어, 헤어스타일 관여도와 다양성 추구 성향 두 변수 사이의 높은 상관을 확인할 수 있다.

<표 4-25>와 <표 4-26>에는 각각 다양성 고집단과 다양성 저집단의 공분산구조모델에 있어 구조모델의 최대우도 추정 값을 제시하였다.

〈표 4-24〉 다모집단 동시분석을 위한 경로별 제약모델설계 및 분석결과

다중모델	등치제약경로	카이제곱 χ^2	자유도 df	Δdf	$\Delta\chi^2$	p	귀무가설의 기각여부
기준모델	없 음	1423.653	654				
모델 1	서비스비용→인적전환비용	1424.386	655	1	0.732	0.392	
모델 2	서비스비용→점포전환비용	1424.561	655	1	0.908	0.341	
모델 3	미용기술품질→인적만족	1423.779	655	1	0.126	0.723	
모델 4	미용기술품질→점포만족	1424.919	655	1	1.265	0.261	
모델 5	점포시설 및 직원품질→점포만족	1425.055	655	1	1.402	0.236	
모델 6	점포운영품질→점포만족	1424.379	655	1	0.725	0.394	
모델 7	확신적 혜택→인적만족	1425.644	655	1	1.990	0.158	
모델 8	사회적 및 특별대우혜택→인적만족	1426.369	655	1	2.716	0.099	
모델 9	인적만족→인적전환비용	1423.776	655	1	0.122	0.727	
모델 10	인적만족→인적충성	1423.842	655	1	0.189	0.664	
모델 11	인적만족→점포충성	1424.272	655	1	0.619	0.431	
모델 12	인적만족→점포만족	1423.993	655	1	0.340	0.560	
모델 13	점포만족→점포충성	1423.972	655	1	0.319	0.572	
모델 14	점포만족→점포전환비용	1424.031	655	1	0.378	0.539	
모델 15	인적전환비용→인적충성	1423.683	655	1	0.029	0.864	
모델 16	점포전환비용→ 점포충성	1423.779	655	1	0.126	0.723	
모델 17	인적충성→인적구전	1424.990	655	1	1.336	0.248	
모델 18	인적충성→점포구전	1423.773	655	1	0.119	0.730	
모델 19	점포충성→인적구전	1429.130	655	1	5.476	0.019	기 각
모델20	점포충성→점포구전	1425.353	655	1	1.699	0.192	

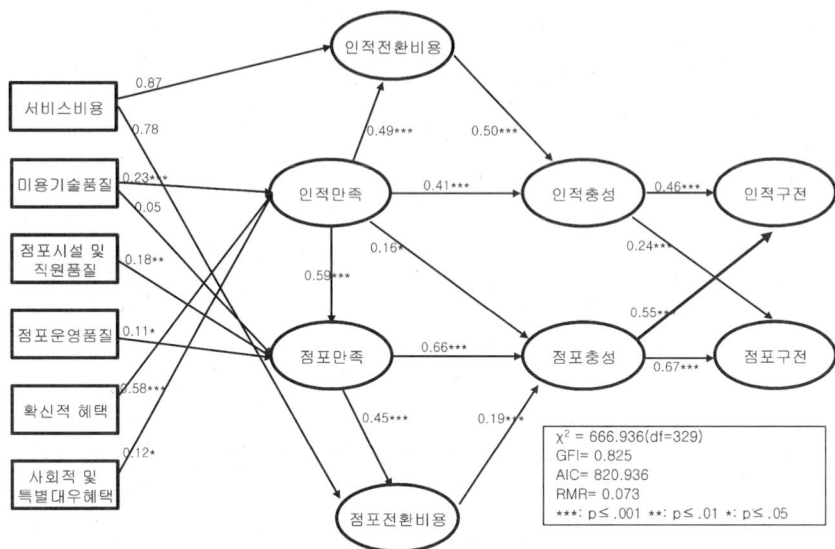

〈그림 4-9〉 다양성 추구성향이 높은 집단의 공분산구조모델 분석결과

〈표 4-25〉 다양성 추구성향이 높은 집단의 공분산구조모델
최대우도추정 값

	모수(parameters)	추정치	표준오차	t	p	표준화된 추정치
구조 모델	서비스비용 → 인적전환비용	11.349	9.166	1.238	0.216	0.87
	서비스비용 → 점포전환비용	10.392	8.404	1.237	0.216	0.78
	미용기술품질 → 인적만족	0.251	0.066	3.808	***	0.23
	미용기술품질 → 점포만족	0.048	0.066	0.725	0.468	0.05
	점포시설 및 직원품질 → 점포만족	0.181	0.059	3.039	0.002	0.18
	점포운영품질 → 점포만족	0.085	0.040	2.117	0.034	0.11
	확신적 혜택 → 인적만족	0.606	0.070	8.614	***	0.58
	사회적 및 특별대우혜택 → 인적만족	0.100	0.043	2.300	0.021	0.12
	인적만족 → 점포만족	0.528	0.066	7.990	***	0.59
	인적만족 → 인적전환비용	0.553	0.082	6.766	***	0.49
	인적만족 → 인적충성	0.447	0.089	5.038	***	0.41
	인적만족 → 점포충성	0.154	0.066	2.337	0.019	0.16
	점포만족 → 점포전환비용	0.606	0.091	6.679	***	0.45

모수(parameters)		추정치	표준오차	t	p	표준화된 추정치
구조모델	점포만족 → 점포충성	0.725	0.102	7.081	***	0.66
	인적전환비용 → 인적충성	0.469	0.086	5.443	***	0.50
	점포전환비용 → 점포충성	0.159	0.045	3.506	***	0.19
	인적충성 → 인적구전	0.523	0.086	6.112	***	0.46
	인적충성 → 점포구전	0.276	0.078	3.524	***	0.24
	점포충성 → 인적구전	0.713	0.097	7.335	***	0.55
	점포충성 → 점포구전	0.886	0.107	8.289	***	·0.67

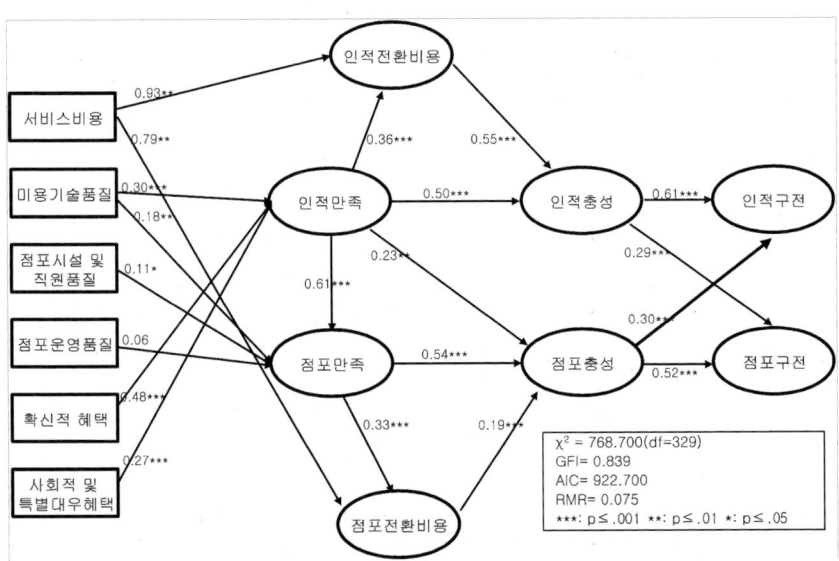

〈그림 4-10〉 다양성 추구성향이 낮은 집단의 공분산구조모델 분석결과

〈표 4-26〉 다양성 추구성향이 낮은 집단의 공분산구조모델 최대우도추정 값

모수(parameters)		추정치	표준 오차	t	p	표준화된 추정치
	서비스비용 → 인적전환비용	6.063	1.994	3.041	0.002	0.93
	서비스비용 → 점포전환비용	5.187	1.724	3.009	0.003	0.79
	미용기술품질 → 인적만족	0.281	0.053	5.344	***	0.30
	미용기술품질 → 점포만족	0.149	0.055	2.693	0.007	0.18
	점포시설 및 직원품질 → 점포만족	0.090	0.043	2.108	0.035	0.11
	점포운영품질 → 점포만족	0.040	0.031	1.323	0.186	0.06
	확신적 혜택 → 인적만족	0.476	0.059	8.121	***	0.48
	사회적 및 특별대우혜택 → 인적만족	0.200	0.035	5.760	***	0.27
	인적만족 → 점포만족	0.540	0.072	7.484	***	0.61
구조 모델	인적만족 → 인적전환비용	0.512	0.088	5.829	***	0.36
	인적만족 → 인적충성	0.628	0.077	8.118	***	0.50
	인적만족 → 점포충성	0.243	0.087	2.807	0.005	0.23
	점포만족 → 점포전환비용	0.527	0.098	5.372	***	0.33
	점포만족 → 점포충성	0.641	0.110	5.814	***	0.54
	인적전환비용 → 인적충성	0.486	0.058	8.407	***	0.55
	점포전환비용 → 점포충성	0.137	0.039	3.496	***	0.19
	인적충성 → 인적구전	0.664	0.077	8.587	***	0.61
	인적충성 → 점포구전	0.316	0.075	4.195	***	0.29
	점포충성 → 인적구전	0.396	0.085	4.659	***	0.30
	점포충성 → 점포구전	0.689	0.100	6.892	***	0.52

제 5 장

결 론

05

제1절 요약 및 결론

미용산업현장은 내부적 외부적 환경에 의하여 급속히 기업화, 고급화, 표준화되어 가고 있으며 더욱 치열한 경쟁양상이 도래할 것으로 보인다. 이러한 시기적 관점에서 볼 때 미용관련기업들은 기술과 경영을 결합시킨 마케팅개념을 본격 도입해야 하며, 소비자행동에 대한 이해를 바탕으로 보다 과학적인 마케팅 전략을 수립해야 할 것으로 보인다. 또한 1990년대 이후 대학 내 미용관련 학과의 개설을 통해 시작된 교육의 양적 증가와 함께 절실히 요구되는 것이 학문적 체계의 확립과 과학적이고 객관적인 교육 자료의 제시라고 볼 수 있다. 그러므로 이러한 미용산업계와 미용교육계의 현실에 비추어 볼 때 현시점은 그 어느 때보다도 미용마케팅 관련 연구를 통한 효과적 마케팅 전략의 제시와 이를 통한 학문적 체계수립이 필요한 시기라고 볼 수 있다.

한편, 서비스 업체들은 소비자들의 서비스 충성의 확보를 통해 수익성을 높일 수 있으며 이러한 전략은 신규고객의 확보전략보다 효과적임이 여러 선행연구들(Henry 2000, Reichheld와 Sassar 1990)을 통해 밝혀져 오고 있다. 따라서 고객의 충성행동에 관한 관련 변수와 그들의 영향력을 밝히는 연구는 매우 중요한 의미를 지닌다고 볼 수 있다.

그러므로 본 연구에서는 근본적으로 접촉강도가 높으며 고객화, 비표준화, 개인화된 서비스를 필요로 하는 미용서비스 분야를 개인-개인 간 관계형성 즉 인적충성의 개념을 도입하여 소비자행동을 예측할 최적의 서비스 분야로 판단하고, 다차원적 고객충성의 개념을 도입하여 미용서비스 소비자의 충성행동을 설명할 수 있는 효과적 모델을 제시하고 이를 실증적으로 분석하고자 하였다. 또한, 미용서비스 소비자의 인적충성과 점포충성 사이에 어떠한 연관이 있는지 확인하고자 하며, 이러한 충성의 선행요인들은 무엇이며, 선행요인들이 어떠한 경로를 통해 충성으로 이어지는지 확인하고자 하였다. 모든 접점이 고객과의 장기적인 관계를 구축하는 데 대등하게 중요한 것이 아니며, 모든 기업에 고객 관계를 구축하고 유지하는 데 관건이 되는 '핵심접점(Critical Encounter)'이 존재한다고 볼 때, 본 논문의 결과를 통해 고객충성의 핵심접점이 파악된다면 미용 기업은 한정된 자원을 가장 효과적으로 사용할 요소를 선별할 수 있을 것으로 기대된다고 하겠다.

본 연구의 구체적인 목적은 다음과 같다.

첫째, 미용서비스산업의 규모와 현황에 관한 통계적 자료들을 고찰하고, 이를 바탕으로 산업의 양적, 질적 변화양상을 제시한다.

둘째, 선행연구들을 바탕으로 한 이론적 연구를 통하여 다차원적 충성의 개념을 정리하고, 미용서비스 소비자의 이원적 충성행동을 설명할 수 있는 개념적 모형을 제시한다.

셋째, 이론적 연구를 통해 제시된 모형을 실증적으로 분석한다. 이때, 인적수준의 변인들 및 점포수준의 변인들 간의 차이를 확인하고, 관련 변수들 간의 구조와 영향력을 밝혀 미용서비스 소비자의 이원적 충성행동 모형을 제시한다. 또한, 소비자 특성에 따른 모형의 차이를 검증한다.

이러한 연구목적에 따라 이론적 연구가 행하여져 이를 통해 미용산업의 양적, 질적 변화양상이 파악되었으며, 미용서비스 소비자의 이원적 충성행동에 관한 개념적 모형이 제시되었다.

이·미용서비스산업의 규모를 월평균가계수지자료 및 이·미용업체 수, 인구 수 등 신뢰할 만한 기관의 통계자료를 바탕으로 추정한 결과 국내 연간 소비 액은 2003년 기준 3조 2천억 원이었으며, 여타항목(식료품료, 피복 및 신발료)

의 소비지출에 비하여 지속적 성장세를 보여 주었다. 또한, 업체당 매출 추정치 (연평균매출은 약 2천7백만 원, 월평균매출은 약 2백 2십만 원으로 추정)는 타 산업에 비하여 열악한 현실을 보여 주었으며 업체 수의 증가에 따른 경쟁증가 현상 등을 확인할 수 있었다. 한편 질적 변화양상은 크게 기업화, 고급화, 표준화로 정리해 볼 수 있었다. 미용점포의 기업화 과정에서 필연적으로 표준화에 대한 시도들이 나타났으며, 이러한 기업화, 고급화, 표준화 양상을 이원적 차원으로 나누어 보면 점포고급화 및 시설표준화는 점포차원과 관련이 있고, 인적자원의 고급화 및 서비스 표준화는 인적 차원과 관련이 있다고 판단되었다.

다차원적 충성의 개념 중 미용서비스산업의 특성상 인적 차원의 중요성이 부각되었으며, 본 연구에서는 행동적 접근방법과 태도적 접근방법을 통합한 관점을 적용하여 인적충성을 '소비자가 특정 서비스 제공요원에 대해 일정기간 동안 보이는 호의적 태도 및 그에 따른 반복구매행동'으로 정의하였다. 또한, 국내 미용산업발달 수준을 고려하여 개인-기업 간 두 가지 충성 차원(기업충성, 점포충성) 중 점포충성을 인적충성의 상대되는 개념으로 채택하고 이를 '소비자가 특정 점포에 대해 일정기간 동안 보이는 호의적 태도 및 그에 따른 반복구매행동'으로 정의하였다.

이론적 연구를 통해 밝혀진 개념적 모형을 실증적으로 검증하기 위하여 설문지를 개발하였으며, 2005년 7월 1일에서 7월 15일 사이에 서울, 대전 지역에서 만 18세 이상 성인여성 소비자를 대상으로 질문지 조사를 실시하였다. 질문지는 615부가 배포되어 600부가 회수되었으며(회수율 97.6%), 이 중 유효설문 493부를 통계처리에 사용하였다.

실증적 연구를 통해 밝혀진 내용들은 다음과 같다.

첫째, 미용서비스 소비자의 이원적 충성행동 모델에 투입될 중요개념인 만족, 전환비용, 충성, 구전 변수들은 모두 인적수준과 점포수준으로 분리되었고, 이는 탐색적 및 확인적 요인분석을 통해 확인되었다.

　둘째, 미용서비스 소비자가 지각하는 서비스품질 차원은 '미용기술품질', '점포시설품질', '직원품질', '점포운영품질'로 밝혀졌으며, 이들의 설명력인 전체분산은 61.06%로 나타났다. 또한, 미용서비스 소비자들이 지각하는 관계혜택 차원은 '확신적 혜택', '사회적 혜택', '특별대우혜택'으로 밝혀졌으며, 전체분산은 70.85%였다.

　셋째, 서비스품질 및 관계혜택과 만족관계모델에 나타난 인과적 관계를 살펴본 결과, 서비스품질과 관련된 선행변수인 미용기술품질, 점포시설 및 직원품질, 점포운영품질 등이 점포만족에 직접경로를 가져 점포수준에서 소비자만족을 결정짓는 중요한 변수라고 판단되었다. 또한 관계혜택과 관련된 선행변수인 확신적 혜택, 사회적 및 특별대우혜택 등은 인적만족에 직접경로를 가져 인적수준에서 소비자만족을 결정짓는 중요한 변수들이라고 판단되었다. 5가지 선행변수 중 미용기술품질만이 인적만족과 점포만족 모두에 직접경로를 나타냈다.

　넷째, 이론적 연구를 통해 제시된 개념적 모형은 실증적 자료의 Amos 5.0 Package를 통한 공분산 구조분석을 거쳐, <그림 5-1>과 같이 최종적으로 수정되었다.

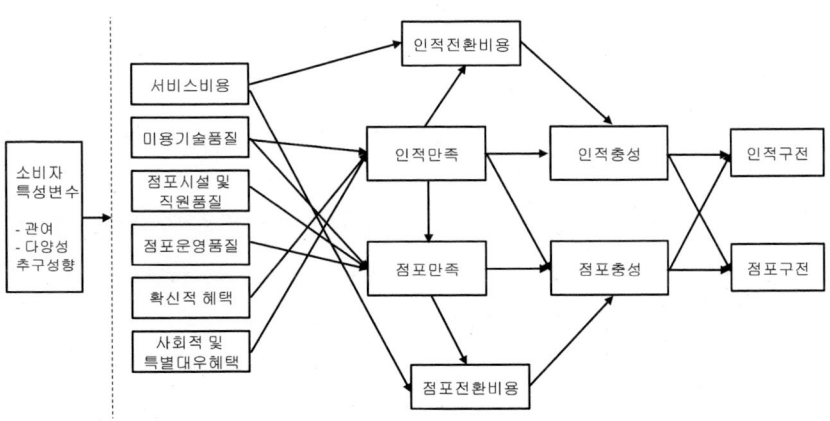

〈그림 5-1〉 미용서비스 소비자의 이원적 충성행동 모형

다섯째, 미용서비스 소비자의 이원적 충성행동 모형은 소비자의 헤어스타일 관여 정도에 따라 유의한 차이를 보였으며, 이때 두 집단 간 유의한 차이를 나타낸 경로는 '점포운영품질→점포만족', '확신적 혜택→인적만족', '점포만족→점포전환비용'의 3가지 경로였다. 이원적 충성행동 모형은 소비자의 헤어스타일 다양성 추구성향에 따라서도 유의한 차이를 보였으며, 두 집단 간 유의한 차이를 보인 경로는 '점포충성→인적구전'의 1가지 경로였다.

본 연구의 실증적 분석결과 '인적충성→점포충성' 및 '점포충성→인적충성' 경로가 지지되지 않았으므로, 이러한 결과를 적용하여 미용서비스 소비자의 이원적 충성을 설명하면, 미용서비스 소비자들을 서비스 제공요원에 대하여 가지는 인적충성이 크다고 하여 이러한 결과를 점포충성으로 전이시키지 않으며, 서비스 제공점포에 대하여 가지는 점포충성이 클 경우 역시 이러한 결과를 인적충성에 전이시키지 않음을 알 수 있다. 즉, 미용서비스 맥락에서는 인적충성과 점포충성이 서로 영향을 미치지 아니하고 별도의 개념으로 이원화하여 존재한다고 볼 수 있다.

미용서비스 소비자의 이원적 충성행동 모형에 나타난 변수들 간의 인과관계를 살펴본 결과, '인적만족'요인이 개인-개인 간 수준인 인적충성 및 인적구전뿐 아니라 개인-기업 간 수준인 점포충성 및 점포구전에도 매우 중요한 선행요인임이 파악되었다. 또한, 미용기업의 주요 관심 사항인 점포충성을 상승시키기 위하여 마케터가 관리할 수 있는 수준의 차원 즉, '미용기술품질', '점포시설 및 직원품질', '점포운영품질', '확신적 혜택', '사회적 및 특별대우혜택' '서비스비용'들을 점포충성에의 총 효과를 중심으로 살펴본 결과, 확신적 혜택이 가장 큰 영향력(0.318)을 보이고 있으며, 그 다음으로 미용기술품질이 큰 영향력(0.236)을 나타냈다. 따라서 점포충성에 가장 큰 영향력을 미치는 것으로 파악되어 기업이 자원을 집중 투자해야 할 것으로 제안되는 핵심접점은 확신적 혜택과 미용기술품질이라고 볼 수 있다.

이상과 같이 본 논문에서는 미용서비스산업의 규모와 현황에 관한 통계적

자료들을 고찰하고, 이를 바탕으로 산업의 양적, 질적 변화양상을 제시하였다. 또한, 선행연구들을 바탕으로 한 이론적 연구를 통하여 다차원적 충성의 개념을 정리하고, 미용서비스 소비자의 이원적 충성행동을 설명할 수 있는 개념적 모형을 제시하였으며, 이론적 연구를 통해 제시된 모형을 실증적으로 분석하였다. 이때, 인적수준의 변인들 및 점포수준의 변인들 간의 차이를 확인하고, 이 변수들 간의 구조와 영향력을 밝혀 미용서비스 소비자의 이원적 충성행동에 관한 모형을 정교화하였으며, 소비자 특성에 따른 모형의 차이를 분석하였다.

제2절 시사점 및 제언

1. 마케팅 시사점

미용산업현장은 내부적 외부적 환경에 의하여 급속히 기업화, 고급화, 표준화되어 가고 있으며 더욱 치열한 경쟁양상이 도래할 것으로 보이므로, 이러한 시기적 관점에서 볼 때 미용관련기업들은 과거의 단순기술 위주와 주먹구구식 경영에서 벗어나 기술과 경영을 결합시킨 마케팅개념을 본격 도입해야 하며 소비자행동에 대한 이해를 바탕으로 보다 과학적인 마케팅 전략을 수립해야 할 것으로 보인다.

본 연구의 결과들을 미용마케팅 측면에 적용하여 보면 다음과 같다.

첫째, 이·미용산업 전체로 볼 때 업체당 연평균매출은 약 2천7백만 원, 월평균매출은 약 2백 2십만 원으로 추정되는데 이는 기타서비스업 전체 연평균매출 추정치인 약 4천 7십만 원에 비해 열악한 수준이다. 따라서 최근 진행되고 있는 미용업체의 기업화 대형화 추세가 지속될 경우 상당수의 영세업체들이 정리되는 구조조정을 겪을 것으로 보인다. 또한, 2003년 기준 업체당 평균 고객 수는 약 433명으로 이는 일본 900명, 미국 1700명, 유럽 1800명(윤천성, 2004)에 비하여 매우 낮은 수치이다. 따라서 업체 규모에 있어 선진국에 비하여 영세하다는 것을 알 수 있으며, 시장규모에 비해 업체 수가 과다하다고 볼 수 있겠다. 이러한 현실을 감안할 때 현재 진행되고 있는 대규모 구조조정 및 경쟁과열현상은 당분간 지속될 것으로 보인다.

둘째, 소득계층별 이·미용서비스료 지출실태 분석에서, 최저계층 1분위의 경우 조사된 10년간 지출액이 17.2% 상승한 반면 최고계층 10분위의 경우 45.2% 상승하는 등 소득계층별로 지출액 격차가 점차 심화됨을 알 수 있었다. 또한, 1997년 이후 경제 하강국면에 있어 전 계층이 함께 하강곡선을 그었던 것과는 달리 2003년에는 소득계층별 차이를 보이고 있는데, 소득금액이 높은 계층은 지속적으로 상승곡선을 나타내는 반면 소득금액이 낮은 계층은 하강곡선을 나타내고 있었다. 이러한 현상은 이후 관심 있게 지켜볼 필요가 있다고 보이며, 소득계층별로 시장을 세분화하여 마케팅 전략을 수립할 경우 효과적으로 적용될 수 있을 것이다.

셋째, 본 연구는 미용서비스 소비자의 충성을 결정짓는 변인을 추론함에 있어, 추상적 차원이 아닌 마케터가 관리할 수 있는 수준의 5가지 차원 즉, '미용기술품질', '점포시설 및 직원품질', '점포운영품질', '확신적 혜택', '사회적 및 특별대우혜택'을 추출하여 이러한 변인들이 어떠한 경로를 통하여 만족, 충성, 구전에 이르는지 파악하고자 하였다. 즉, 본 논문의 결과를 통해 파악된 고객충성의 핵심요소들은 미용점포에서 관리할 수 있는 구체적인 5가지 수준에서 제시되었다. 따라서 본 논문의 결과들은 미용기업이 한정된 자원을 효과적으로 사용할 요소를 선별하는 데 있어 매우 구체적인 정보들을 제공할 수 있을 것으로 기대된다.

넷째, '인적충성'과 '점포충성'이 이원적으로 형성되며 서비스 제공요원에 대하여 가지는 인적충성의 결과가 점포충성으로 전이되지 않는다는 것은 미용기업의 입장에서 보면 부정적 측면을 지닌다. 즉, 서비스요원이 다른 회사로 이전하게 될 경우 인적충성이 큰 고객들은 자신들의 충성을 유지하고자 서비스 업체를 바꿀 가능성이 있으며, 자신들이 충성을 나타내는 서비스요원을 따라가는 것이 불가능하여 남게 되는 경우에도 고객의 충성수준이 의사충성도로 하향 조정된다고 볼 수 있다. 또한, 자신들이 충성하는 서비스요원이 서비스를 제공할 수 없게 되는 상황(예. 출장, 휴무일)에서 서비스를 유보하거나 포기하게 되는 것 역시 기업으로서는 손실요인이 된다.

이러한 인적충성의 부정적 측면을 보완할 수 있는 방법들을 선행연구들에서는 다음과 같이 제시하고 있다. Bove와 Johnson(2000)은 고객이 여러 명의 종업원과 강한 관계를 가지고 있을 때 기업은 진정한 충성을 형성할 수 있다고 하면서, 가장 값싸고 단순한 전략은 고객이 기업 내 다른 여러 명 혹은 종사원 모두와 강한 유대를 맺도록 하는 일이라고 하였다. Guenzi와 Pelloni(2004) 역시 고객－종업원 간의 관계가 고객－기업 간의 관계에 부정적인 측면을 가져올 수 있다는 점을 고려하여 첫째, 고객과 여러 명의 접점종업원이 동시에 사회적 관계를 형성하도록 좀 더 넓은 네트워크를 창출하도록 노력하여야 하며, 둘째, 이직률을 낮추기 위한 종업원 만족과 유지에 중점을 두어야 한다고 하였다.

다섯째, 본 연구의 실증적 분석결과 미용서비스 분야에 있어서 '인적충성→점포충성' 및 '점포충성→인적충성'경로가 지지되지 않았다는 것을 또 다른 의미로 해석하면, 미용서비스의 경우 미용사에게 형성되는 인적충성은 패션제품 및 여타 서비스산업에서 종업원 및 판매원에게 형성되는 인적충성에 비하여 보다 강력하다고 볼 수 있다. 실제로 이러한 강력한 인적충성행동을 이용한 새로운 형태의 매장운영이 시도되고 있는데, 자본을 가진 기업주가 미용점포를 대형화하여 점포의 유형적 측면을 제공하고, 자본력이 적으나 기술력과 고정고객을 가진 미용사들에게 각 코너를 임대하여 매장을 운영하는 방식이다. 이러한 형태의 점포운영은 미용서비스 소비자의 강력한 인적충성 형성이라는 점을 근거로 앞으로 확대되리라고 예측해 볼 수 있겠다.

여섯째, 미용서비스 소비자의 이원적 충성행동 모형 내 인과관계를 살펴본 결과 '인적만족'요인이 개인－개인 간 수준인 인적충성 및 인적구전뿐 아니라 개인－기업 간 수준인 점포충성 및 점포구전에도 매우 중요한 선행요인임을 알 수 있었다. '인적만족'을 구성하는 가장 중요한 변수는 확신적 혜택과 미용기술품질이었는데 이러한 요소들은 서비스 제공요원과 매우 밀접하게 관련이 되어 있는 변수들이다. 따라서 미용기업은 마케팅 전략을 수립함에 있어 인적요인의 중요성을 인식하고 인적요인에 의한 확신적 혜택 및 미용기술품질향상전략에 역점을 두어야 할 것으로 보인다.

일곱째, 헤어스타일 관여에 따른 집단 간 차이를 분석한 결과, 고관여소비자의 경우 점포운영품질이 점포만족에 미치는 영향과 점포만족이 점포전환비용 인식에 미치는 영향이 큰 것으로 나타났다. 전체적으로 고관여집단의 경우 점포요인에 대한 인식이 저관여집단에 비해 크게 나타났으므로 미용점포의 마케터들은 이러한 결과를 세분집단에 적용하여, 고관여집단을 대상으로 한 점포의 경우 점포시설이나 직원들의 서비스, 점포운영품질 등을 상승시켜 점포만족 및 점포충성을 이끌어 내야 할 것으로 보인다.

여덟째, 미용점포의 기업화 과정에서 필연적으로 표준화에 대한 시도들이 나타나며 표준화의 성공적 운영은 미용기업 성장의 핵심적 요소라고 판단된다. 이러한 표준화 양상 중 시설표준화는 본사와 프랜차이즈 가맹점 사이의 몇 가지 계약 규정들을 통해 비교적 높은 수준으로 이루어지는 반면, 서비스 표준화는 지속적인 노력과 노하우가 바탕이 되어야 성공적으로 이루어질 수 있다. 이때 서비스 표준화란 점포 내 접객 서비스 표준화뿐 아니라 미용서비스 기술의 표준화를 포함하는 용어이다. 미용기업들은 서비스 표준화를 위하여 매뉴얼을 작성하고 교육기관을 별도로 설치하여 장기적이고 지속적인 노력을 기울일 필요가 있는데, 현재 성공적으로 운영 중인 미용기업들 대부분이 이러한 서비스 표준화에 대해 많은 노력과 자원을 투입하는 기업들이라는 점 또한 매뉴얼화 및 교육의 중요성을 증명하는 현상이라고 볼 수 있다. 뿐만 아니라 인적자원 교육에 적극적인 투자를 하는 것은 점포충성의 핵심선행변수인 확신적 혜택, 미용기술품질을 상승시킬 수 있는 매우 효과적인 방안인 동시에 이직률을 낮추기 위한 종업원 만족에도 매우 중요한 역할을 한다고 볼 수 있다.

2. 연구의 제한점 및 후속연구를 위한 제언

본 연구의 한계 및 제한점은 다음과 같다.

첫째, 본 연구의 표본은 주로 20, 30대에 편중되었으며 50대 이후 표본은 5%에 불과하였다. 소비자 특성에 따른 모형의 변화를 논함에 있어 이러한 표본의 편향이 해소된다면 좀 더 의미 있는 결과들이 도출될 수 있을 것이다.

둘째, 본 연구는 미용업체들의 기업화, 고급화, 표준화가 급속히 진행 중인 시점에서 수행된 것이다. 이후에 업체의 표준화가 어느 정도 성숙되고 표준화에 대한 소비자들의 신뢰가 확보된 시점에서 연구가 재시행된다면, 모형 내 투입변수들의 크기와 영향력에 변화가 있을 수 있을 것으로 판단된다.

셋째, 본 연구에서는 미용점포 유형을 분류하지 않고 소비자의 최근 방문점포를 대상으로 조사가 진행되었다. 미용서비스를 제공하는 점포의 유형에 따라 소비자행동에 차이가 있을 수 있으므로, 점포 유형별로 연구를 진행한다면 좀 더 의미 있는 결과들이 도출될 수 있을 것이다.

후속연구를 위한 제언은 다음과 같다.

첫째, 본 연구에 있어 선행연구 분석결과 추출되기는 하였으나 연구의 간략화를 위하여 연구모형에 투입되지 않은 변수들로는 신뢰, 위험지각 등이 있다. 이 중 신뢰의 경우 이원적 차원인 인적신뢰와 점포신뢰로 분리하여 후속연구가 진행될 수 있을 것이며, 또한 본 연구에서 제시된 미용서비스 소비자의 이원적 충성행동 모형이 소비자 특성 중 위험지각에 따라 어떠한 변화를 나타내는지 확인해 볼 필요가 있다고 판단된다.

둘째, 본 연구는 주로 여성 소비자를 대상으로 진행되었으나 남성 소비자의 경우 여성 소비자들과는 또 다른 소비자행동 특성을 보일 수 있으므로, 이후의 연구에서는 본 연구에서 제시된 모델을 바탕으로 남성 소비자를 대상으로 한 연구를 진행하여 보다 모델을 정교화할 필요가 있을 것으로 보인다. 이러한 후속연구는 현재 활발하게 진행되고 있는 아·미용업 간의 영역 파괴, 남성전용 미용실의 부각 현상 등을 설명할 수 있는 다양한 정보들을 제공할 수 있을 것이다.

셋째, 소비자집단에 따른 모형분석을 통해 세분시장별로 모형에 차이가 있음을 확인하였으므로 본 논문의 조사대상에서는 제외되었으나 최근 부상하고 있는 실버시장 소비자를 대상으로 연구를 진행한다면 마케팅 활용상 구체적이고 유용한 정보들을 얻을 수 있을 것이다.

넷째, 본 논문에서는 미용서비스산업의 여러 영역 중 주로 두발미용서비스에 한정하여 연구를 진행하였다. 후속연구에 있어서는 미용산업의 각 분야 즉 얼굴미용서비스, 전신미용서비스영역으로 그 연구 범위를 확대하고 각각의 결과들을 비교할 필요가 있다고 하겠다.

참고문헌

[국내문헌]

강명수(2004). 관계마케팅(기초개념과 연구과제). 대구: 도서출판 대명

경제활동인구연보(2005). 산업별 취업자(신산업분류 기준, 전국). 통계청 홈페이지

김선옥(1997). 미용서비스품질인식에 관한 실증적 연구. 배재대학교 대학원 석사학위논문

김선희(1999). 의복 소비가치의 구조와 의복관여 및 유행선도력과의 관계연구. 이화여대 대학원 박사학위논문

김윤희, 김미영(2001). 의류점포의 서비스 개념체계와 쇼핑유형과의 관련성. 한국의류학회지, 25(1), 183~194.

김은정, 이선재(2002). 고객과의 관계에 영향을 미치는 의류점포 판매원의 속성. 한국의류학회지, 26(11), 1570~1581에서 재인용.

김은희(2004). 미용서비스품질이 미용실 이용고객의 관계지속의도에 미치는 영향. 한성대학교 대학원 석사학위논문

김재경(1998). 미용서비스업 이용자의 고객만족 영향요인. 인제대학교 대학원 석사학위논문

김종근(2004). 21c 미용산업의 마케팅환경과 비전. 2004년 9월 한국의류학회 패션마케팅 연구회 세미나 자료집

김종성, 이재록(1999). 서비스품질과 고객만족과의 관계에 관한 연구. 마케팅 논집, 8(2), 1~25.

김종신(1999). 전문서비스 점포선택기준의 탐색적 개발. 상교논총 17 pp.361~375.

김준국(2003). 고객 재방문 결정요인에 관한 연구. 인제대학교 대학원 석사학위논문

김지연(2005). 패션상품 소비자의 관계혜택지각이 장기적 관계지향성에 미치는 영향, 서울대학교 대학원 박사학위논문

김진숙(2003). 미용산업에서의 점포이미지와 서비스가치가 고객만족 및 점포애고행동에 미치는 영향. 조선대학교 대학원 석사학위논문

김철민(2002). 서비스 충성도의 결정요인에 관한 연구: 미용원 이용자를 중심으로. 마케팅관리연구 7(2) pp.87~115.

노형진(2003). SPSS / Amos에 의한 사회조사분석, 형설출판사: 서울

매일신문(2005). 고급미용실 경제학. 2005년 1월 5일자 기사

박경숙, 한은희(2003). 피부 미용서비스품질 지각에 관한 연구. 중앙간호논문집 7(2) pp.33~41.

박동진, 김상우, 김무룡(2003). 시장지향성, 고객지향성 및 전문지식이 관계품질에 미치는 영향: 의료기관을 대상으로. 대한경영학회지 16(6), pp.1755~1771.

박명호, 조형지(1999), 고객만족개념의 재정립, 한국마케팅 저널1(4) pp.125~150.

박민아(2002). 인터넷 쇼핑몰에서의 점포충성도 형성에 관한 연구. 숙명여자대학교 대학원 박사학위논문

박소연(2002). 서비스 신뢰와 충성도의 결정요인 및 발달 과정에 대한 정성적 분석. 연세대학교 대학원 석사학위논문

박수경, 임숙자(1996). 소비자의 의류쇼핑동기 유형과 점포에 관한 연구-선호점포와 점포분위기. 한국의류학회지, 20(3), 414~428.

박은주, 장영용(2002). 미용서비스의 과정적, 결과적 품질과 소비자 만족에 관한 연구, 복식문화연구 10(4) pp.350~363.

박종무, 이은주(1998). "은행 이용고객의 서비스품질 지각과 만족도에 관한 연구", 소비문화연구, 1(1), 21~42.

박준 뷰티랩 홈페이지(2005년 11월 11일). 피부를 가꾸듯 헤어를 가꾸세요.
    http://www.parkjun.com

박홍식(1993). 서비스품질 측정방법에 관한 실증적 연구. 경기대학교 대학원 박사학위논문

산업자원부, 한국프랜차이즈 협회(2004). 프랜차이즈 성공사례 연구. 프랜차이즈 경영가이드 총서 11

서문식(2003). 전문서비스 분야에서의 관계마케팅의 역할. 경영경제연구 22(1). pp.179~187.

소비자물가월보(2005). 기본분류 소비자 물가지수 / 전도시 / 기타잡비(이·미용서비스료). KOSIS 온라인 간행물

스토리샵(200년. 7월 21일). 미용실 리뉴얼 오픈 늘어난다. http://blog.naver.com

심상민, 최순화(2002). 뷰티산업의 부상과 성공전략, 삼성경제연구소 CEO information 345호

심인섭(1998). 서비스업에서 고객만족도에 영향을 미치는 요인분석. 중앙대학교 대학원 석사학위논문

안우규(2003). 호텔 레스토랑의 관계혜택이 고객충성도에 미치는 영향. 대구대학교 대
　　학원 박사학위논문.

안정기(1999). 서비스애호도와 재구매의도의 관계에 관한 연구-의사애호도를 중심으로-.
　　서울대학교 대학원 석사학위논문.

안홍기(2001). 전문서비스 제공자의 시장지향성이 고객충성도에 미치는 영향에 관한 연
　　구: 세무회계서비스를 중심으로. 경남대학교 대학원 박사학위논문.

연정아(2004). 한국의 미용관련 자격증 제도의 문제점과 개선방안. 한남대학교 사회문화
　　과학대학원 석사학위논문

오경숙, 박은주(2004). 미용실 경영방식에 따른 고객만족도 연구. 한국미용학회지 10(1),
　　pp.19～27.

원윤경(1999). 미용서비스업에서의 고객만족을 위한 관계마케팅 연구. 숙명대학교 대학
　　원 석사학위논문.

윤천성, 최은집, 박영숙(2004). 뷰티산업과 살롱경영. 서울: 훈민사

이문규(1998). 서비스 충성도의 결정요인에 관한 연구. 마케팅 연구 13(2) PP.1～25.

이용기, 최병호, 문형남(2002). 관계혜택이 고객의 종업원과 식음료업장에 대한 만족,
　　그리고 고객충성도에 미치는 영향. 경영학연구 31(2). pp.373～404.

이유재(1997). 고객만족형성과정의 제품과 서비스 간 차이에 관한 연구. 소비자학연구
　　8(1), pp.101～119.

이유재(2000). 고객만족 연구에 관한 종합적 고찰, 소비자학 연구 11(2) pp.139～166.

이유재, 김주영, 김재일(1996). 서비스산업의 현황에 대한 실증연구. 소비자학연구 7(2)
　　pp.129～157.

이유재, 이준엽(1997). 서비스품질에 관한 종합적 고찰개념 및 측정을 중심으로. 서울대
　　경영논집 31 PP.249～283.

이은미(1999). 고객몰입과 구매의도에 관한 연구. 이화여자대학교 대학원 석사학위논문.

이준엽(1994). 서비스품질에 대한 소비자의 인식 차이에 관한 연구. 서울대 경영학 석사
　　학위논문

이중섭(2000). 미용서비스업의 관계마케팅에 관한 연구. 건국대학교 대학원 석사학위논문.

이코노믹리뷰(2004년 11월 29일). 중국소황제 머리를 잡자

이학식, 김영(1999). 서비스품질과 서비스가치. 한국마케팅저널, 1(2), 77～99.

전인수(1992). "전환장벽, 모방장벽 및 지속적 경쟁우위." 경영연구, 홍익대학교 경영연
　　구소, 16, 135～152.

정현숙(2004). Dacum기법에 의한 헤어디자이너 직무분석에 관한 연구. 한국미용학회

10(1) pp.28～39.

정훈(2000). 서비스 마케팅 전략에 관한 연구. 한양대학교 대학원 석사학위논문.

제미경, 김효정(2000) 미용실 이용고객의 서비스품질 결정요인과 고객만족, 소비문화연구 3(2) pp.177～196.

조광행, 박봉규(1999). 점포충성도에 대한 전환장벽과 고객만족의 영향력에 관한 실증적 연구. 경영학연구 28(1) pp.127～140.

조선일보(2005년 9월 15일). 독서경영 현장을 가다미용실 체인 준오헤어

조은영(2003). 의류점포 판매원에 대한 고객만족과 충성도. 대한가정학회지, 41(12), pp.1～12.

조은영, 구양숙(2002). 의류제품 판매원에 대한 고객만족과 판매원충성도에 대한 연구. 한국의류학회지, 26(3 / 4) pp.431～442.

조판래(2003). 점포속성과 소비자속성이 미용서비스 선택행동에 미치는 영향. 인천대학교 대학원 박사학위논문.

주정래, 정명선(2002). 패션점포와 고객 간의 관계효익이 관계의 질과 고객만족에 미치는 영향. 한국의류학회지, 26(7), 1043～1054.

지헌주(2000). 은행의 점포충성도에 관한 실증적 연구-서비스 제공자와 고객 간의 관계를 중심으로-. 서울대학교 대학원 석사학위논문

채서일(1998). 「마케팅」, 제2판, 학현사.

채서일(2002). 「사회과학 조사방법론」, 제2판, 학현사.

최미영(2005). 유통업체 의류상표에 대한 소비자 태도형성 연구, 서울대학교 대학원 박사학위논문

최수경(2002). 고객과 종업원의 관계강도가 고객충성도에 미치는 영향에 관한 연구. 영남대학교 대학원 석사학위논문.

최영식(2003). 관계혜택이 충성도 및 구전효과에 미치는 영향에 관한 연구-정수기산업을 중심으로-. 창원대학교 대학원 석사학위논문

한겨레(2005년 10월 16일). [돈이 된 아이디어]남성들의 미용실 블루클럽

한경아(2003). 미용서비스 질리 고객만족 및 재이용의도에 미치는 영향. 계명대학교 대학원 석사학위논문

한국경제(2005년 5월 1일). 미용업체 해외진출 활발……'박승철 헤어' 영국행

홍금희(1992). 의복만족의 종적연구. 서울대학교 대학원 박사학위논문

홍금희(2002). 쇼핑동기와 서비스품질 지각이 고객의 감정적 반응과 패션점포만족도에 미치는 영향. 한국의류학회지. 26(2), 216～226.

화장품공업협회(2005). 연도별, 유형별 화장품 시장규모. 2005춘계학술대회 자료집 pp.3～12.

황선아, 황선진(2001). 미용실의 서비스품질과 소비자 만족에 관한 연구. 복식, 51(8), pp.171～183.

[국외문헌]

Andreassen, T. W. and B. Lindestad(1998). Customer Loyalty and Complex Services. International Journal of Service Industry Management, 9(1), 7～23.

Babakus, E. & Boller, G. W. (1992). An Empirical Assessment of the SERVQUAL Revisited: A Critical Review of Service Quality. Journal of Business Research, 24, 253～268.

Barbara, Santa, Javalgi, Rajshehar Raj G. and Moberg, Christopher R. Lee, Moonkyu, and Cunningham, Lawrence F. (2001). A Cost / Benefit Approach to Understanding Service Loyallty, Journal of Service Marking, 15(20), 113～130.

Barnes, J. (1997). Exploring the importance of closeness in customer relationships. New and Evolving. Paradigms: The Emerging Future of Marketing, (American Marketing Association Special Conference on Relationship Marketing, Dublin, 12～15 June), pp.227～40.

Beatty S. E., M. Mayer, J.E.Coleman, K.L.Reynolds, J. Lee(1996). Customer-Sales Associate retail Relationships. Jorurnal of Retailing, 72(3) pp.223～247.

Berry, Leonard L.(1983). 「Relationship Marketing」 in Emerging Perspectives on Service Marketing, Eds. Leonard L. Berry, G. L. Shostack, and Gregory Upah, Chicago. IL: American Marketing Association. p.25.

Berry, Leonard L.(1995). Relationship Marketing of Services-Growing Interest, Emerging Perspectives, Journal of the Academy of Marking Science, 23, 236～245.

Biong, H. (1993). Satisfaction and Loyalty to Suppliers Within the Grocery Trade. European Journal of Marketing, 27(7). 21～38.

Bitner, M. J. (1990). Evaluating Service Encounters: The Effects of Physical Surroundings and Employee Responses. Journal of Marketing, 54(April), 69～80.

Bitner, M. Jo. (1995). Building Service Relationships: It's All About Promisers. Journal of the Academy of Marketing Science, 23 (Fall): 246～251.

Bloemer J. and K. D. Ruyter and M. Wetzels(1999). Linking perceived service quality and service loyalty: a Multi-dimentuional perspective. European Journal of Marketing, 33(11 / 12), 1082~1106.

Bloemer J. and K. D. Ruyter(1998). On the Relationship between Store Image, Store Satisfaction and Store Loyalty. European Journal of Marketing, 32(5 / 6), 499~513.

Bolton, Ruth N., and James H. Drew (1991b). A Multistage Model of Customers' Assessments of Service Quality and Value. Journal of Consumer Research. 17 (March). 375~384.

Bove, L. L., L. W. Johnson(2000). A Customer-Service Worker Relationship Model. International Journal of Services Industry Management, 11(5), pp.491~511.

Bove, Liliana L. and W. Johnson Lester(2001). A Customer Trust and Commitment to an Individual Service Worker: Predictors of Personal Loyalty, in Proceedings of American Marketing Association's Services Marketing Special Interest Group Conference, Sydney, Australia, May, 16~28.

Bowen, J. T. and S. L. Chen(2001). The Relationship between Customer Loyalty and Customer Satisfaction. International Journal of Contemporary Hospitality Management, 13(5), 213~217.

Bowen, John (1990). Development of a Taxonpmy of Services to Gain Strategic Markering Insights, Journal of the Academy of Marking Science, 18(1), 43~49.

Clark, T. and Martin, C.L. (1994). Customer-to-customer: the forgotten relationship in relationship marketing. in Sheth, J.N. and Parvatiyar, A. (Eds), Relationship Marketing: Theory, Methods, and Applications, Emory University, Atlanta, GA, pp.1~10.

Colgate, M. and B. Lang(2001). Switching Barriers in Consumer Markers: an Investigation of the Financial Services Industry. Journal of Consumer Marketing, 18(4), 332~347.

Crosby, L. A., Evans, K. R., Cowels, D. (1990). Relationship quality services selling: An interpersonal influence perspective, Journal of Marking Research, Vol.54, pp.68~81.

Cunniugham, Lawrence F., Young, Clifford E., and Lee, Moonkyu (1997). A Customer-Based Taxonomy of Services: Implications for Service Markets, Advances in Services Marketing and Management, 6, 189~202.

Dick, A. S., K. Basu(1994), Customer Loyalty: Toward an Integrated Conceptual Framework, Journal of the Academy of Marketing Science, Vol.22, pp.99~113.

Doney, P.M. and Cannon, J.P. (1997), An examination of the nature of trust in buyer-seller relationships. Journal of Marketing, Vol.61. April, pp.35~51.

Dorsch, M.J., Swanson, S.R. and Kelley, S.W. (1998). The role of relationship quality in the stratification of vendors as perceived by customers. Journal of the Academy of Marketing Science, Vol.26 no.2, pp.128~142.

Eetty, S. E. and M. Mater, J. E. Coleman, K. E. Reynolds, J. Lee(1996). Customer-Sales Associate Retail Relationships. Journal of Retailing, 72(3), pp.223~247.

Flavian, C. E. Matrinez, and Y. Polo(2001). Loyalty to Grocery Stores in the Spanish Market of the 1990s. Journal of Retailing and Consumer Services, 8, 85~93.

Fomell, C. (1992). A National Customer Satisfaction Barometer The Swedish Expenence. Journal of Marketing, 56(January). 6~21.

Frazier, G. L. (1983). Interorganizational Exchange Behavior in Marketing: A Broadened Perspective. Journal of Marketing, 47(Fall), 68~78.

Ganesan, S. (1994). Determinants of Long-Term Orientation in Buyer-Seller Relationship. Journal of Marketing, 58(April), pp.1~19.

Gerpott, T. J., W. Rams, and A. Schindler(2001). Customer Retention, Loyalty, and Satisfaction in the German Mobile Cellular Telecommunications Market. Telecommunications Policy, 25, 249~269.

Goff, Brent G., James S. Boles, Danny N. Bellenger, and Carrie Stojack (1997). The Influence of Salesperson Selling Behaviors on Customer Satisfaction with Products. Journal of Retailing, 73 (Summer), 171~184.

Gremler, Dwayne David. (1995). The Effect of Satisfaction, Switching Costs, and Interpersonal Bonds on Service Loyalty. Unpublished Dissertation, Arizona State University.

Gremler, Dwayne David.& Stephen W. Brown. (1996). Service loyalty: Its nature, importance, and implications. In QUIS 5-Advances Service Qualiy: A Global Perspective. Eds. B. Edvardsson, S. W., Brown R. Johnson, and Eberhard E. Scheuing. New York: International Service Quality Association, 171~180.

Gronin, J. Joseph, Jr. & Steven A. Taylor(1994). SERVPERF Versus SERVQUAL: Reconciling Performance-Based and Perceptions-Minus-Expectations Measurement of Service Quality. Journal of Marketing, Vol.58(January), pp.125~131.

Guenzi, P. and O. Pelloni(2004). The Impact of Interpersonal Relationships on Customer Satisfaction and Loyalty to the Service Provider. International Journal of Services Industry Management, 15(4), pp.365~384.

Gummerson. Evert. (1997). Return on relationship, 5th International Colloquium on Relationship Marketing. Cranfield, UK.

Gummesson, Evert. (1978). Professional Service Marketing. Industrial Marketing Management. Vol.1, No.1.

Gwinner, Kevin P., Dwayne D. Gremler, and Mary Jo Bither (1998). Relational Benefits in Services Industies: The Custimer's Perspective, Journal of the Academy of Marking Science, 26 (2), 101~114.

Henry, C. D. (2000). Is Customer Loyalty a Pernicious Myth? Business Horizons, July-August 13~16.

Huff, Lenard C. (2000). Toward an Integrated Model of Consumer Trust Formation. unpublished manuscript.

Jackson, B. B.(1985). Winning and Keeping Industrial Customers. Lexington Books.

Johnson, B. J. and P. H. Reingen. (1987), Social Ties and Word of Mouth Referral Behavior." Journal of Consumer Research, 14(December).

Jones, M. A., D. L. M othersbaugh, S. E. Beatty(2003). The Effects of Locational Convenience On Customer Repurchase Intentions Across Service Types. Journal of Services Marketing, 17(7), pp.701~712.

Jones, M. A., D. L. Mothersbaugh, S. E. Beatty(2000). Switching Barriers and Repurchase Intentions in Services. Journal of Retailing, 76(2), pp.259~274.

Keaveney, Susan M. (1995). Customer Switching Behavior in Service Industries: An Exploratory Study. Journal of Marketing, 59(April), 71~82.

Kotler, Philip(1997). Marketing Management: Analysis, Planning, Implementation, and Control, 9thed., New Jersey: Prentice-Hall.

Kurtz, D. L and Clow, K. E. (1998). Service Marketing, John Wiley & Sons, 10.

Lacobucci, Dawn, and Amy Ostrom. (1996). Commercial and Interpersonal Relationships" Using the Structure of Interpersonal Relationships to Understand Individual-to-Individual, Individual-to-Firm, and Firm-to-Relationships. International Journal of Research in Marketing, 13(February).

Laurent, Gilles and J. Kapferer(1985). Measuring Consumer Involvement Profiles. Journal of Marketing Research 22(1) 41~54.

Lee, J, J. Lee, and L. Feich (2001). The Impact of Switching Costs on the Customer Satisfaction-loyalty Link. Journal of Service Marketing, 15(1), 35~48.

Lee, M. and L. F. Cunningham (2001). A Cost / benefit Approach to Understanding Service Loyalty. Journal of Services Marketing, 15(2), 113~130.

Levitt, T (1981). Marketing Intangible Product and Product Intangibles. Havard Bussiness Review 59(May-June) pp.94~102.

Lewis, William F., An Empirical Investigation of Conceptual Relationship Between Services and Products in Terms of Perceived Risk, Ph. D. Dissertation, University of Cincinnati, 1976.

Lovelock, Christopher H. (1983). Classifying Services to Gain Straregic Marketing Insights. Journal of Marking, 47(Summer), 9~20.

Macintosh, G., L. S. Lockshin(1997). Retail relationships and loyalty: A multi-level perspective. Intern, J. of Research in Marketing, 14, 487~497.

McAlexander, J.H. Schouten, J.W. and Koenig, H.F. (2002). Building brand community. Journal of Marketing, Vol.66, pp.38~54.

Mercedes, M., P. Marta, P. P. T. Ma(2004). The Benefits of relationship and Marketing for the consumer and for the fashion retailers. Journal of Fashion Marketing and Management, 8(4), pp.425~463.

Mittal, B and W. M. Lassar(1998). Why Do Customers Switch? The Dynamics of Satisfaction versus Loyalty. Journal of Service Marketing, 12(3), 177~194.

Moorman, Christine, Zaltman, Gerald, and Deshpande, Robit(1992). Relationship Between Providers and Users of Market Research: The Dynamics of Trust Within and Between Organizations, Journal of Marking Research, 29(August), 314~328.

Morgan, R. M., Hunt, S. D.,(1994). The commitment-trust theory of relationship marketing. Journal of Marking Research, Vol.58, pp.20~38.

Nguyen, N. and G. Leblanc (1998). The Mediation Role of Corporate Image on Customers' Retention Decisions. International Journal of Bank Marketing, 16(2), 52~65.

Nguyen, N. and G. Leblanc (2001). Corporate Image and Corporate Reputation in Customers' Retention Decisions in Services. Journal of Retailing and Consumer Services, 8, 227~236.

Nunnally, J. C.(1978). Psychometric Theory 2nd edition. New York: McGraw Hill.

Oliver(1997). 「Satisfaction: A Behavioral Perspective on the Consumer」. Irwin Mc Grow-Hill. Boston, MA.

Oliver, R. L. (1980). A Cognitive Model of the Antecedent and Consequences of Satisfactions. Journal of Marketing Research 17 (Nov) pp.460~469.

Oliver, R. L. (1999). Whence Consumer Loyalty? Journal of Marketing, 63(Special Issue), 33~44.

Oliver, R. L. and J. E. Swan(1989). Consumer Perceptions of Interpersonal Equity and Satistactoin in Transactions: a Field Survey Approach. Journal of Marketing, 53(April), 21~35.

Oliver, Richard L. and William O. Bearden(1985), Crossover Effects in the Theory of Reasoned Action: A moderating Influence Attempt. JCR 12(December), 324~340.

Parasuraman, A, Valarie A, Zeithaml & Leonard L. Berry(1988). SERVQUAL: A Multiple-Item Scale for Measuring Consumer Perceptions of Service Quality. Journal of Retailing, 64(Spring), pp.12~40.

Parasuraman, A. V. A. Zeithaml, and L. L. Berry(1994). Reassessment of Expectations as Comparison Standard in Measuring Service Quality: Implications for Further Research. Journal of Marketing, 58(January), 111~124.

Parasuraman, A., Berry, L. L. and Zeithaml, V. A. (1993). More on Improving Service Quality Measurement. Journal of Retailing, 69(1), 140~148.

Patterson, P. G., T. Smith(2001). Relationship Benefits in Service Industries: A Replication in a Southeast Asian Context. Journal of Services Marketing, 15(6), pp.425~443.

Peterson, Robert A. (1995). Relationship Marketing and the Customer. Journal of the Academy of Marking Science, 23(4), 278~281.

Reichheld, Frederick F and W E Sasser, Jr (1990). Zero Defections Quality Comes to Services. Harvard Business Review, 68(September~October). 105~111.

Reynolds, K. E. and M. J. Arnold(2000). Customer Loyalty the Salesperson and the Store: Examining Relationship Customers in an Upscale Retail Context. The Journal of Personal Selling & Sales Management, 20(2), pg.89.

Reynolds, K. L., S. E. Beatty(1999a). Customer Benefits and Company Consequences of Customer-Salesperson Relationships in Retailing. Journal of Retailing, 75(1) pp.11~32.

Reynolds, K. L., S. E. Beatty(1999b). A Relationship Customer Typology. Jorurnal of Retailing, 75(4) pp.509~523.

Rosenblatt, Paul C. (1977). Needed Research on Commitment in Marriage, In Close Relationships: Perspectives on the Meaning of Intimacy. Eds. George Levinger and Harold L. Raush. Amherst: University of Massachusetts Press, 73~86.

Ruyter, K. D. M. Wetzels, and J. Bloemer(1998). On the Relationship between Perceived Service quality, Service Loyalty and Switching Costs. International Journal of Service Industry Management, 9(5), 436~453.

Ryan, Michael J., Rayner, Robert, and Morrison, Andy(1990), Diagnosing Customer Loyalty Drivers. Marking Research, 11, 2(Summer), 19~26.

Selnes, F. (1993). An Examination of the Effect of Product Performance of Brand Reputation, Satisfaction and Loyalty. European Journal of Marketing, 27(9). 19~35.

Shamdasani, P. N. and A. A. Balakrishnan(2000). Determinants of Relationship Quality and Loyalty in Personalized services. Asia Pacific Journal of Management, 17, pp.399~422.

Sharma, N. and P. G. Patterson(2000). Switching Costs, Alternative Attractiveness and Experience as Moderators of Relationship Commitment in Professional, Consumer Services. International Journal of Service Industry Management, 11(5), 470~490.

Sheth, J. N. Parvatiyar, A. (1995). Relationship marketing in con-summer markets: Antecedents and consequences. Journal of the Academy of Marketing Science, 23(4), 255~271.

Sheth, Jagdish N., An integrative Theory of Patronage Preference and Behavior. in William R. Darden, and Robert F. Lusch, eds., Patronage Behavior and Retail Management, New York: North-Holland, 1983, pp.9~28.

Shostack, G. Lynn (1977). Breaking Free from Product Marketing. Journal of Marking, April, 73~80.

Singh, Jagdip (1991). Understanding the Structure of Consumers' Satisfacion Evaluations of Service Delivery. Journal of the Academy of Marking Science, 19 (Summer), 223~244.

Sirdeshmnkh, Deepak, Singh, Jagdip, and Sabol, Barry(2002). Consumer Trust, Value, and Loyalty in Relational Exchanges. Journal of Marking, 66(January), 15~37.

Sirohi, N., E. W. Mclaughlin, D. R. Wittink(1998). A Model of Consumer Perceptions and Store Loyalty Intentions for a Supermarket Retailer. Journal of Retailing,, 74(2), pp.223~245.

Sivadas, E. and J. L. Baker-Perwitt(2000). An Examination of the Relationship between Service Quality, Customer Satisfaction, and Store Loyalty. International Journal of

Retail & Distribution Management, 28(2), 73~82.

Stanton, M. (1984). Fundamentals of Marketing, 7th ed, New York: McGraw-Hill Book Co.

Swan, J. E, Trawick, Silviia(1985). How Industrial Salespeople Gain Customer Trust. International Marketing Management 14, pp.203~211.

Swan, J. E. (1982). 「Consumer Satisfaction Research and Theory Current Status and Future Directions」. In R. L. Day and H. K. Hunt(ed), pp.124~129.

Swan, J. E. (1982). Consumer Satisfaction Research and Theory Current Status and Future Directions. In R. L. Day and H. K. Hunt(ed), pp.124~129.

Swan, J.E., Bowers, M.R. and Richardson, L.D. (1999). Customer trust in the salesperson: an integrative review and meta-analysis of the empirical literature. Journal of Business Research, Vol.44, pp.93~107.

Thompson. Ann Marie and Peter F. Kaminslo(1993). Psychographic and Lifestyle Antecedents of Service Quality Expectations. Journal of Services Marketing. 7(4). 53~61.

Trijp, H. C,. W. D. Hoyer, and J. J. Inman(1996). Why Switch Product Category-level Explanations for True Variety-seeking, Behavior. Journal of Marketing Research, 33(August), 281~292.

Tse, A. G., P. C. Wilton(1988). Models of Consumer Satisfaction Formation An Extension. Journal of Marketing Research, 25, pp.204~121.

Vandamme P. and J. Leums(1993). Development of a Multiple Item Scale for Measuring Hospital Service Quality. International Journal of Service Industry Management. 4(3). 30~49.

Weiss, A. M. and E Anderson(1992). Converting From Independent to Employee Salesforces The Role of Perceived Switching Costs. Journal of Marketing Research, 29(February), 101~115.

Westbrook, R. A. (1980). A rating Scale for Measuring Product / Service Satisfaction. Journal of Marketing, 44(Fall), pp.68~72.

Wheatley. Edward W. (1983). Auditing Your Marketing Performance. Journal of Accountancy, Vol.156, No.3, pp.68~76.

Wong, A., A. Sohal(2003). Service Quality and Customer Loyalty Perspectives of Retail Relationships. Journal of Services Marketing, 17(5), pp.495~513.

Woodside, A. G., L. L. Frey, R. T. Daly(1989). Linking Service Quality. Customer satisfaction, and Behavioral Intention. Journal of Health Care Marketing, 9(4) pp.5~17.

Yoon, S. J. and J. H. Kim(2000). An Empirical Validation of a Loyalty Model Based on Expectation Disconfirmation. Journal of Consumer Marketing, 17(2), 120~136.

Zaichkowsky, Judith L. (1985). Measuring the Involvement Construct. Journal of Consumer Research, 12(December). 341~352.

Zaichkowsky, Judith L.(1985). Measuring the Involvement Construct. JCR, 12(December), 341~352.

Zeihaml, Valvrie A. (1981). How Consumer Evaluation Processes Differ Between Goods and Services, in Marking of Services, J. H. Donnelly et al. Chicago, IL: American Marketing Association, 186~190.

Zeithaml. Valane A. (1988). Consumer perceptions of Price, Quality. and Value: A Means-End Model and Synthesis of Evidence. Journal of Marketing, 52(July). 2~22.

부록

〈부록 1〉실증적 연구에 사용된 설문항목

최근 일 년간 "미용사 2명 이상(보조원 제외)이 있는 미용실"을 가셨던 경험이 있는 "여성" 분만 설문에 응해주시면 감사하겠습니다.

먼저 설문에 응해주셔서 대단히 감사드립니다.

본 설문지는 박사 학위논문의 바탕이 될 연구자료를 수집하기 위한 것으로, 미용서비스에 관한 고객행동에 관한 질문들입니다. 각 질문에는 옳고 그른 답이 없으니 평소에 생각하시던 대로 솔직하게 **한 문항도 빠짐없이** 대답해 주시면 감사하겠습니다.

여러분 한 분 한 분의 응답은 매우 소중하게 다루어질 것이며, 통계법 제7조에 따라 익명으로 통계처리에만 사용될 것이므로, **안심하시고 솔직하게 기입**해 주시면 감사하겠습니다.

설문에 응해주신 데 대하여 다시 한번 진심으로 감사드립니다.

2005년 6월
서울대학교 대학원 의류학과
패션마케팅 연구실
정 현 숙 올림

지도교수: 서울대학교 생활과학대학
의류학과 교수 이 은 영

연락처: 016-9252-5110
서울대학교 의류학과 대학원 연구실: 02-880-6848

1. 최근 일 년간 "미용사 2명 이상(보조원 제외)이 있는 미용실"을 이용하신 경험이 있으십니까?

   예 _____   아니오 _____

2. **가장 최근**에 다녀오신 "미용사 2명 이상(보조원 제외)이 있는 미용실"의 장소와 이름은?

   미용실 위치 _____ 예) 상계동, 둔산동, 이대앞

   미용실 이름 _____

3. 위에 적으신 미용실에 미용사(보조원, 상담원 제외)는 몇 명입니까?

   ① 2명   ② 3명   ③ 4~5명   ④ 5~7명
   ⑤ 7~10명   ⑥ 10명 이상

이제 다음의 질문들은 위에 적으신 "미용실"과 그곳에서 귀하께 머리를 해준 "미용사"에 관한 질문들입니다.

1 위에 적으신 미용실의 서비스에 관한 질문입니다. 귀하의 생각과 일치하는 곳에 √표하여 주십시오

번호	질 문	전혀 그렇지 않다	그렇지 않다	보통이다	그렇다	매우 그렇다
1-1	이 미용실 요금은 다른 미용실에 비하여 비싸다					
1-2	이 미용실은 기다리는 시간이 다른 미용실에 비하여 짧다					
1-3	내가 있는 곳(집, 직장)에서 이 미용실까지의 거리는 가깝다					
1-4	이 미용실에서 머리를 하면 머릿결과 두피가 손상되지 않는다					

번호	질 문	전혀 그렇지 않다	그렇지 않다	보통 이다	그렇다	매우 그렇다
1-5	이 미용실에서 머리를 하고 나면 손질이 쉽다					
1-6	이 미용실에서 머리를 하고 나면 스타일이 좋다					
1-7	이 미용실의 미용사들은 새로운 유행스타일을 잘 연출한다					
1-8	이 미용실의 미용사들은 기술이 뛰어나다					
1-9	이 미용실의 미용사들은 내가 원하는 스타일대로 능숙하게 시술해 준다.					
1-10	이 미용실의 미용사들은 미용에 대한 지식이 많다					
1-11	이 미용실의 미용사들은 내게 어울릴 만한 헤어스타일을 잘 권해 준다					
1-12	이 미용실의 미용사들은 시술 전 충분한 상담을 한다					
1-13	이 미용실의 분위기는 편안하고 안락하다					
1-14	이 미용실은 최신 장비와 기구를 갖추고 있다					
1-15	이 미용실은 현대적 설비와 인테리어로 되어 있다					
1-16	이 미용실은 편의시설(휴게실, 화장실) 및 주차시설이 잘 되어 있다					
1-17	이 미용실은 약품이나 용품의 질이 좋은 것을 사용한다					
1-18	이 미용실의 미용기구들은 청결하고 정리가 잘 되어 있다					
1-19	이 미용실의 내부와 화장실은 청결하다.					
1-20	이 미용실의 직원들(미용사, 보조원, 사무원)은 친절하고 예의 바르다					
1-21	이 미용실 직원들은 불만사항에 대하여 신속히 조치를 취한다					

번호	질 문	전혀 그렇지 않다	그렇지 않다	보통 이다	그렇다	매우 그렇다
1-22	이 미용실 직원들은 옷차림이나 용모가 단정하다					
1-23	이 미용실 직원들은 고객들에게 즉각적인 서비스를 제공한다					
1-24	이 미용실은 직원이 교체되더라도 언제나 비슷한 수준의 서비스를 받을 수 있다					
1-25	이 미용실에는 고객의 필요에 응대할 충분한 수의 직원이 있다					
1-26	이 미용실은 음악과 음료 등 서비스가 좋다					
1-27	이 미용실은 예약제도가 운영되고 있다					
1-28	이 미용실은 머리가 마음에 들지 않으면 다시 해주는 제도가 있다.					
1-29	이 미용실은 고객카드를 가지고 있다.					
1-30	이 미용실은 요금이 명시되어 있다					
1-31	이 미용실에서는 신용카드의 사용이 가능하다					
1-32	이 미용실에는 할인혜택제도(쿠폰제, 아침시간 할인 등)가 있다					
1-33	이 미용실 영업시간은 고객에게 편리한 시간이다					

2 위에 적으신 미용실과 미용사에게서 얻게 되는 <u>좋은 점</u>에 관한 질문입니다. 귀하의 생각과 일치하는 곳에 √표하여 주십시오.

번호	질 문	전혀 그렇지 않다	그렇지 않다	보통 이다	그렇다	매우 그렇다
2-1	이 미용실에서는 머리가 잘 나올 것이라는 확신이 있다					
2-2	이 미용실에서는 마음이 편안하다					
2-3	이 미용실에서 머리하는 과정들을 익숙히 알고 있다.					
2-4	나는 이 미용사를 신뢰할 수 있다					
2-5	이 미용사는 자신이 할 수 있는 최상의 서비스를 내게 해준다.					
2-6	이 미용사는 내가 원하는 스타일을 잘 알고 있다					
2-7	이 미용실의 몇몇 직원들은 나를 알아본다					
2-8	직원들은 내 이름이나 직함을 불러 준다					
2-9	나는 이 미용실 직원들과의 친분이 즐겁다					
2-10	나는 이 미용사와 매우 친근하다					
2-11	나는 이 미용사와 나눌 이야기가 많다					
2-12	나와 이·미용사와 서로의 개인적 신상에 대해 어느 정도 알고 있으며 관심을 가지고 있다					
2-13	이 미용실은 나에게 다른 손님들에게는 해주지 않는 특별한 서비스를 해준다					
2-14	나는 이 미용실에서 우선순위가 높은 손님이다					
2-15	나는 다른 손님들보다 빠른 서비스를 받는다					
2-16	이 미용실에서는 다른 손님들보다 할인된 가격에 내 머리를 해준다					

3 다음은 위에 적으신 미용실에서 가장 최근에 귀하께 머리를 해준 "미용 사"에 관한 질문입니다. 귀하의 생각과 일치하는 곳에 √표하여 주십시오

번호	질 문	전혀 그렇지 않다	그렇지 않다	보통 이다	그렇다	매우 그렇다
3-1	이 미용사에 대해 전반적으로 만족한다					
3-2	이 미용사를 선택하기를 잘했다고 생각한다					
3-3	이 미용사에게 머리를 하면 즐겁다					
3-4	나는 이 미용사의 단골고객이다					
3-5	나는 머리를 할 때 이 미용사를 우선적으로 고려한다					
3-6	나는 이 미용사에게서 계속 머리를 할 것이다					
3-7	나는 이 미용사에게서 머리하는 요금이 다소 오르더라도 이 미용사를 계속 찾을 것이다					
3-8	만약 이 미용사가 지역 내의 다른 미용실로 옮긴다면, 나는 그 미용사를 따라갈 것이다					
3-9	만약 이 미용사가 현재의 미용실을 떠난다면, 더 이상 이 미용실에 오지 않을 것이다					
3-10	나는 이 미용실에서 특정한 미용사만을 찾는다					
3-11	모든 것을 고려할 때, 미용사를 바꾸는데는 많은 시간과 노력이 소요될 것이다					
3-12	미용사를 교체할 경우 친근감과 편안함을 잃게 될 것이다.					
3-13	미용사를 교체할 경우 새로운 미용사가 머리를 잘 못할 위험성이 있다.					
3-14	미용사를 교체할 경우 경제적 손실을 볼 가능성이 높다					
3-15	나는 이 미용사를 주변 사람들에게 추천하고 싶다					
3-16	나는 나의 주변 사람들에게 이 미용사에 대해 이야기할 것이다					

4 다음은 위에 적으신 **"미용실"**에 관한 질문입니다. 귀하의 생각과 일치하는 곳에 √표하여 주십시오

번호	질 문	전혀 그렇지 않다	그렇지 않다	보통 이다	그렇다	매우 그렇다
4-1	이 미용실에 대해 전반적으로 만족한다					
4-2	이 미용실을 선택하기를 잘했다고 생각한다					
4-3	이 미용실이 마음에 든다					
4-4	이 미용실에서 머리를 하면 즐겁다					
4-5	나는 이 미용실의 단골고객이다					
4-6	나는 미용실을 갈 때 이곳을 우선적으로 고려한다					
4-7	나는 이 미용실을 계속 이용할 것이다					
4-8	나는 이 미용실의 가격이 다소 오르더라도 이 미용실을 계속 이용할 것이다					
4-9	나는 내 머리를 해준 미용사가 현재의 미용실을 떠나더라도 이 미용실을 계속 이용할 것이다					
4-10	나는 이 미용실이 지역 내에서 점포이전을 할 경우 따라갈 것이다					
4-11	모든 것을 고려할 때, 미용실을 바꾸는 데는 많은 시간과 노력이 소요될 것이다					
4-12	미용실을 바꿀 경우 친근감과 편안함을 잃게 될 것이다					
4-13	미용실을 바꿀 경우 새로운 미용실에서 머리를 잘 못할 위험성이 있다					
4-14	미용실을 교체할 경우 경제적 손실을 볼 가능성이 높다					
4-15	나는 이 미용실을 주변 사람들에게 추천하고 싶다					
4-16	나는 나의 주변 사람들에게 이 미용실에 대해 이야기할 것이다					

귀하께서는 미용실을 일 년에 대략 몇 번이나 방문하십니까? _____회

그렇다면 그중에서 위에 적으신 **미용실**은 최근 일 년간 몇 번이나 방문하셨습니까? _____회

그렇다면 그중에서 위에 적으신 **미용사**에게서는 최근 일 년간 몇 번이나 머리를 하셨습니까? _____회

5 다음의 질문들은 귀하의 <u>헤어스타일 관심도 및 성향</u>에 관한 질문입니다. 귀하의 생각과 일치하는 곳에 √표하여 주십시오

번호	질 문	전혀 그렇지 않다	그렇지 않다	보통 이다	그렇다	매우 그렇다
5-1	나는 헤어스타일에 남다른 관심을 가지고 있다.					
5-2	나에게 헤어스타일은 매우 중요한 부분이다					
5-3	머리를 한 후 마음에 들지 않으면 다시 하는 편이다					
5-4	나는 미용실에 관한 정보를 찾아다니는 편이다					
5-5	미용실 선택은 나에게 있어 매우 중요한 결정이다					
5-6	나는 보통 한군데보다는 여러 미용실에서 머리손질을 한다					
5-7	마음에 드는 미용실이 있으면 다른 미용실은 거의 찾지 않는다					
5-8	현재 이용하는 미용실 이외에 새로운 미용업체를 이용하려고 한다.					
5-9	나는 여러 미용실에 대하여 반드시 이용하지는 않더라도 두루 알아보는 편이다.					
5-10	새 미용실이 생기면 어떤지 알아보고자 일단 이용해 본다					

번호	질 문	전혀 그렇지 않다	그렇지 않다	보통 이다	그렇다	매우 그렇다
5-11	나는 한 미용실만 계속 이용하면 싫증을 느끼게 된다					
5-12	나는 유행하는 헤어스타일에 관심이 많다					
5-13	나는 유행하는 헤어스타일을 따르는 편이다					
5-14	나는 헤어스타일을 자주 바꾼다					
5-15	나는 한 가지 머리스타일을 유지하는 편이다					
5-16	나는 한 가지 헤어스타일만 계속 하면 싫증을 느끼게 된다					

6 귀하의 미용실 사용패턴에 관한 문항입니다. 해당하는 번호에 O표 하여 주십시오

1. 귀하는 커트요금으로 1회당 얼마 정도를 지출하십니까?

   ① 5천 원 미만　　② 5천~1만 원 미만　③ 1~2만 원 미만

   ④ 2~3만 원 미만　⑤ 3만 원 이상

2. 귀하는 퍼머요금으로 1회당 얼마 정도를 지출하십니까?

   ① 1~2만 원 미만　② 2~3만 원 미만　③ 3~5만 원 미만

   ④ 5~7만 원 미만　⑤ 7~10만 원 미만　⑥ 10~15만 원 미만

   ⑦ 15만 왼 이상　　⑧ 퍼머 안 함

3. 귀하는 염색요금으로 1회당 얼마 정도를 지출하십니까?

   ① 1~2만 원 미만　② 2~3만 원 미만　③ 3~5만 원 미만

   ④ 5~7만 원 미만　⑤ 7~10만 원 미만　⑥ 10~15만 원 미만

   ⑦ 15만 원 이상　　⑧ 염색 안 함

4. 귀하는 얼마나 자주 미용실을 이용하십니까?

   ① 2주에 한 번 정도　② 2~4주에 한 번 정도 ③ 1달~2달에 한 번 정도

④ 2달~3달에 한 번 정도　　　　⑤ 3달~4달에 한 번 정도

⑥ 4달~6달에 한 번 정도　　　　⑦ 6달 이상에 한 번 정도

5. 귀하께서 미용실에 가는 이유는 주로 무엇입니까?(해당되는 것 모두 표시)

　　① 커트　　　② 퍼머　　　③ 염색　　　④ 기타_____

6. 귀하는 미용실 이용에 있어서

　　① 한 미용실의 한 미용사만 이용한다

　　② 한 미용실의 여러 미용사를 이용한다

　　③ 소수(2~3곳)의 미용실을 바꿔가며 이용한다

　　④ 정해놓지 않고 여러 미용실을 이용한다

7. 귀하의 현재 머리스타일은?

　　① 스트레이트 퍼머　　　　　② 웨이브 퍼머

　　③ 퍼머 안 한 생머리　　　　④ 기타_____

8. 귀하 머리의 염색여부는?

　　① 염색　　　　　　　　　　② 탈색

　　③ 염색+탈색　　　　　　　④ 염색, 탈색 안 함

9. 귀하의 현재 머리 길이는?

　　① 어깨길이 이상　　　　　　② 어깨길이

　　③ 단발머리　　　　　　　　④ 커트머리

7 다음의 질문들은 통계적인 목적을 위해 귀하에 대하여 여쭈어 보는 문항입니다. 솔직하게 답해 주시면 감사하겠습니다.

1. 귀하의 성별은?　① 남자　② 여자

2. 귀하는 몇 년 생이신가요?　_____년생

3. 귀하는 결혼을 하셨습니까?　① 미혼　　　② 기혼　　　③ 기타

4. 귀하의 직업은?

　　① 전업주부　　　　② 학생　　　　　　③ 생산직

　　④ 판매 및 서비스직　⑤ 사무직　　　　　⑥ 전문기술직

　　⑦ 경영관리직　　　⑧ 전문직　　　　　⑨ 기타_____

5. 귀하의 학력은?

   ① 초등학교 또는 중학교 졸업 ② 고등학교 졸업

   ③ 대학교 재학 및 졸업   ④ 대학원 재학 및 졸업

6. 귀댁의 총수입(함께 거주하는 가족 모두의 부수입, 보너스 포함)은 월 평균 어느 정도입니까?

   ① 100만 원 미만   ② 100~200만 원 미만 ③ 200~300만 원 미만

   ④ 300~400만 원 미만⑤ 400~500만 원 미만 ⑥ 500~600만 원 미만

   ⑦ 600~700만 원 미만⑧ 700만 원 이상

7. 직업이 학생인 경우, 귀하의 월평균 용돈(하숙비 제외)은?

   ① 10만 원 미만   ② 10~20만 원 미만 ③ 20~30만 원 미만

   ④ 30~40만 원 미만 ⑤ 40~50만 원 미만 ⑥ 50~70만 원 이상

   ⑦ 70만 원 이상

8. 귀댁의 가족 수는? _____명(본인 포함)

9. 귀하의 거주지는 어디입니까? _____시 _____구

◎ 끝까지 설문에 응해주셔서 대단히 감사합니다 ◎

〈부록 2〉 탐색적 요인분석결과의 타당성확인을 위해
구성한 서비스품질 요인별 구조모델

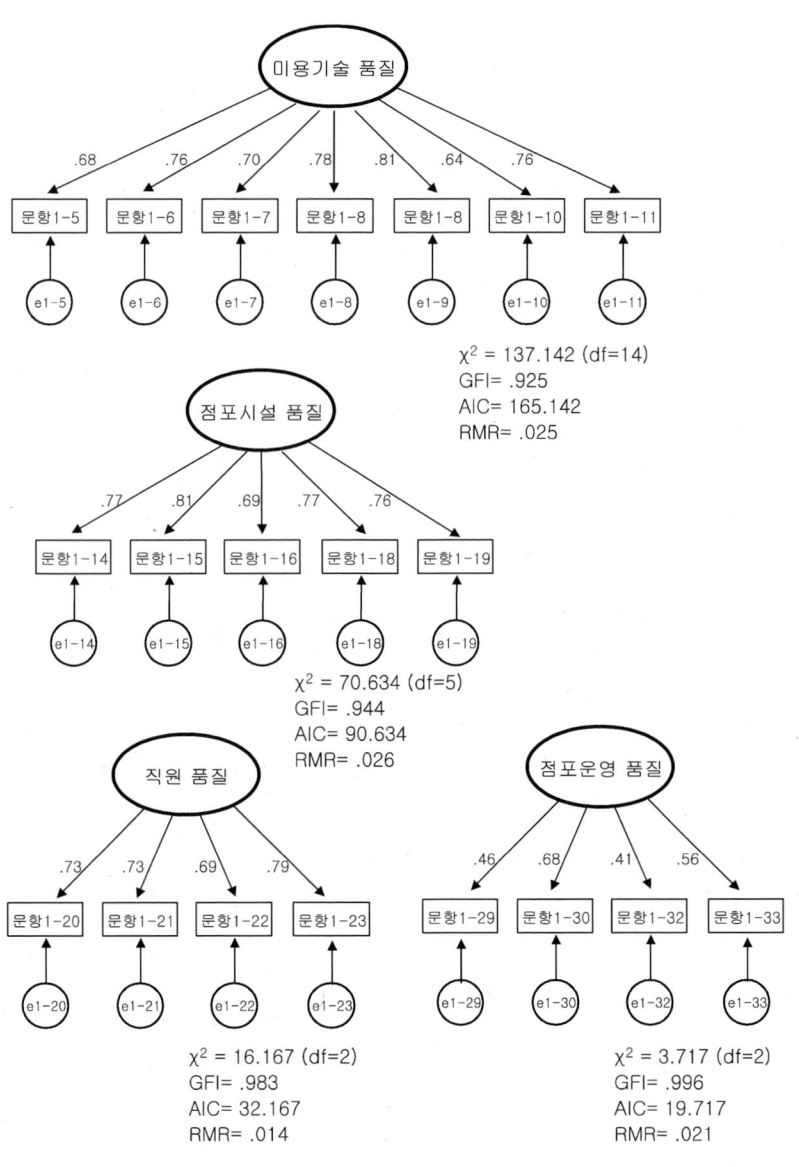

〈부록 3〉 미용서비스 소비자들이 지각하는 서비스품질
요인들의 확인적 요인분석

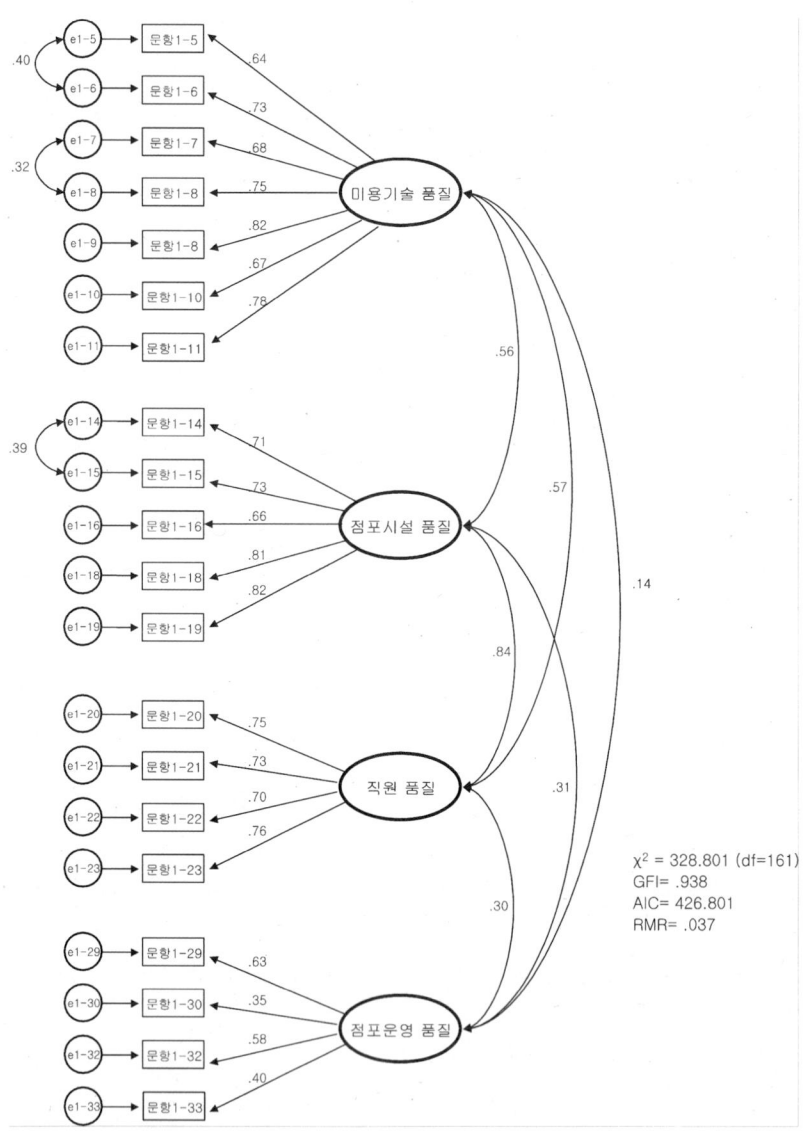

〈부록 4〉 서비스품질의 2차 요인분석결과

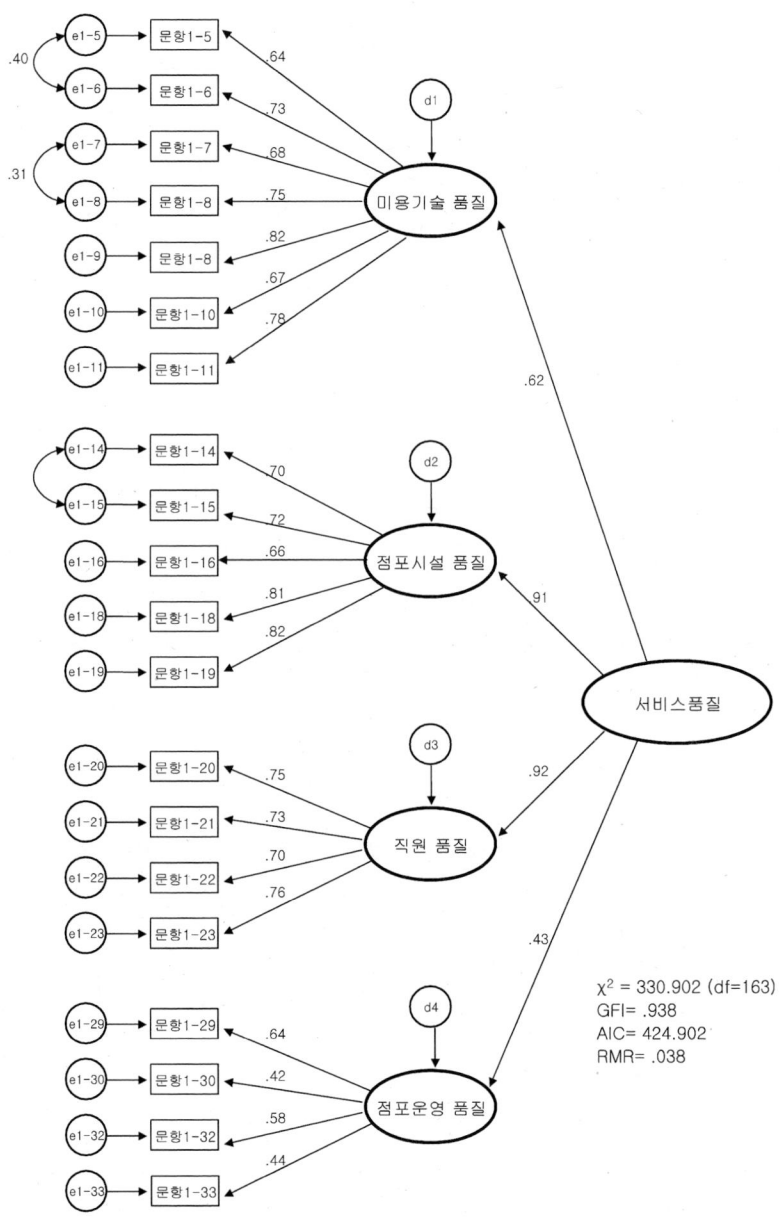

χ² = 330.902 (df=163)
GFI= .938
AIC= 424.902
RMR= .038

〈부록 5〉 서비스품질관련문항 2차적 요인분석결과
나타난 최대우도추정 값

경 로	추정치	표준오차	t	p	표준화된 추정치
서비스품질 → 미용기술품질	1.000				.616
서비스품질 → 점포시설품질	1.588	.174	9.139	***	.906
서비스품질 → 직원품질	1.726	.183	9.409	***	.923
서비스품질 → 점포운영품질	.438	.114	3.852	***	.426

〈부록 6〉 관계혜택관련문항 2차적 요인분석결과
나타난 최대우도추정 값

경 로	추정치	표준오차	t	p	표준화된 추정치
관계혜택 → 확신적 혜택	1.000				.593
관계혜택 → 사회적 혜택	1.872	.174	10.737	***	.994
관계혜택 → 특별대우혜택	1.892	.171	11.054	***	.814

〈부록 7〉 탐색적 요인분석결과의 타당성확인을 위해
구성한 관계혜택 요인별 구조모델

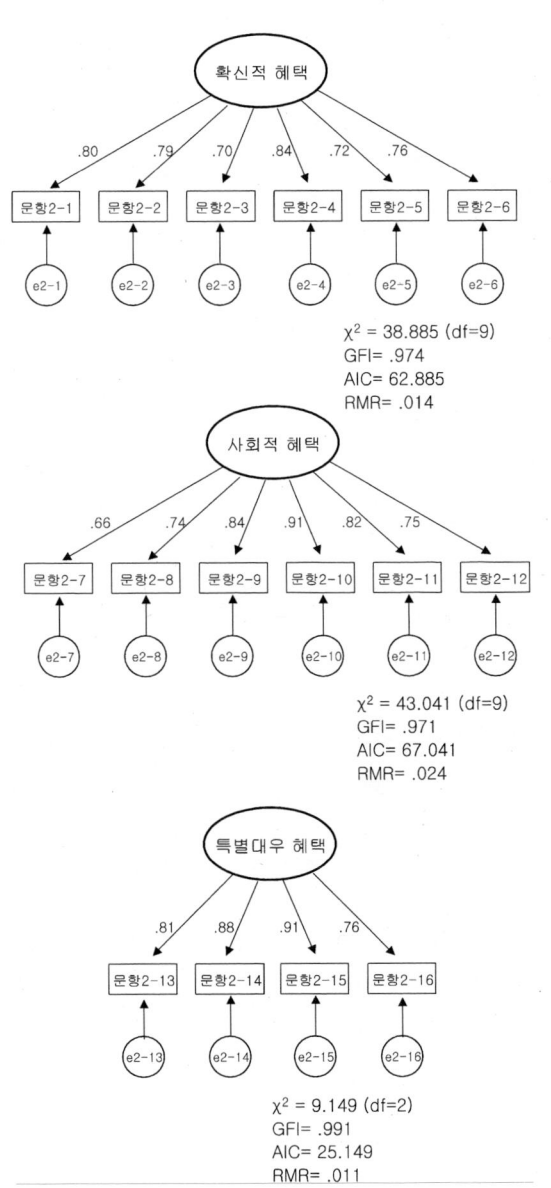

〈부록 8〉 미용서비스 소비자들이 지각하는 관계혜택
요인들의 확인적 요인분석

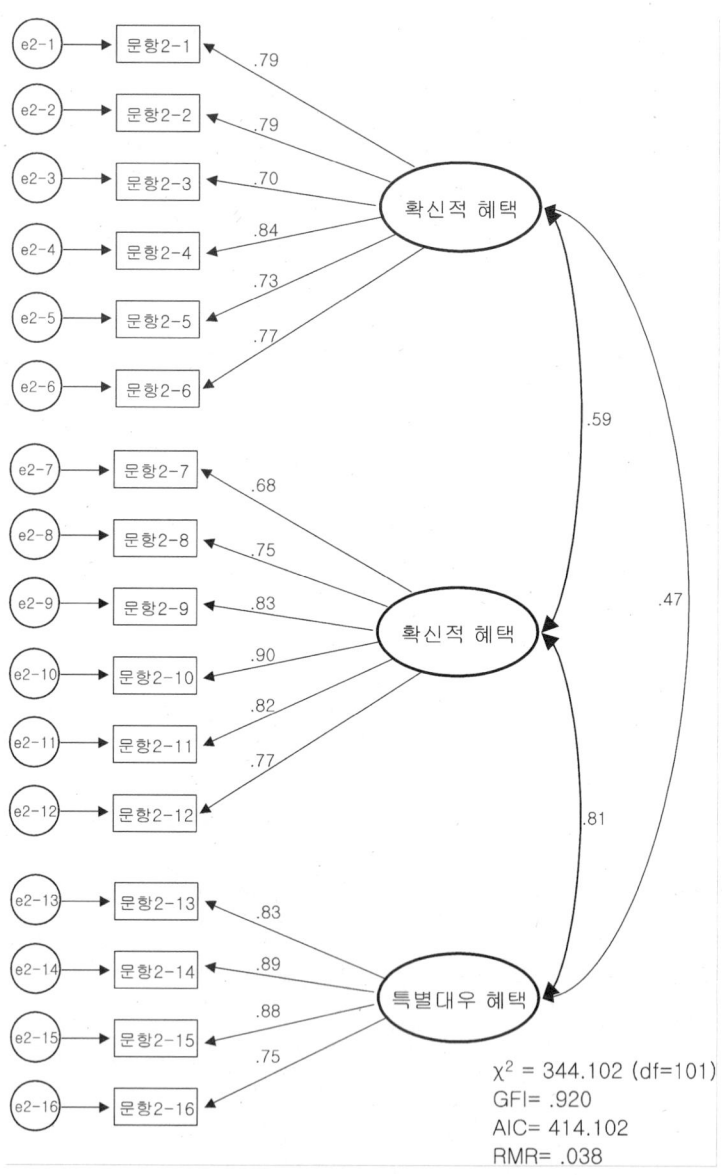

χ² = 344.102 (df=101)
GFI= .920
AIC= 414.102
RMR= .038

〈부록 9〉 관계혜택의 2차 요인분석결과

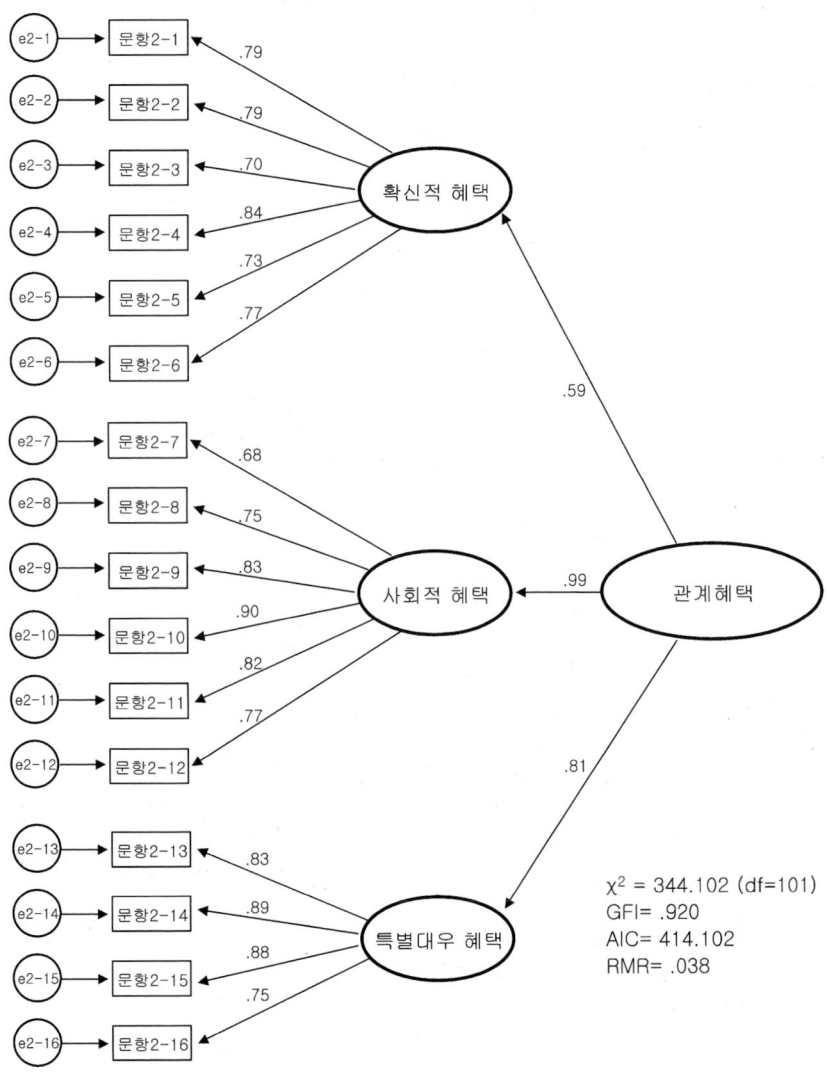

χ^2 = 344.102 (df=101)
GFI= .920
AIC= 414.102
RMR= .038

〈부록 10〉 만족의 선행변수 5요인의 요인별 구조모델

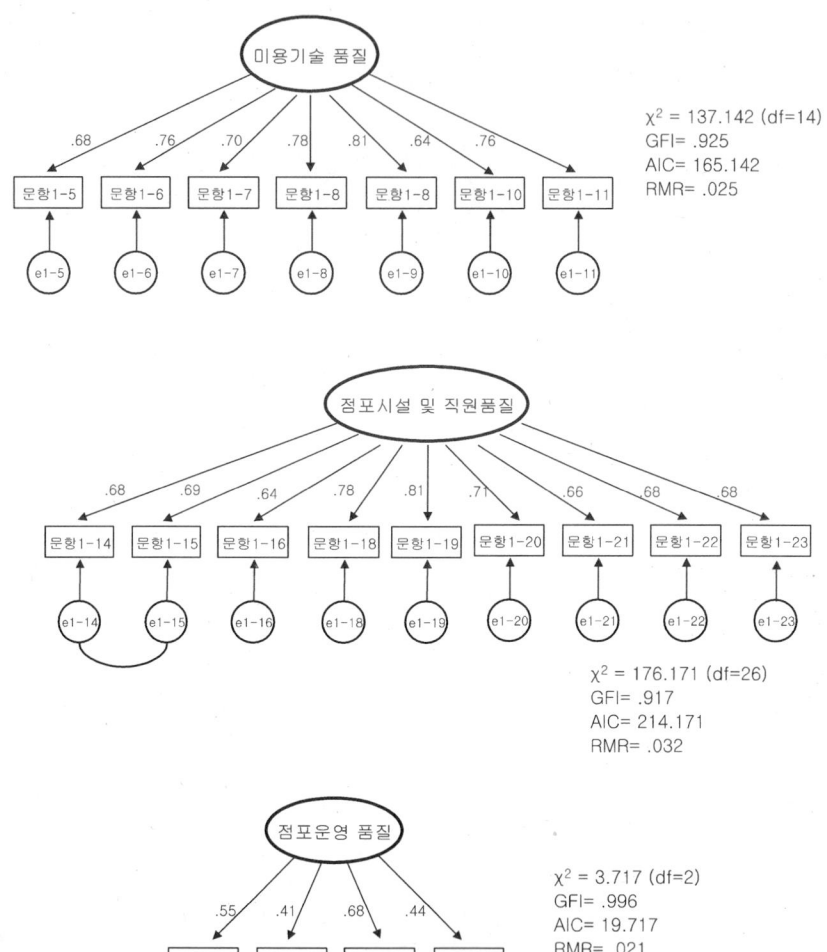

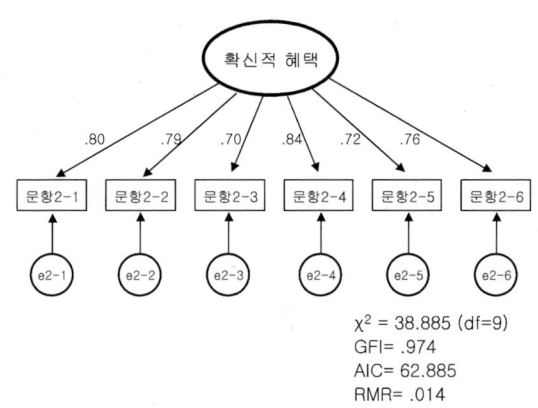

χ² = 38.885 (df=9)
GFI= .974
AIC= 62.885
RMR= .014

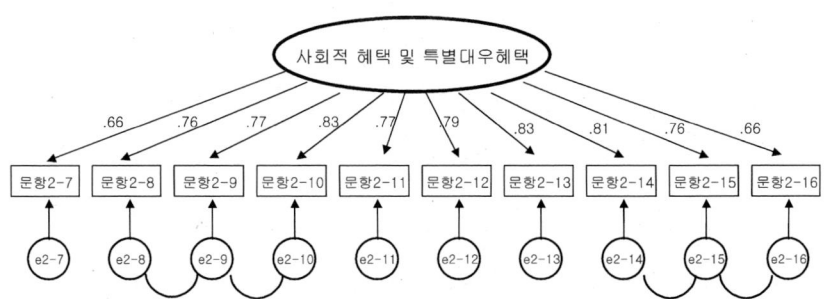

χ² = 217.927 (df=31
GFI= .913
AIC= 265.927
RMR= .039

〈부록 11〉 만족의 선행변수 5요인의 확인적 요인분석

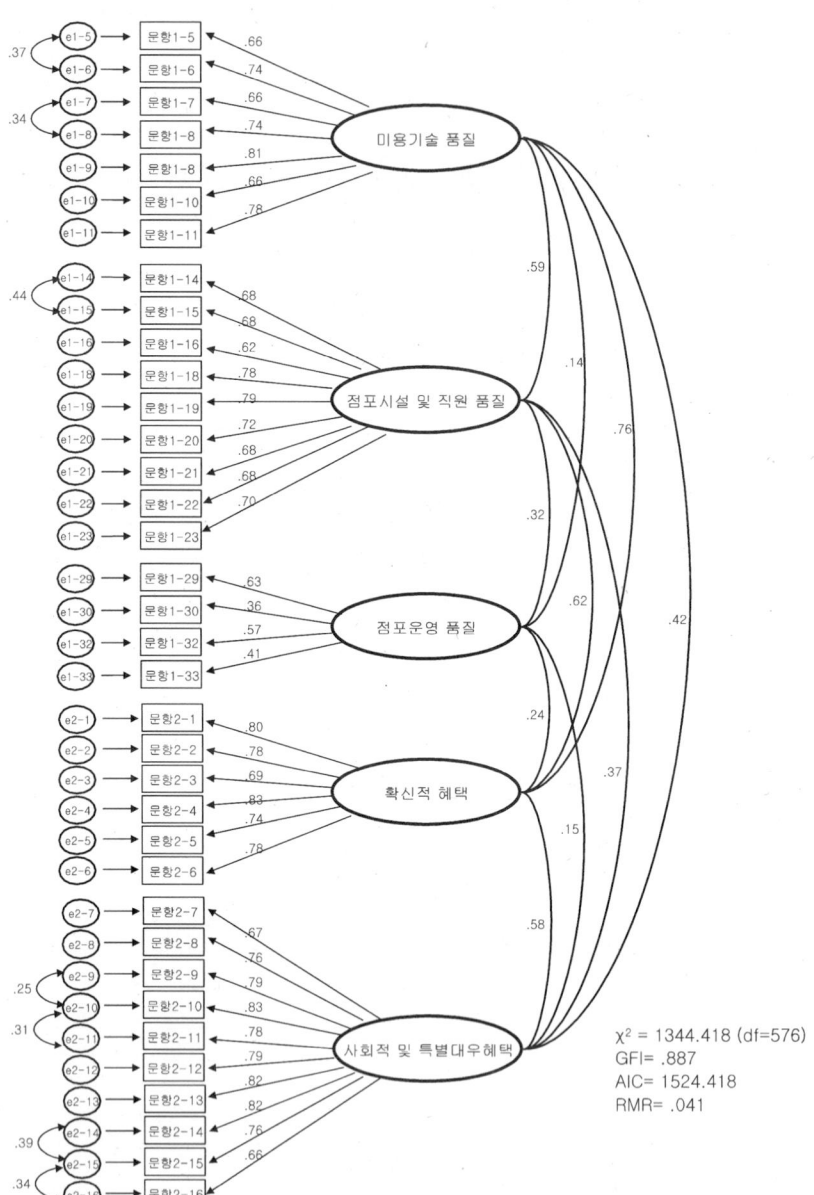

χ² = 1344.418 (df=576)
GFI= .887
AIC= 1524.418
RMR= .041

〈부록 12〉 만족의 선행 5요인과 만족 간의
관계모델에 나타난 최대우도추정 값

	모수(parameters)	추정치	표준오차	t	p	표준화된 추정치
구조모델	미용기술품질 → 인적만족	0.224	0.073	3.084	0.002	0.17
	미용기술품질 → 점포만족	0.154	0.066	2.343	0.019	0.14
	점포시설 및 직원품질 → 점포만족	0.158	0.054	2.927	0.003	0.14
	점포운영품질 → 점포만족	0.076	0.040	1.918	0.046	0.08
	확신적 혜택 → 인적만족	0.692	0.072	9.613	***	0.64
	사회적 및 특별대우혜택 → 인적만족	0.102	0.039	2.575	0.010	0.10
	인적만족 → 점포만족	0.487	0.049	9.949	***	0.57
측정모델	미용기술품질 → X1-5	1.000	–	–	–	0.66
	미용기술품질 → X1-6	1.095	0.061	17.975	***	0.74
	미용기술품질 → X1-7	1.017	0.079	12.905	***	0.66
	미용기술품질 → X1-8	1.045	0.073	14.320	***	0.74
	미용기술품질 → X1-9	1.237	0.080	15.433	***	0.82
	미용기술품질 → X1-10	0.919	0.071	12.865	***	0.66
	미용기술품질 → X1-11	1.373	0.092	14.938	***	0.78
	점포시설 및 직원품질 → X1-14	1.000	–	–	–	0.69
	점포시설 및 직원품질 → X1-15	1.142	0.061	18.619	***	0.63
	점포시설 및 직원품질 → X1-16	1.221	0.096	12.764	***	0.69
	점포시설 및 직원품질 → X1-18	1.182	0.075	15.754	***	0.79
	점포시설 및 직원품질 → X1-19	1.298	0.082	15.835	***	0.80
	점포시설 및 직원품질 → X1-20	1.045	0.072	14.437	***	0.72
	점포시설 및 직원품질 → X1-21	1.020	0.075	13.653	***	0.67
	점포시설 및 직원품질 → X1-22	0.920	0.069	13.256	***	0.66
	점포시설 및 직원품질 → X1-23	0.935	0.068	13.656	***	0.68
	점포운영품질 → X1-29	1.000	–	–	–	0.63
	점포운영품질 → X1-30	0.701	0.109	5.439	***	0.42
	점포운영품질 → X1-32	0.947	0.141	6.702	***	0.57
	점포운영품질 → X1-33	0.577	0.080	5.939	***	0.44

	모수(parameters)	추정치	표준오차	t	p	표준화된 추정치
측정모델	확신적 혜택→X2-1	1.000	–	–	–	0.80
	확신적 혜택→X2-2	0.970	0.050	19.346	***	0.78
	확신적 혜택→X2-3	0.839	0.052	16.282	***	0.68
	확신적 혜택→X2-4	1.071	0.050	21.241	***	0.84
	확신적 혜택→X2-5	0.977	0.055	17.795	***	0.73
	확신적 혜택→X2-6	1.095	0.057	19.256	***	0.78
	사회적 및 특별대우혜택→X2-7	1.000	–	–	–	0.68
	사회적 및 특별대우혜택→X2-8	1.203	0.079	15.280	***	0.76
	사회적 및 특별대우혜택→X2-9	1.102	0.070	15.701	***	0.79
	사회적 및 특별대우혜택→X2-10	1.217	0.073	16.671	***	0.84
	사회적 및 특별대우혜택→X2-11	1.073	0.068	15.690	***	0.79
	사회적 및 특별대우혜택→X2-12	1.191	0.075	15.842	***	0.79
	사회적 및 특별대우혜택→X2-13	1.204	0.074	16.214	***	0.90
	사회적 및 특별대우혜택→X2-14	1.119	0.071	15.706	***	0.81
	사회적 및 특별대우혜택→X2-15	0.987	0.067	14.695	***	0.78
	사회적 및 특별대우혜택→X2-16	0.935	0.074	12.718	***	0.62
	인적만족→Y3-1	1.000	–	–	–	0.90
	인적만족→Y3-2	1.085	0.036	29.830	***	0.93
	점포만족→Y4-1	1.000	–	–	–	0.84
	점포만족→Y4-2	1.190	0.045	26.441	***	0.92
	점포만족→Y4-3	1.169	0.045	26.069	***	0.91

모수(parameters)		추정치	표준오차	t	p	표준화된 추정치
공변량	미용기술품질 ↔ 점포시설 및 직원품질	0.145	0.017	8.328	***	0.591
	미용기술품질 ↔ 점포운영품질	0.046	0.021	2.315	.033	0.136
	미용기술품질 ↔ 확신적 혜택	0.220	0.022	9.945	***	0.760
	미용기술품질 ↔ 사회적 및 특별대우 혜택	0.137	0.020	6.958	***	0.430
	점포시설 및 직원품질 ↔ 점포운영품질	0.111	0.024	4.681	***	0.325
	점포시설 및 직원품질 ↔ 확신적 혜택	0.179	0.020	9.067	***	0.607
	점포시설 및 직원품질 ↔ 사회적 및 특별대우혜택	0.021	0.019	6.404	***	0.375
	점포운영품질 ↔ 확신적 혜택	0.097	0.026	3.705	***	0.240
	점포운영품질 ↔ 사회적 및 특별대우 혜택	0.067	0.028	2.403	0.016	0.150
	확신적 혜택 ↔ 사회적 및 특별대우혜택	0.221	0.025	8.875	***	0.582
	$\varepsilon_{X1-5} \leftrightarrow \varepsilon_{X1-6}$	0.097	0.015	6.439	***	0.361
	$\varepsilon_{X1-7} \leftrightarrow \varepsilon_{X1-8}$	0.090	0.015	6.145	***	0.342
	$\varepsilon_{X1-14} \leftrightarrow \varepsilon_{X1-15}$	0.137	0.018	7.716	***	0.432
	$\varepsilon_{X1-22} \leftrightarrow \varepsilon_{X1-23}$	0.070	0.014	4.975	***	0.260
	$\varepsilon_{X2-9} \leftrightarrow \varepsilon_{X2-10}$	0.075	0.015	4.874	***	0.269
	$\varepsilon_{X2-10} \leftrightarrow \varepsilon_{X2-11}$	0.070	0.015	4.700	***	0.257
	$\varepsilon_{X2-14} \leftrightarrow \varepsilon_{X2-15}$	0.182	0.020	8.978	***	0.531
	$\varepsilon_{X2-15} \leftrightarrow \varepsilon_{X2-16}$	0.213	0.025	8.546	***	0.469
	$\varepsilon_{X2-14} \leftrightarrow \varepsilon_{X2-16}$	0.136	0.023	5.895	***	0.314

상관관계 (applies to covariance section)

〈부록 13〉 미용서비스 소비자의 이원적 충성행동
모형의 최대우도추정 값

	모수(parameters)	추정치	표준오차	t	p	표준화된 추정치
구조모델	서비스비용→인적전환비용	6.713	1.936	3.468	***	0.91
	서비스비용→점포전환비용	5.838	1.694	3.446	***	0.78
	미용기술품질→인적만족	0.261	0.041	6.313	***	0.26
	미용기술품질→점포만족	0.106	0.041	2.581	0.010	0.12
	점포시설 및 직원품질→점포만족	0.138	0.036	3.890	***	0.16
	점포운영품질→점포만족	0.057	0.025	2.268	0.023	0.08
	확신적 혜택→인적만족	0.543	0.045	11.992	***	0.53
	사회적 및 특별대우혜택→인적만족	0.150	0.027	5.652	***	0.19
	인적만족→점포만족	0.528	0.044	11.863	***	0.60
	인적만족→인적전환비용	0.532	0.060	8.860	***	0.41
	인적만족→인적충성	0.521	0.057	9.093	***	0.44
	인적만족→점포충성	0.188	0.053	3.536	***	0.19
	점포만족→점포전환비용	0.571	0.066	8.615	***	0.39
	점포만족→점포충성	0.687	0.074	9.321	***	0.61
	인적전환비용→인적충성	0.505	0.050	10.202	***	0.56
	점포전환비용→점포충성	0.151	0.029	5.128	***	0.20
	인적충성→인적구전	0.599	0.059	10.100	***	0.54
	인적충성→점포구전	0.292	0.056	5.226	***	0.26
	점포충성→인적구전	0.541	0.065	8.328	***	0.41
	점포충성→점포구전	0.792	0.074	10.634	***	0.60
측정모델	인적만족→X3-1	1.000	–	–	–	0.88
	인적만족→X3-2	1.096	0.040	27.384	***	0.92
	점포만족→X4-1	1.000	–	–	–	0.82
	점포만족→X4-2	1.195	0.049	24.534	***	0.91
	점포만족→X4-3	1.167	0.049	23.948	***	0.89
	인적전환비용→Y3-11	1.000	–	–	–	0.78

	모수(parameters)	추정치	표준 오차	t	p	표준화된 추정치	
측정모델	인적전환비용 → Y3-12	0.920	0.056	16.386	***	0.75	
	인적전환비용 → Y3-13	0.799	0.054	14.734	***	0.68	
	점포전환비용 → Y4-11	1.000	–	–	–	0.81	
	점포전환비용 → Y4-12	0.976	0.049	19.981	***	0.85	
	점포전환비용 → Y4-14	0.841	0.050	16.660	***	0.72	
	인적충성 → Y3-8	1.000	–	–	–	0.70	
	인적충성 → Y3-9	0.934	0.073	12.868	***	0.66	
	인적충성 → Y3-10	1.157	0.078	14.794	***	0.77	
	점포충성 → Y4-5	1.000	–	–	–	0.66	
	점포충성 → Y4-6	1.087	0.057	19.192	***	0.79	
	점포충성 → Y4-7	1.085	0.069	15.652	***	0.84	
	점포충성 → Y4-8	1.191	0.081	14.732	***	0.77	
	인적구전 → Y3-15	1.000	–	–	–	0.92	
	인적구전 → Y3-16	0.977	0.041	24.135	***	0.84	
	점포구전 → Y4-15	1.000	–	–	–	0.95	
	점포구전 → Y4-16	0.919	0.037	24.560	***	0.84	
공변량	$\zeta_7 \leftrightarrow \zeta_8$	0.106	0.016	6.716	***	상관관계	0.501
	$\delta_{X2} \leftrightarrow \delta_{X3}$	0.179	0.017	10.482	***		0.536
	$\delta_{X3} \leftrightarrow \delta_{X5}$	0.159	0.016	10.060	***		0.483
	$\delta_{X5} \leftrightarrow \delta_{X6}$	0.135	0.016	8.390	***		0.315
	$\delta_{X2} \leftrightarrow \delta_{X5}$	0.201	0.017	11.964	***		0.608
	$\varepsilon_{Y4-5} \leftrightarrow \varepsilon_{Y4-6}$	0.133	0.019	6.851	***		0.412
	$\varepsilon_{Y3-16} \leftrightarrow \varepsilon_{Y4-16}$	0.133	0.019	6.851	***		0.515

〈부록 14〉 관여도에 따른 집단 간 미용서비스이용
패턴차이 히스토그램

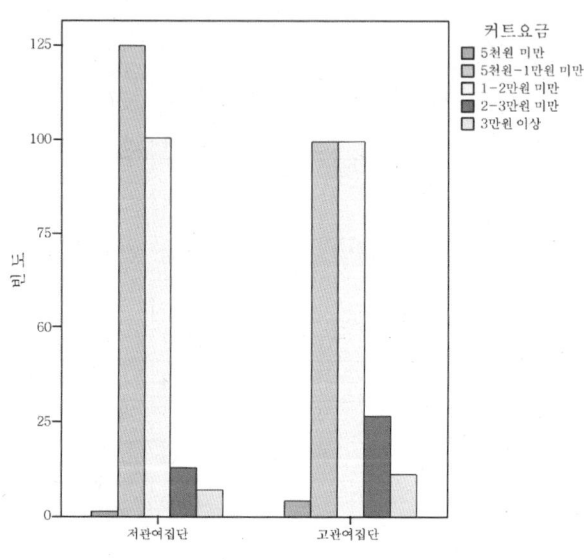

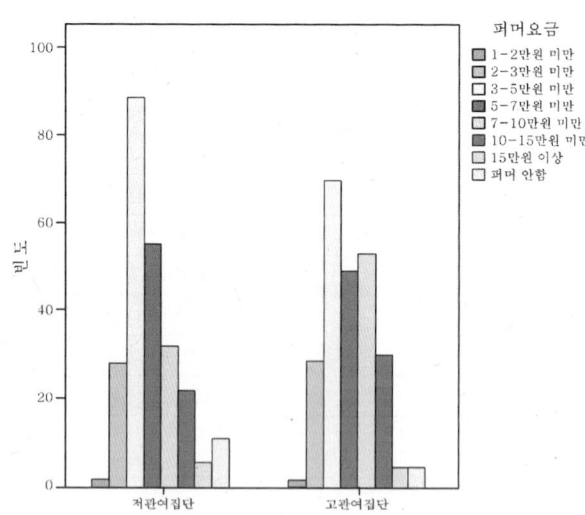

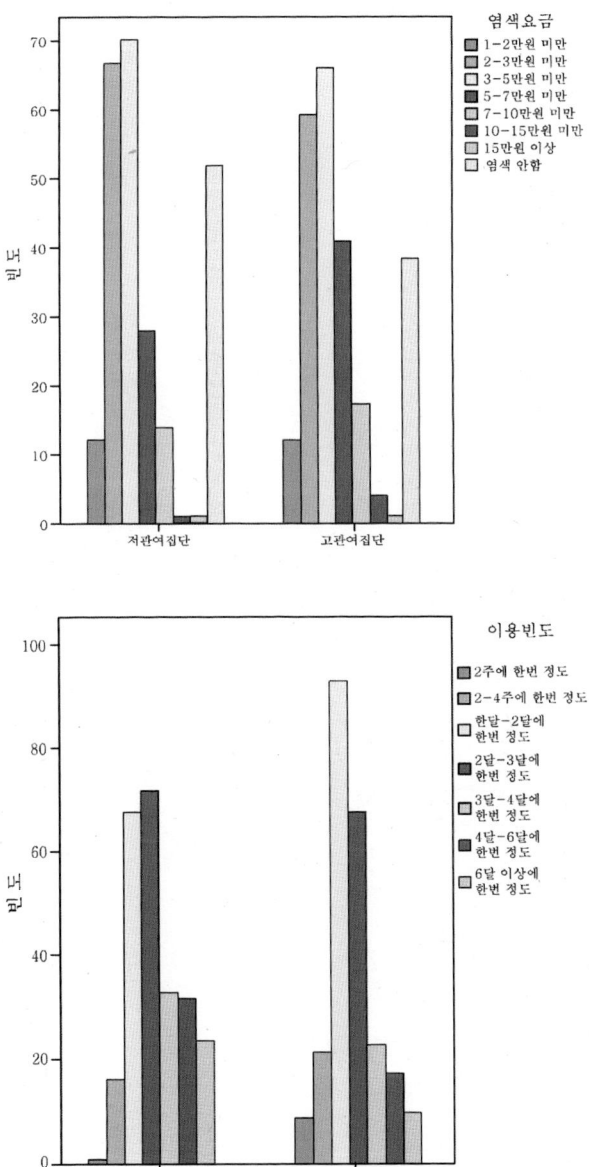

〈부록 15〉 다양성 추구성향에 따른 집단 간
미용서비스이용 패턴차이 히스토그램

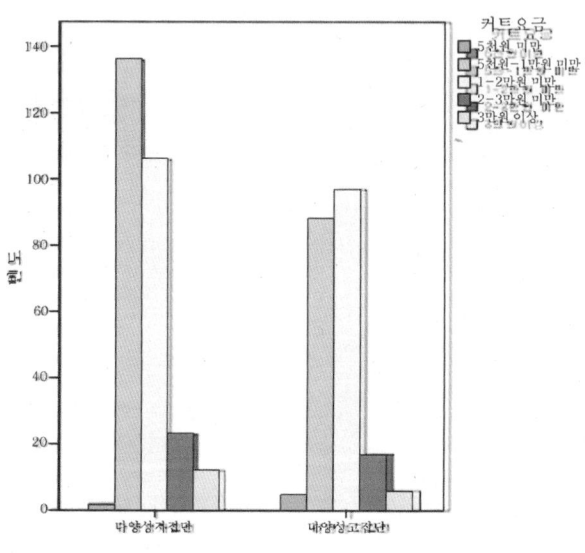

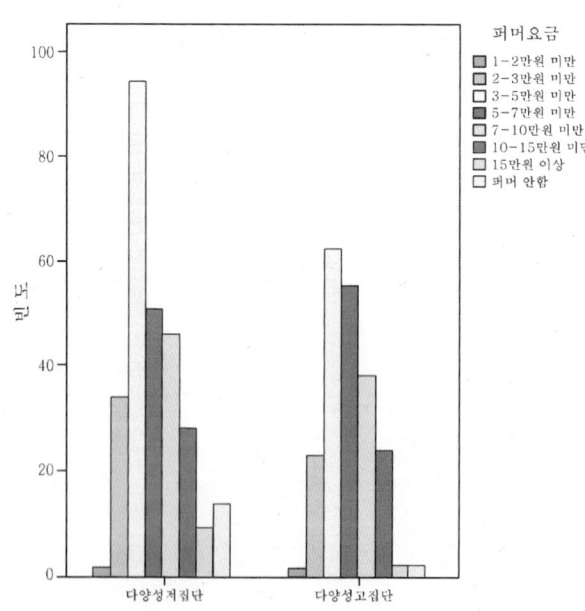

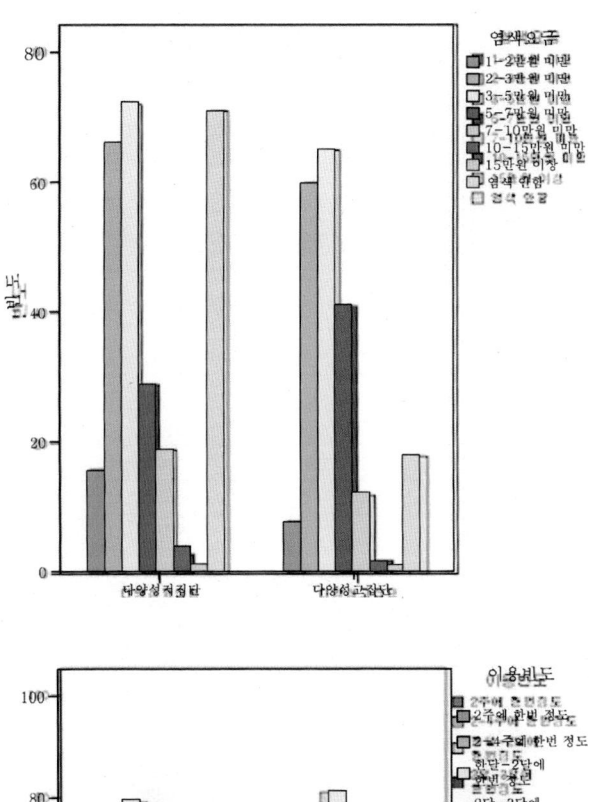

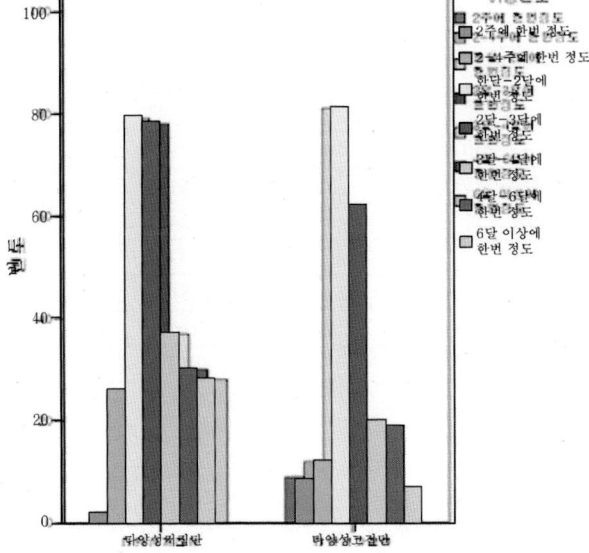

〈부록 16〉 헤어스타일 경향 분석

1. 표본집단 전체에 대한 분석

헤어스타일 경향		빈 도	유효%
웨이브정도	스트레이트퍼머	98	20.0
	웨이브퍼머	246	50.3
	퍼머 안 한 생머리	138	28.2
	기 타	7	1.4
염색 여부	염 색	255	51.7
	탈 색	10	2.1
	염색+탈색	22	4.5
	염색, 탈색 안함	197	40.7
머리 길이	어깨길이 이상	197	40.7
	어깨길이	113	23.3
	단발머리	75	15.5
	커트머리	99	20.5

2. 관여 정도에 따른 집단 간 헤어스타일 경향 차이

헤어스타일 경향	집 단	저관여집단 n=247	고관여집단 n=243
웨이브정도	스트레이트퍼머	53(21.5%)	45(18.8%)
	웨이브퍼머	119(48.4%)	125(52.1%)
	퍼머 안 한 생머리	73(29.7%)	64(26.7%)
	기 타	1(0.4%)	6(2.5%)
염색 여부	염 색	125(51.2%)	128(54.0%)
	탈 색	3(1.2%)	7(2.9%)
	염색+탈색	10(4.1%)	12(4.9%)
	염색, 탈색 안 함	106(43.4%)	90(37.0%)
머리 길이	어깨길이 이상	100(41.3%)	96(39.5%)
	어깨길이	59(24.4%)	54(22.2%)
	단발머리	37(15.3%)	37(15.2%)
	커트머리	46(19.0%)	52(21.4%)

3. 다양성 추구성향에 따른 집단 간 헤어스타일 경향 차이

헤어스타일 경향	집 단	다양성 저집단 n=280	다양성 고집단 n=211
웨이브정도	스트레이트퍼머	65(23.3%)	32(15.4%)
	웨이브퍼머	128(45.9%)	118(56.7%)
	퍼머 안 한 생머리	83(29.7%)	54(26.0%)
	기 타	3(1.1%)	4(1.9%)
염색 여부	염 색	130(47.1%)	124(60.2%)
	탈 색	5(1.8%)	5(2.4%)
	염색＋탈색	12(4.3%)	10(4.9%)
	염색, 탈색 안 함	129(46.7%)	67(32.5%)
머리 길이	어깨길이 이상	118(42.9%)	78(37.7%)
	어깨길이	55(20.0%)	58(28.0%)
	단발머리	39(14.2%)	36(17.4%)
	커트머리	63(22.9%)	35(16.9%)

감사의 글

관악에 첫발을 들여놓은 지 어느덧 18년입니다. 제 삶의 반 가까이를 늘 고향처럼 드나들던 정든 이곳은, 제게 세상을 보는 눈을 주었고 고마우신 은사님과 친구들을 주었고 그리고 고맙게도 학위를 3개나 주었습니다. 3번째 학위인 박사학위논문을 탈고하려고 하니, 늦은 나이에 논문을 무사히 마치도록 도와주신 많은 분들이 스쳐 지나가며 감정이 북받쳐 오릅니다. 논문을 쓰는 내내 감사의 마음으로 가득했습니다. 무엇보다 이러한 여건을 주신 하나님께 감사드리며, 일 년 내내 주변에 이토록 고마운 사람들이 많다는 사실에 놀랐습니다. 그리고 저도 이제 누군가에게 감사를 베푸는 사람이 되어야겠다고 다짐했던 소중한 한 해였습니다.

먼저 논문의 시작에서부터 끝까지를 이끌어주신 이은영 교수님께 커다란 감사의 절을 올립니다. 언제나 부족한 저를 격려와 칭찬으로 이끌어주시고 힘이 들 때마다 명쾌한 이정표가 되어 주셨던 교수님의 은혜에 감사드립니다. 저도 제자들에게 베푸는 마음으로 노력하겠습니다.

부족한 점이 많은 논문을 심사해 주시고, 세세한 조언을 아끼지 않으셨던 김민자 교수님과 홍병숙 교수님, 김미영 교수님, 이유리 교수님께도 감사드립니다. 교수님들의 세심한 지적과 조언으로 엉성하던 연구에 체계가 잡혀 나가고 논문이 마무리될 수 있었습니다. 특히 친구로서 지도위원으로서 따뜻한 애정과 조언을 아끼지 않았던 유리에게는 각별한 고마움을 전합니다. 지난 학교생활 동안 따뜻한 가르침을 주셨던 김성련 교수님, 임원자 교수님, 이순원 교수님, 유효선 교수님, 최정화 교수님, 박정희 교수님, 남윤자 교수님, 하지수 교수님께도 감사드립니다.

박사세미나를 통해 새로운 에너지를 주시는 든든한 패션마케팅 연구실의 여러 선후배님들께도 감사의 말씀을 전합니다. 특히, 새로운 영역인 미용마케팅으로 선회하는 데 있어 인생의 선배로서 조언을 아끼지 않으셨던 박혜선 교수님 감사합니다. 논문을 쓰는 내내 실질적인 조언으로 늘 큰 위로가 되었던 지연언니, 미영이, 호정이, 귀찮은 일도 마다않고 많은 도움을 준 조교 소영이, 함께 논문을 쓰며 동병상련하였던 은정이의 얼굴도 떠오릅니다.

제가 몸담고 있는 혜천대학의 이 사장님, 학장님, 그리고 여러 동료교수님들께도 감사의 큰절을 올립니다. 논문을 쓰도록 독려하고 배려해주셨을 뿐 아니라 가족 이상으로 챙겨주시고 항상 웃음을 주셨던 장대원 교수님, 남기선 교수님, 김선아 교수님 사랑합니다. 그리고 제 빈자리를 넉넉히 채워 주셨던 송민정 교수님, 설현진 교수님, 두 분께서 논문 쓰게 되는 날 지금의 감사를 기쁜 마음으로 보답하겠습니다. 헤어디자인전공을 든든하게 지켜주시고 많은 일들을 감당해 주신 박광희 교수님, 임인숙 교수님 정말 감사합니다. 또한, 못난 스승의 빈자리를 그토록 그리워하면서도 잘 버텨 주었던 사랑하는 코디네이션 디자인계열의 제자들아 정말 고맙고 미안하구나.

바쁜 와중에도 설문을 맡아 도와주었던 고마운 친구들, 형제들, 이모님들, 사촌언니와 동생들, 그리고 유수언니께 감사의 인사를 올립니다. 특히, 설문 시작하는 첫날부터 최종심사일까지 내일처럼 도맡아 보살펴준 나의 사랑하는 언니, 논문을 크게 진전시킨 여름 한 달 동안 꿀맛 같은 안식처를 제공해 주신 막내 이모님 이모부님 감사드립니다.

사랑과 정성으로 저를 길러 주시고 세상을 지혜롭게 살아가는 방법을 몸소 가르치시고 늘 큰 은혜를 베풀어 주시는 사랑하는 아버지·어머니, 사랑하는 두 분께는 단순히 감사하다는 말씀만으로는 그 고마움을 표현하기 힘들 것 같습니다. 며느리라기보다는 딸처럼 살뜰히 보살피시고 큰 사랑을 베풀어 주신 아버님, 아버님께서 힘들 때마다 저를 바로 세워주셨기에 이 논문이 완성될 수 있었습니다.

나의 사랑하는 보물들……형호야, 인아야. 기억나니?

"엄마, 논문 다 썼어??"

"아직 멀었어. 일 년 걸려."
"일 년이 얼마큼이야?"
"형호는 8살 되고, 인아는 6살 되는 내년이 일 년이야."
"몇 밤?"
"300밤쯤."
"헥~~!!!"

일 년 동안을 매일 이렇게 물으면서 논문 끝나기를 손꼽아 기다려 주었던 나의 사랑하는 아이들……나의 사랑하는 보물 형호, 인아야. 이제 엄마 논문 끝났다. 엄마 바쁜 동안 잘 자라주어 정말 고맙고 사랑한다.

결혼 후 십 년 동안 함께 기뻐하고 함께 슬퍼하며 참으로 많은 것을 제게 준 고마운 사람, 사랑하는 남편 이배 씨께는 감사하다는 말조차 필요치 않을 정도로 이 논문의 완성을 저보다 더 기뻐해 주리라 믿습니다.

끝으로 살아생전에 부족한 며느리의 박사학위를 그토록 앙망하셨던 어머님의 영전에 이 작은 결실을 바칩니다.

2009년 1월
정현숙 올림

정현숙

▌약력

　서울대학교 의류학과 학사
　서울대학교 대학원 의류학과 석사(패션마케팅)
　서울대학교 대학원 의류학과 박사(미용마케팅)
　(현) 혜천대학 코디네이션디자인계열
　헤어디자인전공 주임교수
　한국미용학회, 인체예술학회 이사

▌주요 논문 및 저서

　「서비스산업에서 고객의 다차원적 충성에 관한 연구」 (2005)
　「미용서비스산업의 현황 및 변화추이에 관한 연구」 (2006)
　「헤어샵매니저 양성 교육의 필요성 및 교육프로그램 개발에 관한 연구」 (2007)
　「미용서비스 소비자의 인적충성과 점포충성에 관한 이원적 충성행동연구 1보, 2보 ,3보」 (2007)

미용서비스 산업과 고객의 이원적 충성행동
―인적충성과 점포충성을 중심으로

초판인쇄 | 2009년 2월 10일
초판발행 | 2009년 2월 10일

지은이 | 정현숙
펴낸이 | 채종준
펴낸곳 | 한국학술정보㈜
주　소 | 경기도 파주시 교하읍 문발리 513-5 파주출판문화정보산업단지
전　화 | 031) 908-3181(대표)
팩　스 | 031) 908-3189
홈페이지 | http://www.kstudy.com
E-mail | 출판사업부　publish@kstudy.com

등　록 | 제일산- 　　　　.19)
가　격 | 26,000원

ISBN　978-89-534-1133-3 93590(Paper Book)
　　　978-89-534-1134-0 98590(e-Book)